高等学校土木工程专业教学辅导书系列

钢结构学习指导

张庆芳　张志国　编著

中国建筑工业出版社

图书在版编目（CIP）数据

钢结构学习指导/张庆芳，张志国编著. —北京：中国
建筑工业出版社，2010.12
（高等学校土木工程专业教学辅导书系列）
ISBN 978-7-112-12700-9

Ⅰ.①钢… Ⅱ.①张…②张… Ⅲ.①钢结构-高等学校-教学
参考资料 Ⅳ.①TU391

中国版本图书馆 CIP 数据核字（2010）第 229869 号

本书为高等学校土木工程专业《钢结构》课程配套教学辅导书。参考目前较为通用
的《钢结构》教材分章，每章大致分为学习思路、主要内容、疑问解答、知识拓展、典
型例题和练习题六部分，不但对各章教材内容答疑解惑，巩固知识；还参考国内外规
范，对各章相关知识和概念进行拓展，开阔学生视野。书末提供 6 套自测题，对学习效
果进行检测。

本书可供高等学校土木工程专业师生作为《钢结构》课程的教学指导书，也可供考
研人员、注册结构工程师等考试人员参考。

＊　　＊　　＊

责任编辑：李天虹
责任设计：董建平
责任校对：王金珠　马　赛

高等学校土木工程专业教学辅导书系列
钢结构学习指导
张庆芳　张志国　编著
＊
中国建筑工业出版社出版、发行（北京西郊百万庄）
各地新华书店、建筑书店经销
北京红光制版公司制版
北京市密东印刷有限公司印刷
＊
开本：787×1092 毫米　1/16　印张：12　字数：300 千字
2011 年 2 月第一版　　2011 年 2 月第一次印刷
定价：**26.00** 元
ISBN 978-7-112-12700-9
（19982）

前　言

　　《钢结构》是土木工程专业重要的学位课，但由于理论性较强、概念抽象，学生普遍反映学习起来比较吃力。同时，目前已经出版的面向本科生的钢结构辅导书屈指可数，大多也并不能解决初学者遇到的困惑。基于此，笔者根据 10 多年的教学体会和自己的学习心得，编写了本书。

　　本书的特色如下：

　　(1) 每章大致分为学习思路、主要内容、疑问解答、知识拓展、典型例题和练习题六部分。学习思路阐述本章内容框架，从整体上理清思路；主要内容较详细地介绍本章的计算原理和公式；疑问解答详尽回答初学者具有代表性的困惑；知识拓展是对本章内容的扩充，用于开阔视野，增长见识；典型例题给出本章具有典型性题目的解题步骤，并对可能遇到的问题做出解释；练习题是供读者检验所学知识的小测试。

　　(2) 引用或参考了最新的国家标准。例如：《建筑结构可靠性设计统一标准》GB 50068—2008、《建筑结构荷载规范》2006 局部修订版、《金属材料室温拉伸试验方法》GB/T 228—2002、《金属材料夏比摆锤冲击试验方法》GB/T 229—2007、《低合金高强度结构钢》GB/T 1591—2008 等，这些标准在大多数教科书并未更新至现行版本。

　　(3) 对国外钢结构规范，尤其是美国钢结构规范 ANSI/AISC 360—2005 的规定做了介绍。

　　(4) 书末提供自测题共 6 套，其中大部分题目来源于国内重点高校的往年考研真题。

　　(5) 全书依据夏志斌、姚谏《钢结构-原理与设计》（中国建筑工业出版社，2004 年）一书对内容进行取舍，并按照该书的章节排序。原书第 1 章概述与第 11 章门式刚架的塑性设计因为内容比较少，本书未涉及。

　　全书由石家庄铁道大学张庆芳、张志国共同完成，其中第 3、4 章由张志国编写，其余各章以及自测题由张庆芳编写。写作过程中曾得到教研室各位朋友的大力支持，张庆岚、董石伟、宋喆、李维达等几位同学完成了大部分文稿的输入工作，在此一并表示感谢。

　　尽管作者为写作本书尽了最大努力，但限于水平，书中的个人观点可能会存在不当之处，欢迎读者不吝指正，意见请发送至 zqfok@126.com 或 zhangzhg@sjzri.edu.cn。

编著者

2010 年 10 月

目　　录

第1章　钢结构的材料及其性能

1.1　学 习 思 路

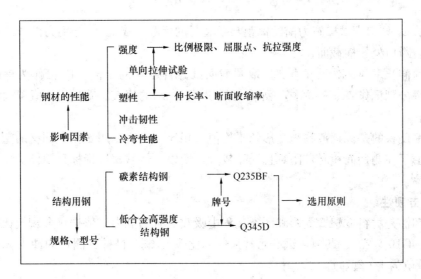

图 1-1　本章学习思路

1.2　主 要 内 容

1.2.1　钢材的力学性能

1. 强度

强度指标由单向拉伸试验测得。对于低碳钢，其单向拉伸时的 $\sigma\text{-}\varepsilon$ 曲线如图 1-2 所示，其中重要的指标包括：比例极限 f_p、屈服点 f_y、抗拉强度 f_u 以及弹性模量 E。

屈服点 f_y 作为强度计算时的限值，其原因是：（1）屈服点 f_y 和比例极限 f_p 接近，可作为弹塑性的分界点；（2）应力达到 f_y 时变形已较大，容易被察觉，实际达到抗拉强度 f_u 时才破坏，因而有较大的安全储备。

屈强比 f_y/f_u 越小，安全储备越大。《钢结构设计规范》GB 50017—2003（以下简称规范）规定塑性设计时强屈比应满足 $f_u/f_y \geqslant 1.2$，相

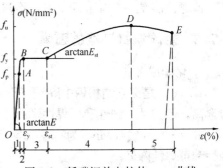

图 1-2　低碳钢单向拉伸 $\sigma\text{-}\varepsilon$ 曲线
（未按比例画出）

1—弹性变形阶段；2—弹塑性变形阶段；
3—塑性变形阶段；4—应变硬化阶段；
5—颈缩阶段

当于屈强比 $f_y/f_u \leqslant 0.83$。

规范规定钢材的弹性模量 $E=206 \times 10^3 \text{N/mm}^2$。

2. 塑性

塑性指标包括伸长率 δ 和断面收缩率 ψ，分别按照下式计算：

$$\delta = \frac{L_1 - L_0}{L_0} \times 100\% \qquad (1-1)$$

$$\psi = \frac{A_0 - A_1}{A_0} \times 100\% \qquad (1-2)$$

式中，L_0、L_1 分别为试样施力前的标距与断裂后的标距；A_0、A_1 分别为试样原始横截面积与断裂后断口处的横截面积。

试件的伸长率与试件尺寸有关。取圆截面试件直径 d 的 5 倍、10 倍作为标距，其相应的伸长率分别记作 δ_5、δ_{10}，同一种钢材的 δ_5 要比 δ_{10} 的值大。钢材的 δ 值越大说明它的塑性越好。

伸长率反映的是标距范围内变形的平均值，相比较而言，用 ψ 作为钢材的塑性指标更真实，但由于在测量面积时较困难且误差较大，所以，通常塑性指标只用伸长率 δ 而不用断面收缩率 ψ。

3. 冲击韧性

冲击韧性是材料在塑性变形和断裂过程中吸收能量的能力。依据《金属夏比缺口冲击试验方法》GB/T 229—1994，试验通常采用夏比 V 形缺口试样，测得的冲击韧性指标记作 A_{kv}，单位为 J（焦耳）。

由于钢材的冲击韧性随试验温度不同而变化，低温时冲击韧性将明显降低，因此，对冲击韧性的要求应指明试验温度。试验温度分为 20℃、0℃、−20℃和−40℃四种。

4. 冷弯性能

钢材在常温下，经过冷加工发生塑性变形后，抵抗产生裂纹的能力称作钢材的冷弯性能。

依据《金属材料弯曲试验方法》GB/T 232—1999 对冷弯性能进行测定。按照规定的弯曲角度和规定的弯曲半径将试样弯曲，若试样弯曲外表面无肉眼可见裂纹评定为合格。

冷弯性能是一个综合性指标，不仅检验钢材的塑性，还能检查钢材的冶金缺陷。

1.2.2 影响钢材性能的因素

1. 化学成分

碳（C）是碳素结构钢中除铁（Fe）之外含量最高的元素。碳的含量高，则钢的强度也愈高，但塑性、韧性和可焊性降低。对于焊接结构，要求含碳量在 0.2%以下。

硅（Si）和锰（Mn）为有益元素，但如果含量过高，也将使钢的塑性，韧性、耐腐蚀性和可焊性降低。

硫（S）和磷（P）为有害元素，硫引起热脆而磷引起冷脆，故应严格限制其含量。

2. 冶金工艺

沸腾钢与镇静钢：钢液中残留氧，应加入脱氧剂以消除氧。当使用锰作为脱氧剂时，会产生气体逸出而出现"沸腾"现象，所形成的称作沸腾钢。若使用硅作为脱氧剂，钢液在平静状态下凝固，所形成的称作镇静钢。使用硅脱氧之后再以铝补充脱氧，则可得特殊镇静钢。沸腾钢比镇静钢的冶金缺陷多。

冶金缺陷：常见的冶金缺陷有偏析、夹碴、气孔及裂纹等。偏析是指钢锭各部分的化学成分不一致；夹碴是指钢中残留的硫化物和氧化物；气孔是浇注时 FeO 与 C 作用所生成的 CO 气体不能充分逸出而形成的；裂纹是钢材中已出现的局部破坏。

钢材的轧制：在压力作用下，钢中的小气孔、裂纹、疏松等缺陷可以焊合，金属晶粒变细，因此，轧制材比铸钢具有更高的力学性能；薄板因辊轧次数多，力学性能比厚板好；钢材分层缺陷是浇注时的夹碴在轧制后形成的，设计时应避免拉力垂直于板面。

热处理：热处理的方式是先淬火，然后高温回火。热处理可以显著提高强度并具有良好的塑性与韧性。

3. 冷加工硬化和时效硬化

所谓"冷加工"是指在常温下加工。

钢材在弹性范围内重复加、卸载一般不致改变钢材的性能，超过此范围则会引起钢材性能的改变。图 1-3 (a) 中，钢材加载至 J 点后卸载至 O' 点，当再次加载时，σ-ε 曲线将沿 $O'JGH$ 发展，表现为屈服强度提高而塑性、韧性降低，这一性质称作冷加工硬化（也称冷作硬化、应变硬化）。

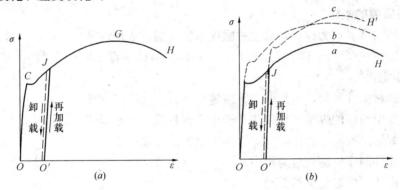

图 1-3 冷加工硬化、时效硬化与应变时效

钢材随时间延长将使屈服强度和抗拉强度提高，塑性和韧性逐渐降低，称为时效硬化（见图 1-3 (b) 中的 b 曲线）。钢材经冷加工之后经一段时间后再加载，其 σ-ε 发展曲线将是图 1-3 (b) 中的 c 曲线，称作应变时效。

通常，钢结构中不但不利用硬化的方法提高屈服强度，反而对重要结构还要消除硬化带来的不利影响。

4. 应力集中

荷载作用下，在截面突然改变处（例如孔洞、槽口）将产生局部高峰应力，而其余部位应力较低且分布极不均匀，这种现象称作应力集中。

在应力集中的高峰应力区，通常形成双向受拉或三向受拉的应力场，易导致脆性破坏。

1.2.3 复杂应力状态下的屈服条件

根据材料力学中的"第四强度理论"（形状改变能密度理论），钢材在单向或三向应力状态下由弹性状态进入塑性状态的条件，可用钢材的折算应力 σ_{red} 来衡量：当 $\sigma_{red} < f_y$ 时，钢材处于弹性状态，当 $\sigma_{red} \geqslant f_y$ 时，钢材进入塑性状态。折算应力计算公式如下：

$$\sigma_{red} = \sqrt{\sigma_x^2 + \sigma_y^2 + \sigma_z^2 - (\sigma_x\sigma_y + \sigma_y\sigma_z + \sigma_z\sigma_x) + 3(\tau_{xy}^2 + \tau_{yz}^2 + \tau_{zx}^2)} \tag{1-3}$$

双向应力作用下，式（1-3）可简化为：

$$\sigma_{red} = \sqrt{\sigma_x^2 + \sigma_y^2 - \sigma_x\sigma_y + 3\tau_{xy}^2} \tag{1-4}$$

对于只有 σ_x 和 τ_{xy} 的情况（例如，一般工字形截面梁受力时），则为：

$$\sigma_{red} = \sqrt{\sigma^2 + 3\tau^2} \tag{1-5}$$

当受纯剪时，上式进一步简化，为：

$$\sigma_{red} = \sqrt{3\tau^2} = \sqrt{3}\,\tau \tag{1-6}$$

由式（1-3）可知，当钢材受三向拉应力很大但数值彼此接近时，折算应力的数值将很小，钢材很难进入塑性状态，容易产生脆性断裂。

由式（1-6）可得发生屈服的条件为 $\sigma_{red} = \sqrt{3}\,\tau \geqslant f_y$，即 $\tau \geqslant 0.58 f_y$，故取 $f_{vy} = 0.58 f_y$ 作为钢材的抗剪屈服强度。

1.2.4 脆性断裂与预防措施

1. 脆性断裂的概念

脆性破坏通常表现为拉断，故也称脆性断裂。脆性破坏的特征是：（1）破坏前变形很小，为突然发生；（2）破坏时应力常小于 f_y；（3）断口平直，呈有光泽的晶粒状。

2. 预防措施

为防止钢材脆性断裂，可采取以下措施：

（1）对低温地区的焊接结构要注意选用含碳量低、质量等级高的钢材。

（2）对焊接结构要注意正确施焊，避免过大的残余应力。

（3）钢构件制作中避免应力集中。

（4）结构使用中避免突然受力。

1.2.5 钢材的牌号与选用

1. 钢材牌号

（1）碳素结构钢

依据《碳素结构钢》GB/T 700—2006，碳素结构钢的牌号形如"Q235AF"，符号的含义依次为：屈服强度的首字母 Q、厚度≤16mm 钢材的屈服强度数值（单位 N/mm²）、质量等级符号（分为 A、B、C、D 四级，质量依次提高）、脱氧方法符号（沸腾钢、镇静钢和特殊镇静钢的代号分别为 F、Z 和 TZ，其中 Z 和 TZ 可以省略）。

钢材的质量等级中，A、B 级可以为沸腾钢、镇静钢，C 级为镇静钢，D 级为特殊镇静钢。不同质量等级对冲击韧性的要求不同：A 级无冲击功要求；B、C、D 级应分别保证 20℃、0℃、−20℃的冲击韧性 $A_{kv} \geqslant 27J$。

《碳素结构钢》GB/T 700—2006 规定的牌号有 Q195，Q215A，Q215B，Q235A、Q235B、Q235C、Q235D 和 Q275A、Q275B、Q275C、Q275D，其中 Q235 系列是规范 GB 50017—2003 推荐钢材。

以前施行的《碳素结构钢》GB/T 700—1988 中，钢材牌号表示形如"Q235-BF"，同时，还有"半镇静钢"这一类型，符号为 b。

(2) 低合金高强度结构钢

依据《低合金高强度结构钢》GB/T 1591—2008，低合金高强度结构钢的牌号表示形如"Q345E"。低合金高强度结构钢的 A、B 级属于镇静钢，C、D、E 级属于特殊镇静钢，因此钢的牌号中不需注明脱氧方法。

该标准根据钢材厚度（直径）≤16mm 时的屈服点不同，分为 Q345、Q390、Q420、Q460、Q500、Q550、Q620、Q690 八种，其中 Q345、Q390 和 Q420 是 GB 50017—2003 推荐采用的牌号。

低合金高强度结构钢分为 A、B、C、D、E 五个质量等级，不同质量等级是按对冲击韧性的要求区分的。A 级无冲击功要求；对于 Q345～Q460 钢材，B、C、D、E 级要求厚度 12～150mm 钢材对应于 20℃、0℃、-20℃、-40℃时的冲击韧性 $KV_2 \geqslant 34J$。

2. 钢材的规格

钢结构所用的钢材通常以热轧钢板和热轧型钢供应。

(1) 热轧钢板

热轧钢板符号为"—厚度×宽度×长度"，单位为 mm。

(2) 热轧型钢

角钢：角钢的符号为"∟边长×厚度"（等边角钢）或者"∟长边×短边×厚度"（不等边角钢），单位为 mm。

槽钢：槽钢的符号为"[型号"，型号表示截面高度，单位为 cm。

工字钢：工字钢的符号为"I 型号"，由于腹板厚度不同，型号后还会有 a、b、c 符号。型号表示截面高度，单位为 cm。

H 型钢：H 型钢翼缘内外表面平行，这是与普通工字钢的区别。符号为"H 高度×宽度×腹板厚度×翼缘厚度"，单位为 mm。

剖分 T 型钢：由 H 型钢一剖为二而成，符号表达为"T 高度×宽度×腹板厚度×翼缘厚度"，单位为 mm。

钢管：钢管符号为"ϕ 外径×壁厚"，单位为 mm。

3. 钢材的选用

《钢结构设计规范》GB 50017—2003 规定，承重结构采用的钢材应具有抗拉强度、伸长率、屈服强度和硫、磷含量的合格保证，对焊接结构尚应具有碳含量的合格保证。焊接承重结构以及重要的非焊接承重结构采用的钢材还应具有冷弯试验的合格保证。

规范还规定，对于焊接的承重结构和构件，有三种情况不应采用 Q235 沸腾钢：(1) 直接承受动力荷载或振动荷载且需要验算疲劳的结构；(2) 工作温度低于-20℃时的直接承受动力荷载或振动荷载但可不验算疲劳的结构以及承受静力荷载的受弯及受拉的重要承重结构；(3) 工作温度等于或低于-30℃的所有承重结构。对于非焊接的情况，工作温度等于或低于-20℃的直接承受动力荷载且需要验算疲劳的结构不应采用 Q235 沸腾钢。

对于需要验算疲劳的结构，规范规定了较严格的不同低温下冲击韧性合格保证的要求，见表 1-1。

要求低温冲击韧性的钢材选择表   表 1-1

结构类别	结构所处工作温度	要求下列温度的冲击韧性合格		
		0℃	−20℃	−40℃
需要验算疲劳的焊接结构	0℃≥t>−20℃	Q235 钢 Q345 钢	Q390 钢 Q420 钢	—
	t≤−20℃	—	Q235 钢 Q345 钢	Q390 钢 Q420 钢
需要验算疲劳的非焊接结构	t≤−20℃	Q235 钢 Q345 钢	Q390 钢 Q420 钢	

注：结构工作温度指室外最低日平均气温。

除规范规定外，选择钢材时一般还应考虑结构的重要性、荷载特征（静力荷载、动力荷载）、结构形式、应力状态（拉应力或压应力）、连接方法（焊接或非焊接）、板件厚度和工作环境。

1.3   疑 问 解 答

1. 问：在单向拉伸试验中测得的比例极限、屈服点、极限抗拉强度，有的书上分别记作 σ_p、σ_s、σ_b，有的书上则记作 f_p、f_y、f_u，应如何理解？

答：从材料性能角度看，单向拉伸试验得到的是应力-应变曲线，由于正应力用 σ 表示，故增加一个下角标以分别表示比例极限、屈服点、极限抗拉强度。

从结构设计角度看，钢材是因为具有强度（strength）才能抵抗外力作用，而强度的符号通常记作 f，于是，增加下角标 p（plastic）、y（yield）、u（ultimate）以表示比例极限、屈服点、极限抗拉强度。

2. 问：Z 向钢是怎样的一种钢材？

答：对于厚钢板，不仅要求宽度方向和长度方向有一定的力学性能，还要求厚度方向有良好的抗层状撕裂性能，这需要用厚度方向拉伸试验的断面收缩率来评定。

在《厚度方向性能钢板》GB 5313—85 中，钢板厚度方向性能级别分为 Z15、Z25、Z35，划分依据为断面收缩率，此外，还对含硫量有限值要求，如表 1-2 所示。

厚度方向性能钢板的级别   表 1-2

级　　别	断面收缩率 ψ_z（%）		含硫量（%）
	三个试样平均值	单个试样值	不大于
	不小于		
Z15	15	10	0.01
Z25	25	15	0.007
Z35	35	25	0.005

3. 问：对于折算应力，我认为该值大些比较好，因为这样可以进入塑性，但是，应力大了又容易破坏，两者似乎矛盾，应如何理解？

答：应力越大，构件越容易破坏，所以，应力大肯定不会是好事，折算应力也是一样。我们希望的是构件不破坏。但若一定要破坏的话，我们希望发生塑性破坏，因为这种破坏形式经历时间比较长，便于发现处理。三向拉应力都很大，但彼此数值比较接近时，折算应力很小，这时也会发生破坏，属于脆性破坏性质，这是我们不愿意看到的。

4. 问：我发现不同文献给出的钢材规格表稍有差别，个别的截面特征数值竟然不同，这是怎么回事？

答：钢材的规格是由国家标准予以规定的。例如，普通热轧工字钢的标准为《热轧工字钢尺寸、外形、重量及允许偏差》GB 706—88，其中给出了不同型号工字钢的截面特征表格。因为标准会不定期更新，造成有的文献中引用的是旧的标准，于是，出现了不同。

顺便说明，《热轧 H 型钢和剖分 T 型钢》GB/T 11263—2005 已经代替了《热轧 H 型钢和剖分 T 型钢》GB/T 11263—1998 和《热轧轻型 H 型钢》YB/T 4113—2003。

1.4 知 识 拓 展

与钢材有关的新的国家标准

目前，大多数教科书对金属拉伸试验的讲述依据《金属拉伸试验方法》（GB/T 228—1987），事实上，该标准已被《金属材料室温拉伸试验方法》（GB/T 228—2002）所代替。因此，有必要对现行标准进行介绍。

依据 GB/T 228—2002 标准，试样采用"比例试样"，即 $L_0 = 5.65\sqrt{S_0}$ 的试样（L_0 为试样原始标距，S_0 为平行长度的原始横截面积），原始标距应不小于 15mm。当 S_0 太小以致不能符合最小标距要求时，可采用 $L_0 = 11.3\sqrt{S_0}$ 的试件或者非比例试样。若取 $S_0 = \dfrac{\pi d^2}{4}$，则 $L_0 = 5.65\sqrt{S_0}$ 相当于 $L_0 = 5d$，而 $L_0 = 11.3\sqrt{S_0}$ 相当于 $L_0 = 10d$。

拉伸试验测得的上屈服强度（试样发生屈服而力首次下降前的最高应力）用 R_{eH} 表示，下屈服强度（屈服期间，不计初始瞬时效应时的最低应力）用 R_{eL} 表示（R_{eH} 或 R_{eL} 相当于旧标准中的 σ_s）；抗拉强度（相应最大力的应力）用 R_m 表示（R_m 相当于旧标准中的 σ_b）；用 $R_{r0.2}$ 代替了旧标准中的 $\sigma_{0.2}$，称为"规定残余延伸强度"；弹性模量仍用 E 表示。以"断后伸长率" A 作为衡量钢材塑性性能的指标（A 相当于旧标准中的 δ_5），计算公式为：

$$A = \frac{L_u - L_0}{L_0} \times 100\% \tag{1-7}$$

式中，L_0 为施力前的试样标距（原始标距），L_u 为试样断裂后的标距。对于比例试样，若原始标距不为 $5.65\sqrt{S_0}$，符号 A 应附以下脚标说明所使用的比例系数，例如 $A_{11.3}$ 表示 $L_0 = 11.3\sqrt{S_0}$。对于非比例试样，符号 A 应附以下脚标说明所使用的原始标距，例如 A_{80} 表示 $L_0 = 80$mm 的断后伸长率。断面收缩率则用 Z 表示，为断裂后试样横截面积的最

大缩减量 S_0-S_u 与原始横截面积 S_0 之比的百分率。

冲击韧性的试验标准《金属夏比缺口冲击试验方法》GB/T 229—1994 已被《金属材料夏比摆锤冲击试验方法》GB/T 229—2007 所代替，该标准规定了测定金属材料在夏比冲击试验中吸收能量的方法（V 形和 U 形缺口试样）。冲击韧性指标记作 KV_2 和 KV_8（或者 KU_2 和 KU_8），这里，U、V 表示缺口几何形状（V 形缺口应有 45°夹角，深度为 2mm；U 形缺口深度 2mm 或 5mm，底部曲率半径 1mm），2、8 表示摆锤刀刃半径。

国家标准《碳素结构钢》GB/T 700—2006、《低合金高强度结构钢》GB/T 1591—2008 已经依据《金属材料室温拉伸试验方法》GB/T 228—2002 修订，GB/T 700—2006 中钢材屈服强度取 R_{eH}，GB/T 1591—2008 中钢材屈服强度取 R_{eL}；抗拉强度为 R_m，断后伸长率为 A。由于《金属材料夏比摆锤冲击试验方法》为 2007 年颁布，晚于《碳素结构钢》标准，故碳素结构钢指标中冲击韧性未出现 KV_2 字样（实际上是依据 1994 版的《金属夏比缺口冲击试验方法》），但可以理解为"等效"。《低合金高强度结构钢》中则指明为 KV_2 的值。

1.5　习　　题

1.5.1　选择题

1. 焊接承重结构的钢材应具有下列哪些力学性能的保证？（　　）。

A. 屈服强度、伸长率

B. 抗拉强度、屈服强度、伸长率

C. 抗拉强度、屈服强度、伸长率、冲击韧性

D. 抗拉强度、屈服强度、伸长率、冷弯试验

2.《钢结构设计规范》GB 50017—2003 推荐采用的钢材是（　　）。

A. 3 号钢、16Mn、15MnVN

B. HPB235、HRB335、HRB400、RRB400

C. Q235、Q345、Q390、Q420

D. Q235、Q345、Q390

3. 对于同一种钢材，δ_5 与 δ_{10} 的关系是（　　）。

A. 总有 $\delta_5 > \delta_{10}$　　　B. 总有 $\delta_5 < \delta_{10}$　　　C. 通常 $\delta_5 = \delta_{10}$　　　D. 二者无法比较

4. 对于 Q235 系列钢材，下列钢号中不能用于焊接承重结构的是（　　）。

A. Q235A　　　　　B. Q235B　　　　　C. Q235C　　　　　D. Q235D

5. 钢材经冷作硬化后，屈服点（　　），塑性、韧性降低。

A. 降低　　　　　B. 不变　　　　　C. 提高　　　　　D. 视情况而定

6. 依据国家标准《碳素结构钢》GB/T 700—2006，碳素结构钢分为 A、B、C、D 四个质量等级，其中，质量要求最为严格的是（　　）。

A. A 级　　　　　B. B 级　　　　　C. C 级　　　　　D. D 级

7. 下列说法，正确的是（　　）。

A. 同一个钢材牌号，厚度越小，其强度设计值越高

B. 钢材的化学成分中，碳含量越高，可焊性越好

C. 钢材的化学成分中，碳含量越高，塑性越好

D. 应力集中对构件受力产生有利影响

8. 钢材的伸长率是用来反映材料的（　　）。

A. 承载能力　　　　　　　　　　B. 弹性变形能力

C. 塑性变形能力　　　　　　　　D. 抗冲击荷载能力

9. 钢材的抗剪强度设计值 f_v 与 f 有关，$f_v=$（　　）。

A. $f/\sqrt{3}$　　　　B. $\sqrt{3}f$　　　　C. $f/3$　　　　D. $3f$

10. 某构件发生了脆性破坏，经检查发现在破坏时构件内存在以下问题，但可以肯定的是，（　　）对该破坏无直接影响。

A. 钢材的屈服点过低　　　　　　B. 构件的荷载增加速度过快

C. 存在冷加工硬化　　　　　　　D. 构件由构造原因引起的应力集中

11. 应力集中越严重，钢材也就变得越脆，这是因为（　　）。

A. 应力集中降低了钢材的屈服点

B. 应力集中产生同号应力场，使塑性变形受到限制

C. 应力集中处的应力比平均应力高

D. 应力集中降低了钢材的抗拉强度

12. 当温度从常温下降为低温时，钢材的塑性和冲击韧性（　　）。

A. 升高　　　　　　　　　　　　B. 下降

C. 不变　　　　　　　　　　　　D. 随钢号不同，可能升高，也可能下降

13. 在钢结构的构件设计中，认为钢材屈服点是构件可以达到的（　　）。

A. 最大应力　　　　　　　　　　B. 设计应力

C. 疲劳应力　　　　　　　　　　D. 稳定承载应力

14. 当钢材内的主拉应力 $\sigma_1 > f_y$，但折算应力 $\sigma_{red} < f_y$ 时，说明（　　）。

A. 可能发生屈服　　　　　　　　B. 可能发生脆性破坏

C. 不会发生破坏　　　　　　　　D. 可能发生破坏，但破坏形式难以确定

15. 钢筋的含碳量越高，则（　　）。

A. 强度越高，延性越好　　　　　B. 强度越低，延性越好

C. 强度越高，延性越低　　　　　D. 强度越低，延性越低

16. Q235 钢材的质量等级分为 A、B、C、D 四级，其划分依据为（　　）。

A. 冲击韧性　　　　B. 冷弯试验　　　　C. 含碳量　　　　D. 伸长率

17. 以下元素，含量过高会引起"热脆"的是（　　）。

A. 硅　　　　　　　B. 锰　　　　　　　C. 磷　　　　　　　D. 硫

18. 以下应力状态，最容易发生脆性破坏的是（　　）。

A. 单向拉应力

B. 双向应力，一向为拉，一向为压，且数值相等

C. 三向等值切应力

D. 三向拉应力且等值

19. 复杂应力状态下，钢材由弹性状态转入塑性状态的综合强度指标称作（　　）。

A. 屈服应力　　　　B. 折算应力　　　　C. 设计应力　　　　D. 计算应力

20. 今设计某地区钢结构建筑,其冬季计算温度为−28℃,焊接承重结构,宜采用的钢号是(　　)。

A. Q235A　　　　　B. Q235B　　　　　C. Q235C　　　　　D. Q235D

【答案】

1. D　　2. C　　3. A　　4. A　　5. C　　6. D　　7. A　　8. C　　9. A　　10. A

11. B　　12. B　　13. A　　14. B　　15. C　　16. A　　17. D　　18. D　　19. B　　20. D

13. A　理由:设计中认为 f_y 是可以达到的最大应力,f_u 只是强度储备。选项 B 中的"设计应力"相当于是强度设计值,为 f_y/f_R。

14. B　理由:$\sigma_1 > f_y$ 表明材料可能破坏,$\sigma_{red} < f_y$ 表明此时处于弹性状态。

20. D　理由:焊接承重结构,当工作温度不高于−20℃时,Q235 钢材应具有−20℃冲击韧性的合格保证。

1.5.2　填空题

1. Q235 系列中的_____级钢,因为对含碳量不作要求,所以一般不用作焊接构件。

2. 钢材需要保证的项目很多,通常所说的钢材力学性能五项保证指标指的是_____、_____、_____、_____和_____。

3. 碳素钢牌号 Q235BF 表示钢材的_____为 235N/mm²,钢材的_____为 B 级,_____钢。

4. 衡量钢材抵抗冲击荷载能力的指标称作_____,随温度降低,其值会_____;其值越小,表明击断试件所耗费的能量越_____,钢材的性质越_____。

5. 钢材设计强度 f 与屈服点 f_y 之间的关系是_____。

6. 在双向或三向应力作用下,钢材是否进入塑性状态,应该用_____和单向拉伸时的屈服强度相比较来判定。

7. 用于钢结构的钢材主要有碳素结构钢和_____。

8. 钢材承受动力荷载作用时,抵抗脆性破坏的能力是通过_____指标来衡量的。

9. 处于外露环境,且对腐蚀有特殊要求的承重结构,宜采用_____钢。

10. 当钢板厚度大于 40mm 时,为防止层状撕裂,宜采用_____。

【答案】

1. A　2. 屈服点 f_y　抗拉强度 f_u　伸长率　冲击韧性　冷弯性能

3. 厚度小于 16mm 时屈服强度 f_y　质量等级　沸腾　4. 冲击韧性　降低　小　脆

5. $f = f_y/\gamma_R$　6. 折算应力　7. 低合金高强度结构钢　8. 冲击韧性　9. 耐候　10. Z 向钢

1.5.3　简答题

1. 为何选择屈服强度作为钢材的静力强度标准值?

2. 合理选用钢材应考虑的主要因素有哪些?

【答案】

1. 答:之所以选择屈服强度作为钢材的静力强度标准值,是因为:(1) 屈服点 f_y 和

比例极限 f_p 接近,把钢材视为理想弹塑性材料时可将 f_y 作为弹塑性的分界点;(2)应力达到 f_y 时变形已较大,容易被察觉,但达到抗拉强度 f_u 时构件才破坏,因此取 f_y 作为设计依据有较大的安全储备。

2. 答:钢结构钢材的选择应考虑以下因素:结构的重要性、荷载特征(静力荷载、动力荷载)、结构形式、应力状态(拉应力或压应力)、连接方法(焊接或非焊接)、板件厚度和工作环境(温度及腐蚀介质)等。

第2章 钢结构的设计方法

2.1 学 习 思 路

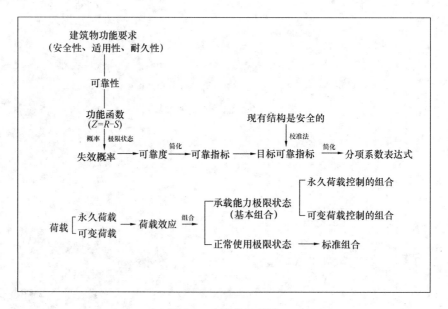

图 2-1 本章学习思路

2.2 主 要 内 容

2.2.1 基本概念

1. 可靠性与可靠度

依据《工程结构可靠性设计统一标准》GB 50153—2008，结构应该满足下列功能要求：

（1）能承受在施工和使用期间可能出现的各种作用；

（2）保持良好的使用性能；

（3）具有足够的耐久性能；

（4）当发生火灾时，在规定的时间内可保持足够的承载力；

（5）当发生爆炸、撞击、人为错误等偶然事件时，结构能保持必需的整体稳固性，不出现与起因不相称的破坏后果，防止出现结构的连续倒塌。

以上诸要求可归纳为安全性、适用性与耐久性，总称可靠性。对可靠性进行度量的指标是可靠度。可靠度是指结构在规定的时间内、规定的条件下，完成预定功能的概率。

2. 作用效应与结构抗力

影响可靠度的两个基本因素是作用效应与结构抗力。

（1）作用与作用效应

结构上的作用指能使结构产生效应（例如内力、变形、应力、应变和裂缝等）的各种原因。分为直接作用和间接作用。直接作用习惯上称作荷载，是指直接施加在结构上的集中力或分布力；间接作用是指以变形形式施加于结构的其他作用，如温度变化、基础沉降、地震等。

作用按随时间的变化来分类，可以分为永久作用、可变作用和偶然作用。通常，永久作用、可变作用被称作永久荷载（恒荷载）、可变荷载（活荷载）。

作用效应是指结构上的作用引起的结构或其构件的内力和变形，如轴力、弯矩、剪力、应力和挠度、转角、应变等。当作用为荷载时，其效应也可称为荷载效应。由于荷载的随机性，荷载效应也为随机变量。

（2）结构抗力

结构（构件）抗力是指结构或构件承受内力和变形的能力，如构件的承载能力、刚度等。与材料性能、几何参数和计算方法有关。由于材料性能的变异性、构件几何特征的不定性和计算模式的不定性，结构（构件）抗力也是随机变量。

3. 功能函数与可靠度

结构的工作性能用功能函数 Z 来描述，可用荷载效应 S 和结构抗力 R 两个基本变量来表达，即 $Z=R-S$。$Z>0$ 时，表示结构能满足预定功能的要求，处于可靠状态；$Z<0$ 时，结构不能实现预定功能，处于失效状态；当 $Z=0$ 时，处于临界的极限状态。

于是，可靠度的数学表达式就是 $P_s=P(Z=R-S \geqslant 0)$。失效概率 $P_f=1-P_s$。

4. 可靠指标与目标可靠指标

假定 R 和 S 服从正态分布且相互独立，则 $Z=R-S$ 也为正态分布。若令：

$$\beta=\frac{\mu_Z}{\sigma_Z}=\frac{\mu_R-\mu_S}{\sqrt{\sigma_R^2+\sigma_S^2}} \tag{2-1}$$

则失效概率 $P_f=\Phi(-\beta)$，$P_s=1-P_f=\Phi(\beta)$，即可以用 β 为变量的标准正态函数来表示可靠度，β 称作可靠指标。

为保证结构物的安全，设计时应使可靠指标不低于某一限值，该限值就是目标可靠指标。通常，目标可靠指标采用"校准法"确定，即对现存的结构构件可靠度进行反演算，然后通过统计分析得到。

《建筑结构可靠度设计统一标准》规定的目标可靠指标考虑了破坏形式（延性破坏还是脆性破坏）和安全等级。安全等级分为一、二、三级，根据结构破坏可能产生的后果（危及人的生命、造成经济损失、产生社会影响等）的严重性划分。

5. 极限状态

若整个结构或结构的一部分超过某一特定状态就不能满足设计规定的某一功能要求，此特定状态为该功能的极限状态。结构的极限状态分为承载能力极限状态和正常使用极限状态。

结构或结构构件达到最大承载能力或不适于继续承载的变形时的状态，称承载能力极限状态。结构或结构构件达到正常使用或耐久性能的某项规定限值的状态，称正常使用极限状态。

2.2.2 分项系数表达式

1. 承载能力极限状态设计表达式

《钢结构设计规范》GB 50017—2003 规定，按承载能力极限状态设计钢结构时，应考虑荷载效应的基本组合，必要时，尚应考虑荷载效应的偶然组合。

不考虑抗震要求时，应满足下式要求：

$$\gamma_0 S \leqslant R \qquad (2\text{-}2)$$

式中 γ_0——结构重要性系数，对安全等级为一级或设计使用年限为 100 年及以上的结构构件，不应小于 1.1；对安全等级为二级或设计使用年限为 50 年的结构构件，不应小于 1.0；对安全等级为三级或设计使用年限为 5 年的结构构件，不应小于 0.9；对设计使用年限为 25 年的钢结构构件，不应小于 0.95；

S——荷载效应组合的设计值；

R——结构构件的承载力设计值。

荷载效应 S 应取下列各式的最不利者：

可变荷载效应控制的组合 $\quad S = \gamma_G S_{Gk} + \gamma_{Q1} S_{Q1k} + \sum_{i=2}^{n} \psi_{ci} \gamma_{Qi} S_{Qik} \qquad (2\text{-}3)$

永久荷载效应控制的组合 $\quad S = \gamma_G S_{Gk} + \sum_{i=1}^{n} \psi_{ci} \gamma_{Qi} S_{Qik} \qquad (2\text{-}4)$

式中 γ_G——永久荷载分项系数，当其效应对结构不利时，对式（2-3）应取 1.2，对式（2-4）应取 1.35；当其效应对结构有利时应取 1.0。

S_{Gk}——按永久荷载标准值计算的荷载效应值。

S_{Qik} 和 S_{Q1k}——第 i 个和第一个可变荷载的效应，设计时应把效应最大的可变荷载取为第一个；如果何者效应最大不明确，则需把不同的可变荷载作为第一个来比较，找出最不利组合。

γ_{Qi} 和 γ_{Q1}——第 i 个和第一个可变荷载的分项系数，一般情况下应取 1.4，对标准值大于 4kN/m² 的工业房屋楼面结构的活荷载应取 1.3。

ψ_{ci}——第 i 个可变荷载的组合值系数，应按《建筑结构荷载规范》GB 50009—2001 的规定采用。

n——参与组合的可变荷载数。

对于一般排架、框架结构，也可采用简化规则，并应按下列组合值中取最不利值确定：

①由可变荷载效应控制的组合：

$$S = \gamma_G S_{Gk} + \gamma_{Q1} S_{Q1k} \qquad (2\text{-}5a)$$

$$S = \gamma_G S_{Gk} + 0.9 \sum_{i=1}^{n} \gamma_{Qi} S_{Qik} \qquad (2\text{-}5b)$$

②由永久荷载效应控制的组合仍按式（2-4）采用。

2. 正常使用极限状态设计表达式

按正常使用极限状态设计钢结构时，应考虑荷载效应的标准组合，对钢与混凝土组合梁，尚应考虑准永久组合。无论标准组合还是准永久组合，基本表达式均为：

$$S \leqslant C \tag{2-6}$$

式中，C 为规范规定的结构或构件达到正常使用要求时的限值。

对于荷载效应 S，标准组合时的表达式为：

$$S = S_{Gk} + S_{Q1k} + \sum_{i=2}^{n} \psi_{ci} S_{Qik} \tag{2-7}$$

准永久组合时的表达式为：

$$S = S_{Gk} + \sum_{i=1}^{n} \psi_{qi} S_{Qik} \tag{2-8}$$

式中，ψ_{qi} 为可变荷载 Q_i 的准永久值系数，依据《建筑结构荷载规范》确定。

考虑到钢结构一般只验算变形值，因此，标准组合时的验算可写成如下形式：

$$v_{Gk} + v_{Q1k} + \sum_{i=2}^{n} \psi_{ci} v_{Qik} \leqslant [v] \tag{2-9}$$

式中，v_{Gk}、v_{Q1k}、v_{Qik} 分别为永久荷载、第一个可变荷载和第 i 个可变荷载的标准值在结构或构件中产生的变形值；$[v]$ 为规范规定的结构或构件的容许变形值。

2.3 疑 问 解 答

1. 问：可靠度是指结构在规定的时间内、规定的条件下，完成预定功能的概率。这里，"规定的时间"是指"设计基准期"还是"设计使用年限"？

答：这里的"规定的时间"是指"设计使用年限"。

笔者注意到，大多数公路类教材中明确指出"规定的时间"为"设计基准期"。究其原因，是因为公路结构设计的最基本依据为《公路工程结构可靠度设计统一标准》GB/T 50283—1999，该标准的编制原则来源于《工程结构可靠度设计统一标准》GB 50153—92，而《工程结构可靠度设计统一标准》中并没有"设计使用年限"这一术语，只是在 1.0.5 条规定："结构在规定的时间内，在规定的条件下，对完成其预定功能应具有足够的可靠度，可靠度一般可用概率度量。确定结构可靠度及其有关设计参数时，应结合结构使用期选定适当的设计基准期作为结构可靠度设计所依据的时间参数"。《公路工程结构可靠度设计统一标准》也是只明确了"设计基准期"的概念，无"设计使用年限"这一术语。

《建筑结构可靠度设计统一标准》GB 50068—2001 以及目前结构可靠性的最新标准《工程结构可靠性设计统一标准》GB 50153—2008，在"术语、符号"一章，均对"设计基准期"和"设计使用年限"给出了定义，如下。

设计使用年限（design working life）：设计规定的结构或结构构件不需进行大修即可按预定目的使用的年限。

设计基准期（design reference period）：为确定可变作用等的取值而选用的时间参数。

根据以上定义可知，可靠度概念中的"规定的时间"应指"设计使用年限"。

《工程结构可靠性设计统一标准》的表 A.1.3 将房屋结构的设计使用年限分为 5 年、25 年、50 年、100 年四类，分别适用于临时性结构、易于替换的结构构件、普通房屋和构筑物、标志性建筑和特别重要的建筑结构；表 A.3.3 将公路桥涵结构的设计使用年限分为 30 年（小桥、涵洞）、50 年（中桥、重要小桥）、100 年（特大桥、大桥、重要中桥）三类。该标准的 A.1.2 条规定，房屋结构的设计基准期为 50 年；A.3.2 条规定，公路桥涵结构的设计基准期为 100 年。

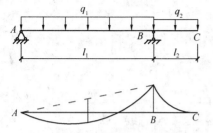

图 2-2 悬臂梁的受力简图和弯矩图

2. 问：永久荷载的分项系数 γ_G 取值时，需要区分永久荷载效应对结构"不利"还是"有利"，这里应如何理解？

答：现举例说明。

一个受弯构件承受均布荷载作用，跨中弯矩越大就越容易破坏，"破坏"属于"不利"。一般而言，荷载效应越大也就越不利。

对于如图 2-2 所示的悬伸梁，永久荷载表现为重力，即图中的均布荷载。当计算 AB 跨的跨中弯矩时，依据叠加原理可知，其值为：

$$M = \frac{1}{8}q_1 l_1^2 - \frac{1}{2} \times \frac{1}{2}q_2 l_2^2 = \frac{1}{8}q_1 l_1^2 - \frac{1}{4}q_2 l_2^2$$

可见，q_2 越大，AB 跨跨中弯矩 M 就越小，q_2 为有利因素。换句话说，BC 跨的永久荷载效应对 AB 跨跨中弯矩是有利的。

3. 问：如何理解荷载的代表值、标准值、设计值以及材料的标准值、设计值？

答：结构设计时，对不同荷载应采用不同的代表值。《建筑结构荷载规范》规定，对永久荷载应采用标准值（characteristic value）作为代表值；对可变荷载应根据设计要求采用标准值、组合值（combination value）、频遇值（frequent value）或准永久值（quasi-permanent value）作为代表值。其中，荷载标准值是基本代表值，其他代表值可以由标准值乘以相应的系数得到。

荷载标准值（characteristic value），对于永久荷载，表现为结构自重，通常可按结构构件的设计尺寸与材料单位体积的自重计算确定，相当于取其分布的均值。可变荷载的标准值，是结构使用期内可能出现的最大荷载值，原则上，应按照设计基准期内最大荷载概率分布的某一分位值确定（例如，使超过该荷载值的概率仅有 5%）。实际操作时，则区分不同情况，有些由统计资料归纳得到，有些根据已有的工程实践经验确定。

实际结构设计时所用到的楼面活荷载、风荷载、雪荷载等，其标准值可由《建筑结构荷载规范》查表得到，该规范同时也规定了这些荷载对应的组合值系数、频遇值系数、准永久值系数。

荷载设计值（design value）为荷载代表值与荷载分项系数的乘积。

《工程结构可靠性设计统一标准》规定，材料强度的标准值可按其概率分布的 0.05 分位值确定，相当于低于该强度值的概率仅有 5%。对于钢材，国家标准取废品限值作为标准值，而废品限值大致相当于屈服点的平均值减去 2 倍均方差，这样，按正态分布考虑，保证率为 97.73%。

强度设计值为强度标准值除以材料抗力分项系数。

4. 问：如何理解荷载组合值系数？

答：由于可变荷载标准值是使用期内可能出现的最大值，而多个可变荷载在同一时刻均达到最大的概率很小，因此，乘以小于 1.0 的组合值系数，相当于折减。

需要注意的是，对于永久荷载效应控制的组合，即便只有一个可变荷载也要考虑组合值系数，这里，可以认为是可靠度的需要。

5. 问："可变荷载效应控制的组合"、"永久荷载效应控制的组合"是怎样区分的？

答：对承载能力极限状态进行计算，要求满足 $\gamma_0 S \leqslant R$，这里的荷载效应，应按照"最不利"考虑，通常，荷载效应（例如，轴向压力、梁的跨中弯矩等）越大越不利，因此，就是取最大的荷载效应进行设计。

假设某构件承受一个永久荷载和一个可变荷载，则荷载效应应取以下两式的较大者：

$$S = 1.2S_{Gk} + 1.4S_{Qk} \tag{2-10}$$
$$S = 1.35S_{Gk} + 1.4 \times 0.7S_{Qk} \tag{2-11}$$

若 $\qquad 1.35S_{Gk} + 1.4 \times 0.7S_{Qk} > 1.2S_{Gk} + 1.4S_{Qk}$

则应有下式成立

$$S_{Gk} > 2.8S_{Qk} \tag{2-12}$$

可见，当永久荷载效应与可变荷载相比较大，前者为后者2.8倍以上时，依据式（2-11）得到的荷载效应大，设计时应采用，称作"控制设计"。

正是由于永久荷载效应占主要时仅仅考虑1.2、1.4的组合可靠度会偏低，规范才增加了"永久荷载效应控制的组合"。

6. 问：规范、规程之间有何联系，应如何选用？我国与钢结构设计有关的规范有哪些？

答：规范（code）和规程（specification）都属于国家标准。规范由国家部委制定，通常表现为国家标准；规程一般由行业协会制定。通常，规程与规范是一致的，只是更加细化。执行时，一般优先执行更具体的规程规定。

当国家标准与行业标准对同一事物的规定不一致时，分下列几种情况处理：（1）当国家标准规定的严格程度为"应"或"必须"时，考虑到国家标准是最低的要求，至少应按国家标准的要求执行；（2）当国家标准规定的严格程度为"宜"或"可"时，允许按行业标准略低于国家标准的规定执行；（3）若行业标准的要求高于国家标准，则应按行业标准执行；（4）若行业标准的要求高于国家标准但其版本早于国家标准，考虑到国家标准对该行业标准的规定有所调整，仍可按国家标准执行。此时，设计单位可向行业标准的主编单位（管理单位）报备案并征得认可。当不同的国家标准之间的规定不一致时，应向国家主管部门反映，进行协调，一般按照新颁布的国家标准执行。

由于不同行业甚至不同的结构形式都会存在差异，出于不同的设计目的，即便同是钢结构规范也会存在不同的规定。因而，规范都是有一定的适用范围的。

《钢结构设计规范》GB 50017—2003 适用于房屋建筑和一般构筑物钢结构；《冷弯薄壁型钢结构技术规范》GB 50018—2002 适用于冷成型的薄壁型钢结构；行业规范有《高层民用建筑钢结构技术规程》JGJ 99—98、《铁路桥梁钢结构设计规范》TB 10002.2—2005、《公路桥涵钢结构及木结构设计规范》JTJ 025—86、《门式刚架轻型房屋钢结构技术规程》CECS 102：2002，其标题已经显示出其适用范围。

顺便指出，我国香港特别行政区 2005 年也推出了钢结构规范《Code of Practice for the Use of Structural Steel 2005》。

7. 问："混凝土结构"课程中的设计方法部分，和本章内容有些相同有些却又不同，这是什么原因？

答：首先，必须认识到，建筑结构的设计，其基本思想都来源于《建筑结构可靠度设计统一标准》，建筑结构和其他工程结构（例如，铁路桥梁、公路桥梁）的思想来源，又来自于《工程结构可靠度设计统一标准》（该标准 2008 版改称《工程结构可靠性设计统一标准》）。

《工程结构可靠性设计统一标准》规定以概率论为基础的极限状态设计法作为设计方法，于是，钢结构、混凝土结构在这里只是表现为材料性能不同，所采用的设计思路没有区别。这也就具体地体现在，"钢结构"课程和"混凝土结构"课程的设计方法一章有重复。

由于钢筋混凝土材料本身具有随时间而变化的特性（例如收缩和徐变），所以，对于正常使用极限状态的验算，混凝土结构设计时要考虑荷载的"长期作用影响"，这样，在"混凝土结构"课程中不但有标准组合，还有准永久组合（公路混凝土规范中则是频遇组合与准永久组合）。

8. 问：《建筑结构荷载规范》GB 50009—2001 在 2006 年有局部修订，分项系数表达式这一部分，有哪些改动？

答：（1）永久荷载的分项系数 γ_G，当其效应对结构有利时，应取为 1.0，不再对倾覆、滑移或漂浮验算时的 γ_G 作出规定。

（2）对于竖向的永久荷载控制的组合，取消了"参与组合的可变荷载仅限于竖向荷载"的规定。

2.4　知　识　拓　展

1. 国外钢结构规范介绍

（1）美国钢结构规范

美国钢结构学会（American Institute of Steel Construction，简称 AISC）是美国钢结构规范的制订者，其在 1989 年推出 Specification for Structural Steel Building——Allowable Stress Design and Plastic Design，为国内所熟知，这就是 ASD89。1999 年推出 Load and Resistance Factor Design Specification，即为 LRFD99。2005 年推出的规范则同时给出了 ASD 和 LRFD 两种做法。

（2）欧洲钢结构规范

下列各部分组成了欧洲结构设计规范：

EN 1990 Eurocode：Basis of structural design

EN 1991 Eurocode1：Actions on structures

EN 1992 Eurocode2：Design of concrete structures

EN 1993 Eurocode3：Design of steel structures

EN 1994 Eurocode4：Design of composite steel and concrete structures

EN 1995 Eurocode5：Design of timber structures

EN 1996 Eurocode6：Design of masonry structures

EN 1997 Eurocode7：Geotechnical design

钢结构设计规范由于是第三部分，所以通常称作 EC3。EN1993-1-1 至 EN1993-1-12 共 12 个分卷是对房屋建筑钢结构的规定，例如，EN1993-1-1：2005，名称为 General rules and rules for buildings。

（3）英国钢结构规范

BS5950 系列适用于房屋建筑，全称为 Structural use of steelwork in building，包含 9 个分卷，例如，BS5950-1：2000，名称为 Code of practice for design—Rolled and welded sections。

BS5400 系列适用于桥梁，全称为 Steel，concrete and composite bridges，包含 10 个分卷，例如，BS5400-1：1988，名称为 General statement。

欧洲规范计划在 2010 年代替英国规范。

2. ASD 和 LRFD

ASD 方法的一般表达式为：

$$R_a = Q_i \leqslant \frac{R_n}{\Omega}$$

式中，Ω 为安全系数。

LRFD 方法与我国的极限状态设计法相似，对恒载（dead load）、活载（live load）乘以不同的系数进行组合，形成 factored load。其一般设计表达式可以表示为：

$$R_u = \sum \gamma_i Q_i \leqslant \phi R_n \tag{2-13}$$

式中，Q_i 为荷载标准值，γ_i 为与 Q_i 对应的荷载系数，R_n 为构件抗力标准值（nominal value），ϕ 为与 R_n 对应的抗力系数。

若采用恒载 D 加活载 L 的组合，并取 $L/D=3$，则：

对于 LRFD，有

$$\phi R_n = 1.2D + 1.6L = 1.2D + 1.6 \times 3D = 6D \tag{2-14}$$

$$R_n = \frac{6D}{\phi} \tag{2-15}$$

对于 ASD，有

$$\frac{R_n}{\Omega} = D + L = D + 3D = 4D \tag{2-16}$$

$$R_n = 4D \cdot \Omega \tag{2-17}$$

于是

$$\Omega = \frac{6D}{\phi} \times \frac{1}{4D} = \frac{1.5}{\phi} \tag{2-18}$$

可见，只要对 Ω 加以校准，就可以保证在取 $L/D=3$ 的水平与 LRFD 方法具有相同的结构可靠度。

2.5 习 题

2.5.1 填空题

1. 建筑结构的功能要求可以概括为_____、_____、_____。

2. 结构抗力设计值与标准值的关系是 _____；荷载设计值与标准值的关系是 _____。

3. 功能函数 $Z=R-S=0$ 表示 _____。

4. 失效概率 $P_f=$ _____，可靠指标 $\beta=$ _____。

5. 极限状态分为 _____、_____ 两种。

6. 当永久荷载效应对结构不利时，对于可变荷载效应控制的组合，$\gamma_G=$ _____；对于永久荷载效应控制的组合，$\gamma_G=$ _____。当永久荷载效应对结构有利时，取 $\gamma_G=$ _____。

7. 某构件当可靠指标 β 减小时，相应的失效概率 _____。

8. 承载能力极限状态对应于结构或结构构件达到 _____ 的状态。正常使用极限状态对应于结构或结构构件达到 _____ 的状态。

9.《钢结构设计规范》GB 50017—2003 除 _____ 外，采用了以概率论为基础的 _____ 设计方法，用 _____ 设计表达式进行计算。

10. 结构在规定的时间内，规定的条件下，完成预定功能的能力称作 _____，对其进行定量分析的指标称作 _____。

【答案】

1. 安全性　适用性　耐久性

2. 结构抗力设计值＝结构抗力标准值/分项系数　荷载设计值＝荷载标准值×分项系数

3. 结构处于极限状态

4. $P(R-S<0)$　$\dfrac{\mu_R-\mu_S}{\sqrt{\sigma_R^2+\sigma_S^2}}$

5. 承载能力极限状态　正常使用极限状态

6. 1.2　1.4　1.0

7. 增大

8. 最大承载能力或不适于继续承载的变形　正常使用或耐久性能的某项规定限值

9. 疲劳计算　极限状态　分项系数

10. 可靠性　可靠度

2.5.2　简答题

1. 概率极限状态设计法为何也被称作一次二阶矩设计法？

2. 按照现行国标标准进行钢结构设计时，如何保证具有足够的可靠度？

3. 依据《建筑结构荷载规范》进行荷载效应组合时，公式仅仅适用于荷载效应与荷载为线性关系的情况，为什么？若两者呈非线性关系，如何处理？

【答案】

1. 答：采用概率极限状态设计法时，假设功能函数 $Z=R-S$，且认为结构抗力 R、荷载效应 S 都服从正态分布且相互独立，这样，可靠指标 $\beta=\dfrac{\mu_Z}{\sigma_Z}=\dfrac{\mu_R-\mu_S}{\sqrt{\sigma_R^2+\sigma_S^2}}$，即只与均值和方差有关。由于均值被称作概率分布密度 $f(Z)$ 的一阶原点矩，方差被称作二阶原点矩，故概率极限状态设计法也被称作一次二阶矩设计法。

2. 答: 依据《建筑结构可靠度设计统一标准》，结构设计时采用分项系数表达式，这时，目标可靠指标并没有出现，但是，公式中分项系数的取值却隐含了可靠度的保证，即，当采用规范给出的分项系数设计时，按极限状态表达式设计所得的各类结构的可靠指标能达到目标值的要求。

3. 答: 当荷载与荷载效应符合线性关系时，将各个荷载分别计算出各自的效应然后叠加，与将荷载组合后再计算荷载效应，得到的结果是相同的。若荷载与荷载效应不符合线性关系时，上述的做法将得到不同结果，这时，应先将荷载组合，然后再计算荷载效应。

第3章 钢结构的焊缝连接

3.1 学 习 思 路

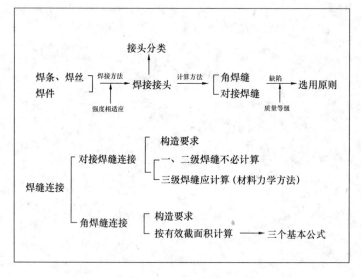

图 3-1 本章学习思路

3.2 主 要 内 容

3.2.1 焊缝连接简介

1. 焊缝连接的优缺点

焊缝连接是现代钢结构主要的连接方法。其优点是：（1）不削弱截面，经济；（2）焊件间可直接焊接，构造简便，制造省工，传力路线短而明确；（3）连接的密闭性好，刚度大，整体性好；（4）便于自动化作业，提高质量和效率。

其缺点是：（1）位于焊缝热影响区的材质会变脆；（2）在焊件中产生焊接残余应力和焊接残余变形，对结构的工作往往产生不利影响；（3）焊接结构对裂纹很敏感。一旦局部发生裂纹，便有可能迅速扩展到整个截面，尤其易低温脆断。

2. 焊接方法与焊接材料

根据焊接工艺特点可以分为熔焊、压焊和钎焊三大类。熔焊包括焊条电弧焊（手工电弧焊）、埋弧焊、气体保护焊、电渣焊、气焊等。

焊接材料分为焊条和焊丝两种。对于常用的碳钢焊条，其型号表示形如"E4315"，字母"E"表示电焊条；其后的前两位数字表示熔敷金属抗拉强度的最小值，单位为 kgf/

mm²；第 3 位数字表示焊条适用的位置："0"及"1"表示全位置焊接，"2"表示平焊，"4"俯焊；第 3 位和 4 位数字组合表示焊条药皮类型及电流种类。焊丝牌号的表示形如"H10Mn2"，第一个字母"H"表示焊接用实芯焊丝，后面两位数字表示碳的含量；接着的化学元素符号及其后的数字表示该元素的平均含量；牌号尾部标有"A"（或"高"）表示 S、P 含量要求低的优质焊丝，标有"E"（或"特"）表示是 S、P 含量要求特别低的特优质焊丝。

焊接材料应与母材"等强匹配"，即应选用熔敷金属抗拉强度等于或稍高于母材的焊条。例如，Q235 钢与 E43 型焊条，Q345 钢与 E50 型焊条，Q390、Q420 钢与 E55 型焊条。但是，在焊接结构刚度大、接头应力高、焊缝易发生裂纹的情况下，应考虑选用比母材强度低的焊条。强度级别不同的焊件相连，可按强度级别较低的钢材选用焊条。

焊丝与母材的对应关系是：Q235 钢采用 H08A 焊丝，Q345 钢采用 H10Mn2 焊丝。

3. 焊接接头与焊缝形式

焊接接头的形式根据被连接件的相对位置命名，有对接接头、搭接接头、T 形接头和角部接头等。如图 3-2 所示。

焊缝形式则是根据焊缝金属填充区域和计算方法不同而划分，包括对接焊缝和角焊缝。焊缝金属填充在板件接缝中的焊缝，称对接焊缝，如图 3-2（a）、（b）、（c）所示（严格说来，依据《焊接术语》GB/T 3375—1994，图 3-2（c）的焊缝应称作"对接与角接组合焊缝"）。对接焊缝与被连接件组成一体，传力平顺，没有明显的应力集中，受力性能好。对接焊缝要求板件下料和装配尺寸准确；当厚度较大时为保证焊透需要开坡口，因而制造费工。焊缝金属填充在被连接板件

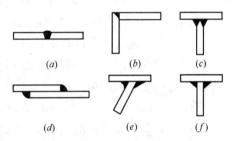

图 3-2　焊接接头的形式
（a）对接接头；（b）角部接头；（c）T 形接头；（d）搭接接头；（e）T 形接头；（f）T 形接头

所形成的直角（或斜角）区域内的焊缝，称角焊缝，如图 3-2（d）、（e）、（f）所示。角焊缝传力线曲折，应力集中明显，受力复杂。角焊缝对板件的尺寸和位置要求不高，制作方便，使用灵活。

4. 焊缝的缺陷与质量等级

焊缝缺陷指焊接过程中产生于焊缝金属或附近热影响区钢材表面或内部的缺陷。常见的缺陷有裂纹、焊瘤、烧穿、弧坑、气孔、夹渣、咬边、未熔合、未焊透等。焊缝缺陷如图 3-3 所示。

焊缝缺陷的存在势必影响连接的受力性能，故对焊缝质量的检验极为重要。焊缝质量检验一般可用外观检查及内部无损检验，前者检查外观缺陷和几何尺寸，后者检查内部缺陷。内部无损检验可采用超声波、X 射线或 γ 射线。

《钢结构工程施工质量验收规范》GB 50205—2001 规定，焊缝质量等级分为一级、二级和三级；设计要求全焊透的一、二级级焊缝应采用超声波探伤进行内部缺陷的检验，超声波探伤不能对缺陷做出判断时，应采用射线探伤，其内部缺陷分级及探伤方法应符合现行国家标准《钢焊缝手工超声波探伤方法和探伤结果分级法》GB 11345 或《钢熔化焊对接接头射线照相和质量分级》GB 3323 的规定；一级焊缝内部缺陷超声波探伤的取样比例

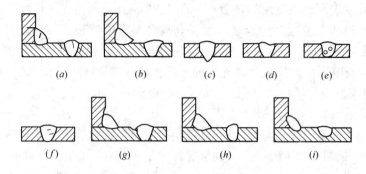

图 3-3   焊缝的缺陷

(*a*) 裂纹；(*b*) 焊瘤；(*c*) 烧穿；(*d*) 弧坑；(*e*) 气孔；
(*f*) 夹渣；(*g*) 咬边；(*h*) 未熔合；(*i*) 未焊透

为 100%，二级焊缝则为 20% 且探伤长度不小于 200mm；焊缝表面不得有裂纹、焊瘤等缺陷，一级、二级焊缝不得有表面气孔、夹渣、弧坑裂纹、电弧擦伤等缺陷，且一级焊缝不得有咬边、未焊满、根部收缩等缺陷；三级焊缝只要求对全部焊缝作外观检查。

《钢结构设计规范》GB 50017—2003 规定了焊缝质量等级的选用原则：

（1）在需要进行疲劳计算的构件中，凡对接焊缝均应焊透，其质量等级为：

作用力垂直于焊缝长度方向的横向对接焊缝或 T 形对接与角接组合焊缝，受拉时应为一级，受压时应为二级；

作用力平行于焊缝长度方向的纵向对接焊缝应为二级。

（2）不需要计算疲劳的构件中，凡要求与母材等强的对接焊缝应予焊透，其质量等级当受拉时应不低于二级，受压时宜为二级。

（3）重级工作制和起重量 $Q \geqslant 50t$ 的中级工作制吊车梁的腹板与上翼缘之间以及吊车桁架上弦杆与节点板之间的 T 形接头焊缝均要求焊透，焊缝形式一般为对接与角接组合焊缝，其质量等级不应低于二级。

（4）不要求焊透的 T 形接头采用的角焊缝或部分焊透的对接与角接组合焊缝，以及搭接连接采用的角焊缝，其质量等级为：

对直接承受动力荷载且需要验算疲劳的结构和吊车起重量 $\geqslant 50t$ 的中级工作制吊车梁，焊缝的外观质量标准应符合二级；

对其他结构，焊缝的外观质量标准可为三级。

3. 2. 2 对接焊缝的构造与计算

1. 对接焊缝的坡口与引弧板

对接焊缝之所以要根据不同的板厚和施焊工艺将焊接边切成一定形式的坡口，是为了保证对接焊缝能焊透以确保焊缝质量。

设置引弧板的目的，是为了避免起弧点和落弧点因不能熔透而形成的凹形焊口缺陷。

2. 对接焊缝的构造要求

（1）为保证平缓过渡避免应力集中，焊件宽度或厚度变化时，应做成斜坡：承受静态荷载时，坡度不大于 1：2.5；直接承受动力荷载且需要计算疲劳的结构，应不大于 1：4。

板厚相差不大于 4mm 时，也可不作斜坡。

（2）对接焊缝在纵横方向形成交叉时，交叉点之间的距离不得小于 200mm，且拼接料的长度和宽度均不得小于 300mm。

3. 对接焊缝的强度设计值

对接焊缝的质量等级分为一、二、三级。由于施焊时已经考虑了焊条（或焊丝）与主体金属的强度相适应，一、二级焊缝的抗拉强度可认为与主体金属强度相等，此时，只要主体结构满足要求焊缝肯定满足要求，故不再需要对焊缝进行计算。三级焊缝允许存在的缺陷较多，其抗拉强度取为主体金属强度的 85%，因而需要进行计算。

4. 对接焊缝的计算

对接焊缝的强度计算方法与构件截面强度计算相同，即相当于对焊缝位置处的主体金属进行计算，但对焊缝的计算长度有特殊规定（未采用引弧板时，计算长度取为实际长度减去 $2t$，t 为焊件的厚度），且强度应取为焊缝的强度设计值（抗拉、抗压、抗剪分别是 f_t^w、f_c^w、f_v^w）。

轴力作用下采用直的对接焊缝不能满足强度要求时，可采用斜焊缝，焊缝长度方向与轴力的夹角 θ 满足 $\tan\theta \leqslant 1.5$ 时，可认为强度得到保证，不必另行计算。

在对接接头和 T 形接头中，承受弯矩和剪力共同作用的对接焊缝，尚应对受有较大正应力和剪应力处（例如工形梁截面腹板与翼缘交接处）按照下式验算折算应力：

$$\sqrt{\sigma_1^2 + 3\tau_1^2} \leqslant 1.1 f_t^w \tag{3-1}$$

3.2.3 角焊缝的构造与计算

1. 角焊缝的一般构造要求

（1）最大焊脚尺寸与最小焊脚尺寸

焊脚尺寸 h_f 不得小于 $1.5\sqrt{t}$，t 为较厚焊件的厚度（mm），对自动焊，最小焊脚尺寸可减少 1mm，对 T 形连接的单面角焊缝，应增加 1mm。当焊件厚度小于等于 4mm 时，最小焊脚尺寸取与焊件厚度相同。

焊脚尺寸 h_f 不得大于 $1.2t$，t 为较薄焊件的厚度（mm）。贴边焊时，最大焊脚尺寸尚应满足下列要求：$t \leqslant 6$mm 时，$h_f \leqslant t$；$t > 6$mm 时，$h_f \leqslant t - (1\sim2)$ mm。

（2）最大计算长度与最小计算长度

侧面角焊缝或正面角焊缝的计算长度不得小于 $8h_f$ 和 40mm。

侧面角焊缝计算长度不宜大于 $60h_f$，其超出部分计算中不予考虑。但当内力沿侧焊缝全长分布时（例如，焊接梁及柱的翼缘与腹板的连接焊缝），其计算长度不受此限。

2. 直角角焊缝连接的计算

（1）3 个基本公式

直角角焊缝的破坏截面为焊喉处的有效厚度 h_e（$h_e = 0.7h_f$）乘以焊缝的计算长度 l_w（l_w 取为角焊缝实际长度减去 $2h_f$），以此作为计算依据。

侧面角焊缝时（作用力平行于焊缝长度方向）

$$\tau_f = N/(0.7\sum h_f l_w) \leqslant f_f^w \tag{3-2}$$

正面角焊缝时（作用力垂直于焊缝长度方向）

$$\sigma_f = N/(0.7 \sum h_f l_w) \leqslant \beta_f f_f^w \tag{3-3}$$

作用力不与焊缝长度方向平行或垂直时

$$\sqrt{\left(\frac{\sigma_f}{\beta_f}\right)^2 + \tau_f^2} \leqslant f_f^w \tag{3-4}$$

以上各式中，β_f 是端焊缝强度提高系数，直接承受动力荷载时不考虑强度提高，即取 $\beta_f = 1.0$，其他情况取 $\beta_f = 1.22$。

（2）角焊缝的受力计算

角焊缝取有效截面进行计算，方法为材料力学中的计算方法。当角焊缝受多个力的作用时，同方向的力要相加。计算出的 σ_f、τ_f 代入公式（3-4）进行验算。

3.2.4 焊接残余应力与焊接残余变形

1. 焊接残余应力

焊接残余应力之所以产生是由于：①焊缝周围不均匀的温度场；②施焊过程中产生热塑区；③自由变形受到约束。应力分为三个方向，即沿焊缝轴线方向的纵向焊接残余应力、垂直于焊缝轴线方向的横向焊接残余应力和沿厚度方向的焊接残余应力。焊接残余应力具有自相平衡的特点。

焊接残余应力对构件的静力强度无影响，但会使刚度降低，疲劳强度降低、稳定性下降、低温冷脆现象加剧。

2. 焊接残余变形

焊接残余变形与焊接残余应力相伴而生。采取合理的施焊设计和措施可以减小焊接残余变形。

3.3 疑 问 解 答

1. 问：在焊接的材料中经常说到"母材"、"基材"、"主体金属"，含义各是什么？另外，焊脚尺寸 h_f 的下角标"f"代表的是"foot（脚）"吗？

答："母材"对应的英文应是"parent material"，"基材"、"主体金属"对应的英文应是"base material"，指的都是被焊缝连接起来的"焊件"。

实际上，在英文中并无"weld foot"的说法，而是"weld leg"，指的就是焊脚。

2. 问：在对接焊缝的计算中讲到，焊缝的质量等级分为三级，只有三级时才需要计算。角焊缝的计算中没有提到，这是为什么？

答：依据《钢结构工程施工质量验收规范》GB 50205—2001，一、二级焊缝质量等级的要求见表 3-1。

表 3-1 中，采用超声波探伤时的"检验等级"是按照检验的完善程度划分的，A 级最低、B 级一般、C 级最高，检验工作的难度按 ABC 顺序增高。采用射线探伤时的"检验等级"是按照所需要达到的底片影像质量划分的，A 级为普通级、AB 级为较高级、B 级为高级。评定等级则是根据缺陷的性质和数量的分级。

焊缝分级是针对全熔透的对接焊缝的。对于角焊缝，不进行内部探伤检测，只要求外观符合一、二级的要求。《钢结构工程施工质量验收规范》对焊缝外观的要求是：焊缝表面不得有裂纹、焊瘤等缺陷。一级、二级焊缝不得有表面气孔、夹渣、弧坑裂纹、电弧擦伤等缺陷，且一级焊缝不得有咬边、未焊满、根部收缩等缺陷。

一、二级焊缝质量等级要求　　　　表 3-1

焊缝质量等级		一级	二级
内部缺陷超声波探伤	评定等级	Ⅱ	Ⅲ
	检验等级	B 级	B 级
	探伤比例	100%	20%
内部缺陷射线探伤	评定等级	Ⅱ	Ⅲ
	检验等级	AB 级	AB 级
	探伤比例	100%	20%

注：探伤比例的计数方法应按以下原则确定：(1) 对工厂制作焊缝，应按每条焊缝计算百分比，且探伤长度应不小于 200mm，当焊缝长度不足 200mm 时，应对整条焊缝进行探伤；(2) 对现场安装焊缝，应按同一类型、同一施焊条件的焊缝条数计算百分比，探伤长度应不小于 200mm，并应不少于 1 条焊缝。

3. 问：钢结构中常看到"等强设计"或"等强连接"这一说法，那么，什么叫做等强设计？

答：结构由构件组成，对于钢结构，构件之间通过连接（螺栓连接、焊缝连接）来实现。对连接的设计可以有两种思路：一是按照实际受力计算（这其中也可以考虑"强节点弱构件"对受力有所放大）；二是取构件的承载力作为连接的受力计算。后一种做法可以从理论上保证只要构件不破坏连接就不会破坏，称作"等承载力设计"（也称"等强设计"）。理论上取"等于"构件承载力，在实际操作中是取"大于等于"。

4. 问：什么是 T 形对接与角接组合焊缝，怎样定义的？

答：依据《钢结构设计规范》7.1.1 条的条文说明可知，按照《焊接术语》GB/T 3375—94，凡是 T 形、十字或角接接头的对接焊缝基本上都没有焊脚，这不符合建筑钢结构对这类接头焊缝截面形状的要求。为避免混淆，对上述对接焊缝一律写成"对接与角接组合焊缝"。

T 形接头对接与角接组合焊缝如图 3-4 所示，其中 (a) 图为"焊透的"，(b) 图为"未焊透"的。

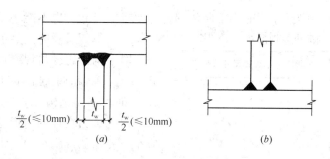

图 3-4　对接与角接组合焊缝

5. 问：对接焊缝的强度验算，有的是单独验算正应力和剪应力，还有的需要验算折算应力，如何区分？

答：通常情况下，工字形截面翼缘与腹板连接处的 T 形对接与角接组合焊缝要进行折算应力的验算，其他的情况则分开考虑。

6. 问：如何理解角焊缝计算中的正应力与剪应力规定？

答：角焊缝计算中应力以 σ_f、τ_f 区分的目的，并不在于前者是正应力后者为剪应力，而是 σ_f 对应于 1.22 的强度提高。如果直接按照"力除以面积得到应力"来理解还会产生这样的困惑：破坏截面与外力所形成的夹角，公式中为何没有体现？

从角焊缝公式的推导过程入手理解才会明白：当计算点所在的破坏截面与外力垂直时，记作 σ_f，与外力平行时记作 τ_f。平时计算，完全可以直接将有效截面画出，然后按照材料力学中的方法计算。

3.4 知 识 拓 展

美国钢结构规范 ANSI/AISC 360—2005 中关于角焊缝的规定简介

（1）承载力

焊缝的承载力设计值为 ϕR_n，ϕ 为抗力系数，对于角焊缝，$\phi=0.75$；$R_n=F_w A_w$，F_w 为焊缝金属强度标准值，按照焊缝金属抗拉强度的 0.6 倍取用；A_w 为焊缝有效面积，为有效长度乘以有效焊喉，有效焊喉取焊根至表面的最短距离，有效长度取为几何长度（焊缝很短时才考虑缺陷影响）。

尽管试验表明，端焊缝比侧焊缝强度高大约 1/3，但美国规范自 ASD89 起一直取二者强度相等。

当纵向角焊缝被用来传递力至轴心受力构件的端部时，焊缝被称为"端部受力角焊缝"（end-loaded fillet welds）。端部受力角焊缝长度超过 100 倍的焊脚尺寸时，焊缝有效长度按实际长度乘以折减系数 β 确定：

$$\beta = 1.2 - 0.002 \frac{L}{w} \leqslant 1.0$$

式中，L 为端部受力角焊缝的实际长度；w 为焊脚尺寸。

当焊缝长度超过 300 倍的焊脚尺寸时，取 $\beta=0.60$。

组合工字形截面梁的翼缘与腹板之间的角焊缝不属于"端部受力角焊缝"，不受此限。

（2）构造要求

角焊缝的最小焊脚尺寸不能小于所传递外力要求的尺寸，也不能小于表 3-2 的数值。

角焊缝的最小焊脚尺寸　　表 3-2

较薄焊件厚度（mm）	角焊缝最小焊脚尺寸（mm）
≤6	3
6～13	5
13～19	6
>19	8

最大焊脚尺寸应满足下面的要求：

对于构件边缘角焊缝，当构件厚度小于 6mm 时，不超过构件的厚度；大于等于 6mm 时，不超过构件的厚度减去 2mm。

以承载力设计的角焊缝最小有效长度不应小于 4 倍的焊脚尺寸。纵向角焊缝端部受力时，每边的角焊缝长度不应小于二者间的垂直距离。

当承受的力比较小，按连续角焊缝计算将导致焊脚尺寸小于最小允许值时，允许采用断续角焊缝通过节点或搭接表面来传递计算的应力。断续角焊缝的任意段有效长度不得小于 4 倍的焊脚尺寸，而且最小为 38mm。

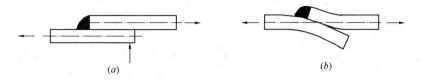

图 3-5 一个端部有角焊缝时的搭接

（a）有约束阻止部件张开；（b）没有约束阻止部件张开

对于搭接接头，最小搭接长度为 5 倍连接件较小厚度，且不小于 25mm。搭接接头板件利用横向角焊缝承受轴向应力，应在搭接板件的两个端部施焊，若只在一个端部有角焊缝，则在最大荷载下，应有足够的约束阻止搭接部件的张开，如图 3-5 所示。

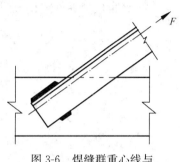

承受动态荷载时，对于在杆件端部传递轴向力的焊缝群，应选择好焊缝的布置尺寸，以使焊缝群的重心线与杆件的重心线重合，如图 3-6 所示，否则会对疲劳寿命影响很大，应对偏心采取措施。承受静态荷载时可以不考虑这种偏心的影响。

图 3-6 焊缝群重心线与杆件重心线重合

3.5 典 型 例 题

1. 某 8m 跨度的简支梁，在距离支座 2.4m 处采用对接焊缝连接，如图 3-7 所示。已知钢材为 Q235 级，$q=150$kN/m（设计值，已包含梁自重在内），采用 E43 型焊条，手工焊，质量等级为三级，施焊时采用引弧板。

要求：验算对接焊缝的强度是否满足要求。

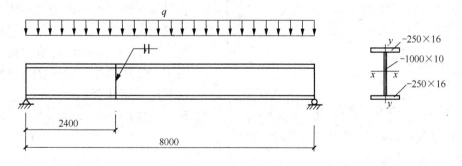

图 3-7 例题 1 的图示

解：容易求得焊缝处弯矩 $M=1008$kN·m，剪力 $V=240$kN。

焊缝截面与梁截面相同，截面特征计算如下：

$$I_w = \frac{250 \times 1032^3 - 240 \times 1000^3}{12} = 2898 \times 10^6 \, \text{mm}^4$$

$$W_w = \frac{2898 \times 10^6}{516} = 5.616 \times 10^3 \, \text{mm}^3$$

$$S_{w1} = 250 \times 16 \times 508 = 2.032 \times 10^6 \, mm^3$$

$$S_w = 2.032 \times 10^6 + 10 \times 500 \times 250 = 3.282 \times 10^6 \, mm^3$$

最大正应力 $\sigma_{max} = \dfrac{M}{W_w} = \dfrac{1008 \times 10^6}{5.616 \times 10^6} = 179.5 N/mm^2 < f_t^w = 185 N/mm^2$

最大剪应力 $\tau_{max} = \dfrac{VS_w}{I_w t_w} = \dfrac{240 \times 10^3 \times 3.282 \times 10^6}{2898 \times 10^6 \times 10}$

$$= 27.2 N/mm^2 < f_v^w = 125 N/mm^2$$

翼缘与腹板交界处"1"点的应力：

$$\sigma_1 = \sigma_{max} \frac{h_0}{h} = 179.5 \times \frac{1000}{1032} = 173.9 N/mm^2$$

$$\tau_1 = \frac{VS_1}{I_w t_w} = \frac{240 \times 10^3 \times 2.032 \times 10^6}{2898 \times 10^6 \times 10} = 16.8 N/mm^2$$

$$\sqrt{\sigma_1^2 + 3\tau_1^2} = \sqrt{173.9^2 + 3 \times 16.8^2} = 176.3 N/mm^2 < 1.1 f_t^w = 203.5 N/mm^2$$

综上，该对接焊缝强度满足要求。

点评： 计算过程中应注意以下几个问题：

（1）为避免单位换算出错，力的单位宜用 N，长度单位宜用 mm。

（2）由于对接焊缝 $f_t^w < f_c^w$，故采用弯曲正应力与 f_t^w 比较。

（3）剪应力的计算比较复杂，工程上常偏于安全地假定剪力全部由腹板焊缝承受。对于矩形截面，由材料力学知识可知 τ_{max} 为平均剪应力的 1.5 倍。于是

$$\tau_{max} = 1.5 \frac{V}{A_w} = 1.5 \times \frac{240 \times 10^3}{1000 \times 10} = 36 N/mm^2$$

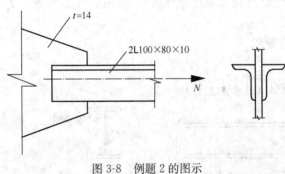

图 3-8 例题 2 的图示

（4）截面惯性矩也可以采用三块钢板惯性矩求和得到。由于翼缘厚度较薄，利用"移轴公式"时通常忽略翼缘板对自身形心轴的惯性矩，简便且偏于安全。

2. 如图 3-8 所示的节点板与两根角钢（长肢相并）的连接，已知杆件承受拉力设计值 $N = 450 kN$（静力荷载），钢材为 Q235 级，焊条 E43 型，试按照两条侧焊缝和三面围焊设计该焊缝连接。

解： 首先确定焊脚尺寸：

$$h_{fmin} = 1.5 \sqrt{t_{max}} = 1.5 \sqrt{14} = 6mm, \quad h_{fmax} = 1.2 t_{min} = 1.2 \times 10 = 12mm$$

对于肢尖焊缝，尚应满足 $h_{fmax} = 10 - (1 \sim 2) = 8 \sim 9mm$

今采用两条侧焊缝时，肢背焊缝采用 $h_{f1} = 8mm$，肢尖焊缝采用 $h_{f2} = 6mm$。

采用三面围焊时，统一采用 $h_f = 6mm$。

（1）两条侧焊缝时

两条肢背焊缝传力：$N_1 = k_1 N = 0.65 \times 450 = 292.5 kN$

所需焊缝计算长度为：$l_{w1} = \dfrac{N_1}{2 \times 0.7 h_{f1} f_f^w} = \dfrac{292.5 \times 10^3}{2 \times 0.7 \times 8 \times 160} = 163mm$

该值$<60h_{f1}=480mm$且$>8h_{f1}=64mm$，满足规范限值要求。

考虑端部缺陷$2h_{f1}=16mm$后所需几何长度为$163+16=179mm$，设计时取整，每条肢背焊缝取为180mm。

两条肢尖焊缝传力：$N_2 = k_2 N = 0.35 \times 450 = 157.5kN$

所需焊缝计算长度为：$l_{w2} = \dfrac{N_2}{2 \times 0.7 h_{f2} f_f^w} = \dfrac{157.5 \times 10^3}{2 \times 0.7 \times 6 \times 160} = 117mm$

该值$<60h_{f2}=360mm$且$>8h_{f2}=48mm$，满足规范限值要求。

每条肢尖焊缝所需几何长度为$117+2 \times 6=129mm$，设计时取整，取为130mm。

（2）采用三面围焊时

此时，端部焊缝受力为：

$$N_3 = 2 \times 0.7 h_f b \beta_f f_f^w = 2 \times 0.7 \times 6 \times 100 \times 1.22 \times 160 \times 10^{-3} = 164kN$$

两条肢背焊缝受力：$N_1 = k_1 N - \dfrac{N_3}{2} = 0.65 \times 450 - \dfrac{164}{2} = 210.5kN$

所需焊缝计算长度为：$l_{w1} = \dfrac{N_1}{2 \times 0.7 h_f f_f^w} = \dfrac{210.5 \times 10^3}{2 \times 0.7 \times 6 \times 160} = 157mm$

该值$<60h_f=360mm$且$>8h_f=48mm$，满足规范限值要求。

每条肢背焊缝所需几何长度为$157+6=163mm$，设计时取整，取为170mm。

两条肢尖焊缝受力：$N_2 = k_2 N - \dfrac{N_3}{2} = 0.35 \times 450 - \dfrac{164}{2} = 75.5kN$

所需焊缝计算长度为：$l_{w2} = \dfrac{N_2}{2 \times 0.7 h_f f_f^w} = \dfrac{75.5 \times 10^3}{2 \times 0.7 \times 6 \times 160} = 56mm$

该值$<60h_f=360mm$且$>8h_f=48mm$，满足规范限值要求。

每条肢尖焊缝所需几何长度为$56+6=62mm$，设计时取整，取为70mm。

点评： 角钢与节点板连接时，由于假定角钢沿形心轴受力（即轴心受力）而角钢形心轴却靠近肢背一侧，导致肢背与肢尖两侧焊缝受力不相等，因此，计算这类问题需要首先解决力的分配问题。通常，采用双角钢与节点板相连，以下讨论均以此作为前提。

当只用侧焊缝连接时，两条肢背焊缝与两条肢尖焊缝的受力分别为$k_1 N$、$k_2 N$。内力分配系数k_1、k_2如表3-3所示。

采用三面围焊时，端焊缝受力为$N_3 = 2 \times 0.7 h_f b \beta_f f_f^w$，$b$为相连肢的宽度，肢背焊缝（2条）、肢尖焊缝（2条）的受力分别为$k_1 N - N_3/2$、$k_2 N - N_3/2$。

采用L形焊缝时，依据三面围焊时的公式计算但取$N_3=0$。

角钢与节点板连接时的内力分配系数

表3-3

角钢连接形式	连接图例	内力分配系数	
		肢背 k_1	肢尖 k_2
等肢角钢		0.7	0.3

续表

角钢连接形式	连接图例	内力分配系数	
		肢背 k_1	肢尖 k_2
不等肢角钢短肢相并	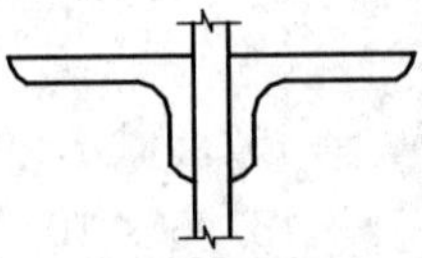	0.75	0.25
不等肢角钢长肢相并	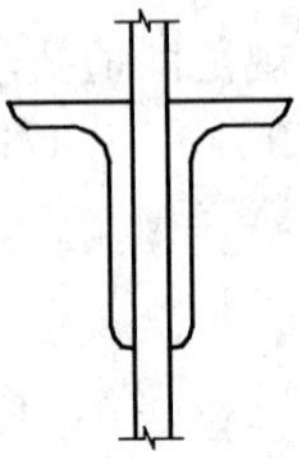	0.65	0.35

3.6 习　　题

3.6.1　选择题

1. 产生焊接残余应力的主要因素之一是（　　　）。

A. 钢材的塑性太低　　　　　　　　B. 构件的极限强度

C. 钢材的弹性模量太高　　　　　　D. 焊接时热量分布不均匀

2. 对于常温下承受静力荷载，无严重应力集中的碳素结构钢构件，焊接残余应力对于下列没有明显影响的是（　　　）。

A. 构件的刚度　　　　　　　　　　B. 构件的极限强度

C. 构件的稳定性　　　　　　　　　D. 构件的疲劳强度

3. 如图 3-9 所示的三面围焊缝，O 点为围焊缝形心。在集中力 P 作用下，最危险点是（　　　）。

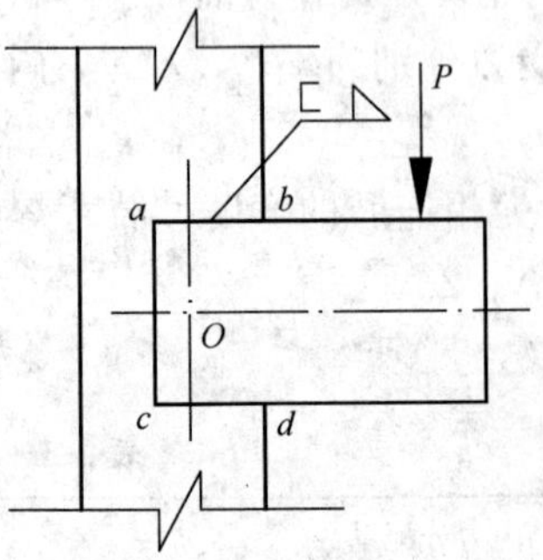

A. a、b 点　　　　　　　　　　B. b、d 点

C. c、d 点　　　　　　　　　　D. a、c 点

4. 以下有关焊缝的叙述，正确的是（　　　）。

A. 角焊缝表面有凸形的和凹形的，凹形角焊缝承受动力荷载的性能好

B. 不焊透的对接焊缝仍按照对接焊缝计算，但有效厚度 h_e 取值不同

C. 当角焊缝同时承受正应力和剪应力时，应对折算应力进行验算

D. 对接与角接组合焊缝按照角焊缝计算

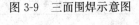

图 3-9　三面围焊示意图

5. 侧面角焊缝的计算长度不宜大于（　　　），超出部分计算中不计入，但内力沿焊缝

均匀分布时除外。

  A. $40h_f$ B. 400mm   C. $60h_f$ D. 600mm

  6. 角钢与钢板采用侧面角焊缝连接，当角钢背与肢尖焊缝的焊脚尺寸和焊缝长度都相等时，（   ）。

  A. 角钢背的侧焊缝与角钢肢尖的侧焊缝受力相等

  B. 角钢肢尖的侧焊缝受力大于角钢背的侧焊缝

  C. 角钢背的侧焊缝受力大于角钢肢尖的侧焊缝

  D. 由于角钢背和肢尖的侧焊缝受力不相等，因而连接受有弯矩作用

  7. 产生纵向焊接残余应力的主要原因是（   ）。

  A. 冷却速度太快

  B. 焊件各纤维能自由变形

  C. 钢材弹性模量太大，使构件刚度很大

  D. 施焊时焊件上出现热塑区

  8. 等肢双角钢与节点板的连接焊缝，其肢背、肢尖的受力分配系数分别取 0.7 和 0.3 的主要依据是（   ）。

  A. 经验数字   B. 试验结果

  C. 焊缝合力通过截面形心   D. 计算的简便

  9. 在弹性阶段，侧面角焊缝应力沿长度方向的分布为（   ）。

  A. 均匀分布   B. 一端大、一端小

  C. 两端大、中间小   D. 两端小、中间大

  10. 角焊缝基本计算公式 $\sqrt{\left(\dfrac{\sigma_f}{\beta_f}\right)^2 + \tau_f^2} \leqslant f_f^w$ 中的 σ_f 为（   ）。

  A. 垂直焊缝有效截面上的正应力

  B. 垂直焊缝有效截面上垂直于焊缝长度方向的剪应力

  C. 有效截面上平行于焊缝长度方向的剪应力

  D. 按有效截面积计算，垂直于焊缝长度方向的应力

  11. 在承受动力荷载的结构中，垂直于受力方向的焊缝不宜采用（   ）。

  A. 焊透的对接焊缝   B. 未焊透的对接焊缝

  C. 斜对角焊缝   D. T 形对接与角接组合焊缝

  12. 未焊透的对接焊缝应按（   ）计算。

  A. 对接焊缝   B. 角焊缝   C. 断续焊缝   D. 斜焊缝

  13. 在满足强度的前提下，图 3-10 中①、②焊缝合理的焊脚尺寸 h_f（mm）应为（   ）。

  A. 8，8   B. 6，8   C. 6，6   D. 4，4

  14. 当基材为 Q345 钢材且采用手工电弧焊时，应采用（   ）。

  A. E43 型焊条   B. H08 焊丝   C. E50 型焊条   D. E55 型焊条

  15. E43 型焊条中的 "43" 表示（   ）。

  A. 焊条药皮的编号   B. 焊接时需要的电压

  C. 焊条中碳含量为万分之 43   D. 熔敷金属抗拉强度最小值为 430N/mm²

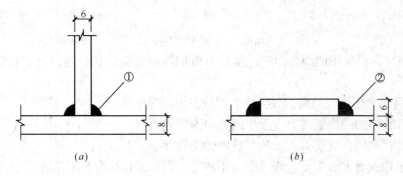

图 3-10   题 13 的图示

【答案】

1. D   2. B   3. B   4. A   5. C   6. C   7. D   8. C   9. C   10. D

11. B   12. B   13. C   14. C   15. D

3.6.2   填空题

1. 对接焊缝的抗拉强度设计值为_____（填符号）；角焊缝的强度设计值是_____（填符号）。

2. 对于对接焊缝，同时承受较大正应力（σ）和较大剪应力（τ）时，强度验算公式为_____；同样的情况，若是角焊缝，其强度验算公式为_____。

3. 规范规定，对接焊缝的拼接处，当焊件的宽度在一侧相差 4mm 以上时，若承受静力荷载，应作成不大于_____的斜坡。

4. 不需要验算对接焊缝强度的条件是，斜焊缝轴线与外力 N 的夹角 θ 满足_____。

5. 作用力与焊缝轴线平行时，该焊缝称作_____；作用力与焊缝轴线垂直时，该焊缝称作_____。

【答案】

1. f_t^w f_f^w 2. $\sqrt{\sigma^2 + 3\tau^2} \leqslant 1.1 f_t^w$ $\sqrt{\left(\dfrac{\sigma}{\beta_f}\right)^2 + \tau^2} \leqslant f_f^w$

3. 1 : 2.5   4. $\tan\theta \leqslant 1.5$ 5. 侧面角焊缝   端面角焊缝

3.6.3   简答题

1. 对接焊缝连接与角焊缝连接的受力性能有何不同，各有何优缺点？

2. 焊接残余应力是如何形成的？对结构受力性能有何影响？

【答案】

1. 答：对接焊缝传力直接，基本无应力集中，构造简单，对下料尺寸要求严格，对厚焊件需要开坡口。角焊缝受力复杂，应力集中明显，对板件位置与尺寸要求不高，施工方便。

2. 答：焊接残余应力之所以产生，是由于三方面原因：①焊缝周围不均匀的温度场；②施焊过程中产生热塑区；③自由变形受到约束。

焊接残余应力对结构静力强度无影响；使构件的刚度变小；使构件的疲劳强度降低；使构件的稳定承载力降低；增加了低温冷脆的危险。

第4章 钢结构的紧固件连接

4.1 学 习 思 路

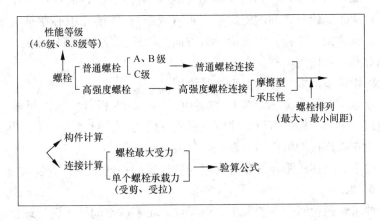

图 4-1 本章学习思路

4.2 主 要 内 容

紧固件连接包括螺栓、铆钉和销钉等连接形式，本章只介绍螺栓连接。

4.2.1 螺栓的种类

螺栓连接用的螺栓分为普通螺栓和高强度螺栓两种。

螺栓的性能等级，形如"4.6"，表示螺栓材料的抗拉强度不小于 $400N/mm^2$，屈强比为 0.6。普通螺栓为六角头螺栓，产品等级分为 A、B、C 三级，C 级的性能等级只能是 3.6、4.6 级和 4.8 级；A、B 级则可以是 5.6、8.8、9.8、10.9 级。A 级用于公称直径 d ≤24mm 和 l≤10d 或 l≤150（按较小值），否则为 B 级螺栓。

高强度螺栓有大六角头和扭剪型两种。前者包括 8.8 级和 10.9 级两种，后者只有 10.9 级一种。高强度螺栓应采用特制的扳手完成安装以保证必需的预拉力。

螺纹规格的表达形如"M16"，其中"16"为螺栓公称直径。常用的规格有 M16、M20、M24、M30 等。

4.2.2 螺栓连接的种类

螺栓连接因受力情况不同，分为抗剪（受剪）连接、抗拉（受拉）连接和同时承受剪拉的连接。

高强度螺栓连接因采用不同的设计准则而被分为摩擦型连接和承压型连接。拧紧螺帽会在螺杆中产生预拉力和在钢板间产生预压力,对于抗剪连接,将首先克服构件间的摩擦力才会发生错动。若以构件摩擦阻力被克服作为承载能力极限状态,称高强度螺栓摩擦型连接;若以螺栓杆被剪坏或者孔壁被压坏作为承载能力极限状态,则称高强度螺栓承压型连接。

4.2.3 螺栓的排列

螺栓应排列成行。螺栓孔中心连线称螺栓线(螺栓规线);沿螺栓线相邻螺栓孔的中心距称螺栓距;两条螺栓线之间的距离称线距(规距);螺栓孔中心在垂直于受力方向至构件边缘的距离称边距;螺栓孔中心沿受力方向至构件边缘的距离称端距。

螺栓排列有并列和错列两种。

螺栓之间的距离不能太大或者太小,其原因是:

(1)受力要求。在受力方向,螺栓的端距过小时,钢板有剪断的可能。当各排螺栓距、线距和边距过小时,构件有沿折线或直线破坏的可能。对受压构件,当沿作用力方向螺栓距过大时,在被连接的板件间易发生张口或鼓曲现象。

(2)构造要求。当螺栓距及线距过大时,被连接的构件接触面不够紧密,潮气容易侵入缝隙而造成腐蚀。

(3)施工要求。螺栓间距不能太小,以保证有足够的空间便于转动螺栓扳手。

规范规定了螺栓的最大、最小容许距离,见表 4-1。

螺栓或铆钉的最大、最小容许距离 表 4-1

名 称	位置和方向			最大容许距离 (取两者的较小者)	最小容许距离
中心间距	外排(垂直内力方向或顺内力方向)			$8d_0$ 或 $12t$	$3d_0$
	中间排	垂直内力方向		$16d_0$ 或 $24t$	
		顺内力方向	构件受压力	$12d_0$ 或 $18t$	
			构件受拉力	$16d_0$ 或 $24t$	
	沿对角线方向			—	
中心至构件边缘距离	顺内力方向			$4d_0$ 或 $8t$	$2d_0$
	垂直内力方向	剪切边或手工气割边			$1.5d_0$
		轧制边、自动气割或锯割边	高强度螺栓		
			其他螺栓或铆钉		$1.2d_0$

注:1. d_0 为螺栓或铆钉的孔径, t 为外层较薄板件的厚度。
    2. 钢板边缘与刚性构件(如角钢、槽钢等)相连的螺栓或铆钉的最大间距,可按中间排的数值采用。

在《钢结构设计手册》中还给出了角钢、槽钢、普通工字钢的螺栓线距表,可供参考。

4.2.4 普通螺栓连接的计算

抗剪连接时,可能发生的破坏形式包括:①螺栓杆被剪坏;②连接板件被压坏;③连接板件被拉坏；④板件端部被剪坏；⑤螺栓杆受弯破坏；⑥块状拉剪破坏。其中，①、②、③通过计算防止（①、②属于连接计算，③属于构件计算），④、⑤通过构造措施防止（端距$\geqslant 2d_0$可防止板件端部被剪坏，d_0为孔径；$\sum t \leqslant 5d$可防止螺栓杆受弯破坏，d为螺栓直径）。块状拉剪破坏多发生于桁架的节点，以往通过规定节点板厚度防止，2003版的《钢结构设计规范》新增加了计算方法。

抗拉接时，以螺栓杆被拉断作为极限状态。由于螺栓所受的拉力与被连接板件的刚度有关，实际上会有"撬力"产生而使螺栓受力增大，为简化计算，规范取螺栓的抗拉强度为相同钢材抗拉强度的0.8倍同时忽略撬力。

将一个普通螺栓的承载力设计计算公式汇总如表4-2所示。

一个普通螺栓的承载力设计值　　　　表4-2

项次	受力情况	计算公式	符号说明
1	螺栓受剪	$N_v^b = n_v \cdot \dfrac{\pi d^2}{4} f_v^b$ (4-1) $N_c^b = d \cdot \sum t \cdot f_c^b$ (4-2) 取二者较小者	d—螺栓公称直径； n_v—受剪面的数目； $\sum t$—同一受力方向的承压构件的较小总厚度； A_e—螺栓的有效截面积； f_v^b、f_c^b、f_t^b—普通螺栓的抗剪、承压和抗拉强度设计值； N_v、N_t—同一个螺栓所承受的剪力和拉力设计值； N_v^b、N_c^b、N_t^b—一个普通螺栓的抗剪、承压和抗拉承载力设计值
2	螺栓受拉	$N_t^b = A_e f_t^b$ (4-3)	
3	同时受拉受剪	$\sqrt{\left(\dfrac{N_v}{N_v^b}\right)^2 + \left(\dfrac{N_t}{N_t^b}\right)^2} \leqslant 1$ (4-4) $N_v \leqslant N_c^b$ (4-5)	

4.2.5 高强度螺栓摩擦型连接的计算

将摩擦型连接中一个高强度螺栓的承载力设计计算公式汇总如表4-3所示。

摩擦型连接中一个高强度螺栓的承载力设计值　　　　表4-3

项次	受力情况	计算公式	符号说明
1	螺栓受剪	$N_v^b = 0.9 n_f \mu P$ (4-6)	n_f—受力摩擦面的数目； μ—板件间的抗滑移系数； P—高强螺栓的预拉力设计值； N_v、N_t—同一个螺栓所承受的剪力和拉力设计值； N_v^b、N_t^b—一个普通螺栓的抗剪、抗拉承载力设计值
2	螺栓受拉	$N_t^b = 0.8P$ (4-7)	
3	同时受拉受剪	$\dfrac{N_v}{N_v^b} + \dfrac{N_t}{N_t^b} \leqslant 1$ (4-8)	

表4-3中，高强螺栓的预拉力设计值依据表4-4取值。

一个高强度螺栓的预拉力 P（kN）　　　　表4-4

螺栓的性能等级	螺栓的公称直径（mm）					
	M16	M20	M22	M24	M27	M30
8.8级	80	125	150	175	230	280
10.9级	100	155	190	225	290	355

摩擦面抗滑移系数与连接构件的材料及接触面的表面处理有关。规范规定的摩擦面的抗滑移系数 μ 的取值见表 4-5。

摩擦面的抗滑移系数 μ 值　　　　　　表 4-5

在连接处构件接触面的处理方法	构 件 的 钢 号		
	Q235	Q345、Q390	Q420
喷砂（丸）	0.45	0.50	0.50
喷砂（丸）后涂无机富锌漆	0.35	0.40	0.40
喷砂（丸）后生赤锈	0.45	0.50	0.50
用钢丝刷清除浮锈或未经处理的干净轧制表面	0.30	0.35	0.40

4.2.6　高强度螺栓承压型连接的计算

将承压型连接中一个高强度螺栓的承载力设计计算公式汇总如表 4-6 所示。

承压型连接中一个高强度螺栓的承载力设计值　　　　　　表 4-6

项次	受力情况	计 算 公 式	符 号 说 明
1	螺栓受剪	$N_v^b = n_v \cdot \dfrac{\pi d^2}{4} f_v^b$　　(4-9) $N_c^b = d \cdot \sum t \cdot f_c^b$　　(4-10) 取二者较小者	d—螺栓公称直径； n_v—受剪面的数目； $\sum t$—同一受力方向的承压构件的较小总厚度；
2	螺栓受拉	$N_t^b = A_e f_t^b$　　(4-11)	A_e—螺栓的有效截面积； f_v^b、f_c^b、f_t^b—普通螺栓的抗剪、承压和抗拉强度设计值；
3	同时受拉受剪	$\sqrt{\left(\dfrac{N_v}{N_v^b}\right)^2 + \left(\dfrac{N_t}{N_t^b}\right)^2} \leqslant 1$ (4-12) $N_v \leqslant N_c^b / 1.2$　　(4-13)	N_v、N_t—同一个螺栓所承受的剪力和拉力； N_v^b、N_c^b、N_t^b—一个普通螺栓的抗剪、承压和抗拉承载力设计值

注：当剪切面在螺纹处时，式（4-9）中 $\dfrac{\pi d^2}{4}$ 应取为 A_e。

4.2.7　螺栓群中一个螺栓的受力计算

根据螺栓群的实际受力情况计算某个受力最大螺栓所受的剪力或拉力，见表 4-7。

一个螺栓仅仅承受剪力（或拉力）时，应满足 $N_v \leqslant N_v^b$（或 $N_t \leqslant N_t^b$）才不至于破坏；同时受拉受剪时，应满足的条件见表 4-2～表 4-6。

此外，还需要注意以下几点：

（1）连接长度过大的折减

规范规定，在构件的节点处或拼接接头的一端，当螺栓或铆钉沿轴向受力方向的连接长度 l_1 大于 $15d_0$（d_0 为孔径）时，应将螺栓或铆钉的承载力设计值乘以折减系数 $\left(1.1 - \dfrac{l_1}{150d_0}\right)$。当 l_1 大于 $60d_0$ 时，折减系数为 0.7。其原因是，若螺栓群沿受力方向连接长度过长，则会出现螺栓受力在两端大、中间小的现象，进而出现"解纽扣"破坏。该折减系数对普通螺栓和高强度螺栓均适用。

表 4-7

普通螺栓和高强度螺栓连接的计算公式

项次	受力情况	简图	计算公式	说　明
1 受剪的连接	受轴心力作用		$N_v = \dfrac{N}{n}$　(4-14)	n—传递作用力的螺栓数； x_1、y_1—所验算螺栓至螺栓群形心的水平和竖向（中和轴）的竖向距离； y_1'—所验算螺栓至最外排螺栓（中和轴）的竖向距离； x_i、y_i—任一螺栓至螺栓群形心的水平和竖向距离； y_i'—任一螺栓至最外排螺栓（中和轴）的竖向距离； e—轴心力到最外排螺栓的竖向距离； 公式(4-20)、(4-21)适用于普通螺栓连接和高强度螺栓承压型连接； 公式(4-20)适用于高强度螺栓摩擦型连接。
	受剪力和扭矩共同作用		$N_{1y}^M = \dfrac{V}{n}$　(4-15) $N_{1x}^M = \dfrac{My_1}{\sum x_i^2 + \sum y_i^2}$　(4-16) $N_{1y}^M = \dfrac{Mx_1}{\sum x_i^2 + \sum y_i^2}$　(4-17) $N_1 = \sqrt{(N_{1y}^V + N_{1y}^M)^2 + (N_{1x}^M)^2}$　(4-18)	
2 受拉的连接	受轴心力作用		$N_t = \dfrac{N}{n}$　(4-19)	
	受轴心力和弯矩共同作用		当 $\dfrac{N}{n} - \dfrac{My_1}{\sum y_i^2} \geqslant 0$ 时 $N_{max} = N_t = \dfrac{N}{n} + \dfrac{My_1}{\sum y_i^2}$　(4-20) 当 $\dfrac{N}{n} - \dfrac{My_1}{\sum y_i^2} < 0$ 时 $N_{max} = N_t = \dfrac{(M+Ne)y_1}{\sum y_i'^2}$　(4-21)	

（2）规范规定，下列情况的连接中，螺栓或铆钉的数目应予增加。

①一个构件借助填板或其他中间板件与另一构件连接的螺栓（摩擦型连接的高强度螺栓除外）或铆钉数目，应按计算增加 10%，见图 4-2（a）。

②当采用搭接或拼接板的单面连接传递轴心力，因偏心引起连接部位发生弯曲时，螺栓（摩擦型连接的高强度螺栓除外）或铆钉数目，应按计算增加 10%，见图 4-2（b）。

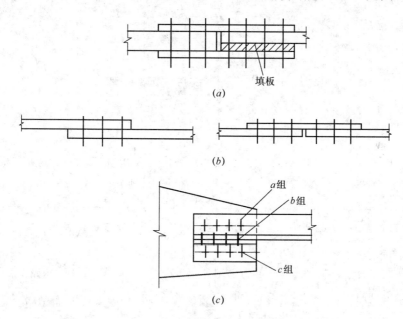

图 4-2   需要增加螺栓数目的情况

③在构件的端部连接中，当利用短角钢连接型钢（角钢或槽钢）的外伸肢以缩短连接长度时，在短角钢两肢中的一肢上，所用的螺栓或铆钉数目应按计算增加 50%，见图 4-2（c）。图中，若 a 组螺栓和 b 组螺栓共同承受角钢外力，则 c 组螺栓个数增加 50%；若 a 组螺栓和 c 组螺栓共同承受角钢外力，则 b 组螺栓个数增加 50%。

④当铆钉连接的铆合总厚度超过铆钉孔径的 5 倍时，总厚度每超过 2mm，铆钉数目应按计算增加 1%（至少应增加一个铆钉），但铆合总厚度不得超过铆钉孔径的 7 倍。

4.2.8   螺栓连接中构件的计算

螺栓连接中构件承受的是拉力，应保证最不利截面的净截面强度满足要求，即

$$\sigma = \frac{N}{A_n} \leqslant f \tag{4-22}$$

对于图 4-3（a）并列连接的情况，板件的 1-1 截面受力最大，为 N；拼接板的 3-3 截面受力最大，为 N，应对这些位置处的净截面进行验算。

对于图 4-3（b）错列连接的情况，板件除有沿 1-1 正交截面破坏的危险外，还可能沿 2-2 截面破坏。对 2-2 截面验算时，该截面受力为 N，净截面积按照下式计算：

$$A_n = [2e_1 + (n_2 - 1)\sqrt{a^2 + e^2} - n_2 d_0]t \tag{4-23}$$

式中，n_2 为锯齿形截面 2-2 中的螺栓数目。

高强度螺栓摩擦型连接时，图 4-3 中 1-1 截面上的螺栓传递的力为 $\frac{n_1}{n}N$，n_1 为 1-1 截

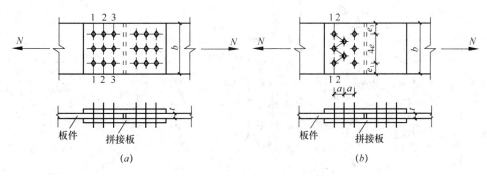

图 4-3 板件通过拼接板连接

面中的螺栓数目，n 为一侧螺栓数。由于依靠摩擦阻力传递剪力，$\dfrac{n_1}{n}N$ 的一半将由孔前传走（该现象称作"孔前传力"），因此 1-1 截面板件受力降为 $\left(1-0.5\dfrac{n_1}{n}\right)N$，从而，净截面强度计算公式为：

$$\sigma = \frac{N'}{A_n} = \left(1-0.5\frac{n_1}{n}\right)\frac{N}{A_n} \leqslant f \tag{4-24}$$

此外，尚应验算毛截面强度，公式为：

$$\sigma = \frac{N}{A} \leqslant f \tag{4-25}$$

4.3 疑 问 解 答

1. 问：板件被挤压破坏，为什么不是属于构件计算而是属于连接计算？

答：对于螺栓抗剪连接，板件被挤压破坏是其中的一个破坏形式。从概念上看，的确是构件被破坏，对其的计算应属于构件计算。只不过，我国规范传统上将其归入连接计算，取 N_v^b、N_c^b 的较小者作为一个螺栓的抗剪承载力设计值（通常记作 N_{vmin}^b），在保证了构造要求之后，只要满足 $N_v \leqslant N_{vmin}^b$ 即不会发生抗剪的连接破坏。只不过，这样一来，N_v^b、N_{vmin}^b 都称作抗剪承载力设计值，似乎容易引起混淆。

2. 问：为什么承压型连接高强螺栓当剪切面在螺纹处时采用有效面积计算，而普通螺栓同样的情况却没有此规定？

答：螺栓受剪时，若剪切面处有螺纹，螺纹势必会对该处的横截面有削弱，此时，采用螺栓的"有效截面"计算是合理的。普通螺栓的受剪承载力计算时不区分剪切面处是否有螺纹，《钢结构设计规范》7.2.3 条的条文说明给出的解释是：普通螺栓的抗剪强度设计值是依据试验得到的，而试验时未区分剪切面是否有螺纹。笔者认为，规范的这种做法欠妥当。

3. 问：普通螺栓连接受弯矩和拉力时，计算时要区分大、小偏心。大偏心时，受力最大螺栓的计算公式为何是 $N_{max} = \dfrac{(M+Ne)\,y_1'}{m\sum y_i'^2}$ 而不是 $N_{max} = \dfrac{N}{n} + \dfrac{My_1'}{m\sum y_i'^2}$？

答：如图 4-4 所示，大偏心情况时，对 O' 点取矩建立力矩平衡，外力矩为 $M+Ne$，

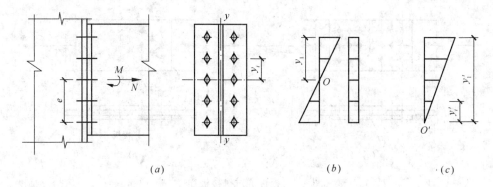

图 4-4   螺栓群受轴力与弯矩作用

(*a*) 连接构造；(*b*) 小偏心；(*c*) 大偏心

这在本质上就变成螺栓群受弯，于是可以解出 $N_{max} = \dfrac{(M+Ne)y_1'}{m\sum y_i'^2}$。

参考文献 [8] 指出，对于如图 4-5 所示的偏心受拉情况，可采用下列两个公式计算：

$$N_{max} = \frac{N(e+h/2-c)y_{max}}{m\sum y_i^2} \qquad (4\text{-}26)$$

$$N_{max} = \frac{Ney_1}{m\sum y_i^2} \qquad (4\text{-}27)$$

式（4-26）相当于前述的大偏心受力时的计算公式；式（4-27）是我国过去曾采用过的做法，系将 N 向螺栓群形心简化之后，再以最上排螺栓作为中和轴计算。两者相比，前者计算出的 N_{max} 较大，偏于安全。

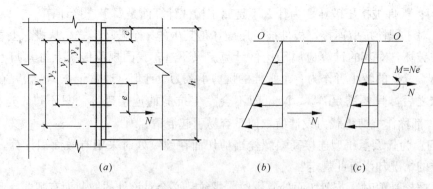

图 4-5   螺栓群受偏心拉力

顺便指出，参考文献[8] 在介绍此部分时，约定 n 为每列螺栓的数目，同时在公式中又使用 $\sum\limits_{i=1}^{n} y_i^2$（相当于螺栓有 $n+1$ 行），造成了 n 含义的不协调：$\sum\limits_{i=1}^{n} y_i^2$ 写成 $\sum\limits_{i=1}^{n-1} y_i^2$ 较为合适。

4. 问： 高强螺栓群承受弯矩作用是否考虑区分大、小偏心？如何计算？

答： 螺栓连接受弯矩作用是否分为大、小偏心的关键，是看受力最小的螺栓是否受压；从理论上讲，螺栓是不受压的，受压只能使板件被压紧。所以，若按照小偏心（即中和轴在螺栓群形心轴）计算，发现有螺栓受力为负值，即说明小偏心的假设不合理，应该按大偏心计算。

高强度螺栓连接时，由于施加了较大的预拉力，所以，按小偏心计算一般不会出现螺栓受压的情况。这一点，由于在 88 版钢结构设计规范中对高强度螺栓取 $N_t^b = 0.8P$ 而变得明确。2003 版钢结构设计规范中，对于承压型连接，取 $N_t^b = A_e f_t^b$，与普通螺栓的相同，于是有观点认为，此时应和普通螺栓连接的计算方法相同。我们注意到，规范 7.2.3 条明确指出，"承压型连接的高强螺栓的预拉力 P 与摩擦型连接的高强螺栓相同"，况且，按照 $N_t^b = A_e f_t^b$ 计算出的抗拉承载力一般要大于 $0.8P$（详见对问题 6 的解释），因此，对承压型连接的受弯计算，不必区分大、小偏心，只需按小偏心计算。

5. 问： 当采用两块拼接板时，一个摩擦型连接的高强螺栓的抗剪承载力有可能比承压型高强螺栓的抗剪承载力要大，又怎么能说承压型高强螺栓是以单个螺栓受剪的工作曲线的最高点作为连接承载极限的呢？比如，厚度为 8mm 的两块板用 10.9 级 M20 高强螺栓及厚度为 6mm 的两块拼接板双拼，摩擦系数为 $\mu = 0.5$，则摩擦型连接的抗剪承载力为 $N_v^b = 0.9 n_f \mu P = 0.9 \times 2 \times 0.5 \times 155 = 139.5 \text{kN}$，但是承压型连接的抗剪承载力为螺栓抗剪与板件承压的较小值，$N_v^b = n_v \dfrac{\pi d^2}{4} f_v^b = 2 \times 3.14 \times 20^2 / 4 \times 310 = 194.68 \text{kN}$（当剪切面在螺纹处时为 151.8kN），$N_c^b = d \cdot \sum t \cdot f_c^b = 20 \times 8 \times 590 = 94.4 \text{kN}$，由此来看显然摩擦型连接的抗剪承载力是大于承压型连接的抗剪承载力的。

答： 从以上结果我们可以看出，之所以按照承压型计算得到的抗剪承载力偏低，并不是 N_v^b 低（因为 194.68kN＞139.5kN），而是 N_c^b 低（$N_c^b = 94.4 \text{kN}$），N_c^b 的数值是由构件（或者说连接板）决定的。事实上，我们可以证明，按照承压型计算得到的 N_v^b，总是比按照摩擦型计算得到的 N_v^b 高。兹证明如下：

按照承压型连接计算，并考虑剪切面在螺纹处，依据规范条文说明，存在 $f_v^b = 0.30 f_u^b$，于是可得

$$N_v^b = n_v A_e f_v^b = 0.30 n_v A_e f_u^b \tag{4-28}$$

按照摩擦型连接计算时，由于预拉力按照下式计算

$$P = \frac{0.9 \times 0.9 \times 0.9}{1.2} A_e f_u^b$$

故有

$$N_v^b = 0.9 n_f \mu P = 0.5468 n_f \mu A_e f_u^b \tag{4-29}$$

按照规范对抗滑移系数 μ 的规定，总有 $\mu \leqslant 0.5$ 存在，可见，式（4-29）值小于式（4-28），按照摩擦型连接计算时的 N_v^b 一般总是小于承压型连接时的 N_v^b。

习惯上，我们常用"N_v^b 和 N_c^b 的较小者"作为一个螺栓的抗剪承载力，这也只是为了一种计算上的方便而已，其取值并不只是和螺栓抗剪有关，还和孔壁承压有关。这一点，是必须注意的。

6. 问： 一个高强度螺栓的抗拉承载力，用于摩擦型连接时，$N_t^b = 0.8P$，用承压型连接时，$N_t^b = A_e f_t^b$，是否后者一定大于前者？如何理解？

答： 大多数人可能会认为，$N_t^b = A_e f_t^b$ 是以螺栓杆拉断作为承载力能力极限状态，而 $N_t^b = 0.8P$ 只是对应于板件被拉开，所以，必然 $A_e f_t^b > 0.8P$。

笔者对 8.8 级和 10.9 级、不同公称直径的高强度螺栓，分别按照摩擦型和承压型计算其抗拉承载力设计值，得到表 4-8。

高强度螺栓用于摩擦型和承压型时抗拉承载力比较 表 4-8

螺栓等级	连接类型	螺栓规格	M16	M20	M22	M24	M27	M30
		A_e (mm²)	157	245	303	353	459	561
8.8 级	摩擦型	P (kN)	80	125	150	175	230	280
		$0.8P$ (kN)	64	100	120	140	184	224
	承压型	$A_e f_t^b$ (kN)	62.8*	98*	121.2	141.2	183.6 *	224.4
10.9 级	摩擦型	P (kN)	100	155	190	225	290	355
		$0.8P$ (kN)	80	124	152	180	232	284
	承压型	$A_e f_t^b$ (kN)	78.5*	122.5*	151.5*	176.5*	229.5*	280.5*

注：加"*"者为 $A_e f_t^b < 0.8P$。

结果出乎预料，12 对数据中，$A_e f_t^b < 0.8P$ 的有 9 对，剩余的 3 对尽管 $A_e f_t^b > 0.8P$，但是数值十分接近，相差不超过 1%。

为什么会如此呢？笔者认为，承压型连接时的 N_t^b，在 2003 版规范中形式上改为按照 $N_t^b = A_e f_t^b$ 计算，只是为了与"以螺栓杆被拉断作为极限状态"相对应，实际上仍然继承了 1988 版规范规定的 $N_t^b = 0.8P$。之所以会出现 $A_e f_t^b < 0.8P$，则是由于 P 按照 5kN 取整的缘故。更详细的情况，可参见参考文献 [31]。

7. 问：螺栓群承受扭矩与承受弯矩如何区分？扭矩通常记作"T"，为什么有些受扭公式中却记作"M"？

答：扭矩会使得螺栓受剪，而弯矩会使得螺栓受拉，这是二者的根本区别。初学者可以这样判断：在计算简图上，若表示力矩的圆弧线与螺栓杆同时出现，为承受弯矩；若是和螺杆的横截面同时出现，则是承受扭矩。

若两片梁对接，腹板用拼接板和螺栓加以连接，则对于螺栓群而言，承受的是扭矩（可用前面所述的方法判断），其大小，则是螺栓群中心位置处梁的弯矩 M，故而螺栓群承受扭矩的计算中出现了符号"M"。可见，这里所谓的"扭矩"、"弯矩"，是针对不同的对象而言的。

8. 问：当角钢采用螺栓连接时，对构件强度验算会涉及将角钢"展开"。如何确定展开后的尺寸？

答：详见典型例题 1 给出的计算示例。

4.4 知 识 拓 展

美国钢结构规范 ANSI/AISC 360—2005 中螺栓计算简介

1. 概况

该规范规定，验算螺栓杆剪切破坏时，螺栓的抗剪强度标准值与剪切是否发生在螺纹处有关。例如，对于 A325 螺栓，若剪切发生在螺纹处，$F_{nv} = 330MPa$；而若剪切不发生在螺纹处，$F_{nv} = 414MPa$，前者为后者的 0.8 倍。

高强度螺栓的连接分为承压型连接和摩擦型连接。

承压型连接若不承受拉力作用，则可以不施加预加力而只是把螺栓拧至一般贴紧状态（snug-tightened condition）。承压型连接可能发生的破坏与普通螺栓连接相同，因而计算内容相同，所不同的，仅是与螺栓材料有关的抗剪强度、抗拉强度等取值。

摩擦型连接用于一旦发生滑移就会对正常使用造成损害的情况，例如承受疲劳破坏的连接、反复作用力的连接、连接中使用了扩大孔（oversize holes）或槽孔（slotted holes）且荷载沿槽孔方向。摩擦型连接的螺栓必须按照规范要求施加预拉力。大多数使用了标准孔的连接可以设计为承压型连接而不必考虑正常使用下会不会发生滑移，这是因为，对于使用了标准孔或荷载垂直于槽的槽孔的连接，当螺栓个数大于等于 3 时，自由的滑移通常并不存在，因为一个或更多的孔在施加荷载之前就已经承压了。

摩擦型连接除需要对滑移进行计算外，尚应按承压型连接进行计算。

该规范中所说的标准孔、扩大孔、短槽孔和长槽孔如图 4-6 所示。

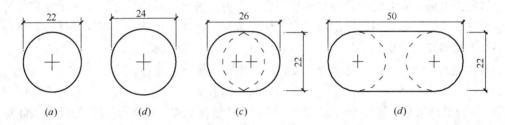

图 4-6 螺栓孔类型（以直径为 20mm 的螺栓为例）
(a) 标准孔；(b) 扩大孔；(c) 短槽孔；(d) 长槽孔

2. 普通螺栓连接计算

(1) 只承受拉力或剪力

一个螺栓的抗拉或抗剪承载力 ϕR_n，按拉坏或剪坏极限状态确定。这里取 $\phi=0.75$。无论一般贴紧或施加了预应力的螺栓，其值 R_n 均为

$$R_n = F_n A_b \tag{4-30}$$

式中，F_n 为抗拉强度标准值 F_{nt} 或抗剪强度标准值 F_{nv}，可查表得到；A_b 为由螺栓公称直径得到的面积。承载力验算时，荷载产生的拉力应包含由于连接件变形所产生的撬力。

(2) 同时承受拉力和剪力

按拉剪破坏极限状态，一个螺栓同时受拉、受剪时，抗拉承载力会降低。其值 R_n 按下式计算：

$$R_n = F'_{nt} A_b \tag{4-31}$$

式中，F'_{nt} 为考虑了剪应力影响的螺栓抗拉强度标准值，按下式计算：

$$F'_{nt} = 1.3 F_{nt} - \frac{F_{nt}}{\phi F_{nv}} f_v \leqslant F_{nt} \tag{4-32}$$

式中，F_{nt} 为抗拉强度标准值，F_{nv} 为抗剪强度标准值，f_v 为荷载产生的剪应力，$\phi=0.75$。

同时，螺栓提供的抗剪强度应大于等于荷载产生的剪应力 f_v。

当荷载产生的应力，无论是拉应力或剪应力，小于等于螺栓对应强度的 20% 时，可

以忽略其影响。

3. 高强螺栓摩擦型连接计算

（1）仅承受剪力

高强螺栓摩擦型连接允许设计成正常使用极限状态（serviceability limit state）不发生滑移，或者承载能力极限状态（require strength limit state）不发生滑移。采用何者进行设计，与孔的类型以及孔与力的相对位置有关。除非注册工程师另有意见，摩擦型连接应设计成如下类型：

①具有标准孔或槽孔垂直于受力方向的连接，应把滑移作为正常使用极限状态设计，使连接在采用荷载的标准值（nominal loads）情况下，小于滑移抗力；

②具有扩大孔或槽孔平行于受力方向的连接，应该把滑移作为承载能力极限状态设计，使连接在采用荷载的设计值（factored loads）情况下，小于滑移抗力。其原因是，这种连接由于连接滑移引起的变形可能会导致荷载增大甚至结构的失效。

从理论上讲，高强螺栓摩擦型连接不会发生剪切破坏或承压破坏，但由于超载，有发生这两种破坏的可能，因此，规范规定，摩擦型连接必须和承压型连接时一样，验算螺栓的剪切承载力和承压承载力。

滑移抗力设计值 ϕR_n，应由滑移极限状态确定，按下式计算：

$$R_n = \mu D_u h_{sc} T_b N_s \tag{4-33}$$

式中，μ 为滑移系数，对 A 级表面取 $\mu=0.35$，B 级表面取 $\mu=0.50$；D_u 为反映实际螺栓预拉力与规定的最小螺栓预拉力的比值系数，取 $D_u=1.13$，若使用其他值应经注册工程师同意；h_{sc} 为孔形系数，对标准孔取 1.0，扩大孔或短槽孔取 0.85，长槽孔取 0.70；N_s 为摩擦面个数；T_b 为螺栓最小预拉力，可查表得到。

将滑移作为正常使用极限状态时，$\phi=1.0$；要求承载能力极限状态时不发生滑移的连接，取 $\phi=0.85$。

（2）同时承受剪力和拉力

当摩擦型连接承受给定的拉力时，会引起夹紧力的降低，此时按照式（4-33）计算出的单个螺栓的滑移抗力须乘以系数 k_s：

$$k_s = 1 - \frac{T_u}{D_u T_b N_b} \tag{4-34}$$

式中，T_u 为按照荷载组合得到的拉力；D_u 为反映实际螺栓预拉力与规定的最小螺栓预拉力的比值系数，取 $D_u=1.13$，若使用其他值应经注册工程师同意；T_b 为螺栓最小预拉力，根据表格取用；N_b 为承受拉力的螺栓数。

4. 螺栓孔承压强度

螺栓孔承压承载力设计值为 ϕR_n，这里 $\phi=0.75$，R_n 按下述方法确定：

（1）连接采用标准孔、扩大孔、短槽孔（不论荷载作用的方向）、长槽孔（槽平行于孔壁压力方向）时，一个螺栓可以承受的压力标准值为：

正常使用情况下，栓孔变形作为一个考虑因素时

$$R_n = 1.2 L_c t F_u \leqslant 2.4 dt F_u \tag{4-35}$$

正常使用情况下，栓孔变形不作为一个考虑因素时

$$R_n = 1.5 L_c t F_u \leqslant 3.0 dt F_u \tag{4-36}$$

(2) 连接采用长槽孔，且槽垂直于受力方向时，一个螺栓可以承受的压力标准值：

$$R_n = 1.0 L_c t F_u \leqslant 2.0 dt F_u \tag{4-37}$$

式中，L_c 为净距离，沿受力方向孔边至邻近孔边的距离或至连接构件边缘的距离；t 为连接件厚度；F_u 为连接构件的最小拉力强度；d 为螺栓公称直径。

对于连接，总的承压抗力是各个螺栓承压数值之和。

摩擦型连接和承压型连接均要进行承压强度计算。

使用了扩大孔和短、长槽孔且力平行于槽孔方向的，按摩擦型连接计算。

4.5　典　型　例　题

1. 两角钢截面为 ∟ 90×8，承受轴心拉力设计值 $N = 230$kN，拼接角钢采用同样的截面。螺栓采用 4.6 级普通螺栓 M22，孔径为 23.5mm。钢材牌号为 Q235A。

要求：确定螺栓连接的布置。

解：(1) 螺栓连接设计

查附表 1-3，得 $f_v^b = 140$N/mm²，$f_c^b = 305$N/mm²。

一个螺栓的抗剪承载力设计值：

$$N_v^b = n_v \frac{\pi d^2}{4} f_v^b = 1 \times \frac{\pi \times 22^2}{4} \times 140 \times 10^{-3} = 53.19\text{kN}$$

一个螺栓的承压承载力设计值：

$$N_c^b = d \cdot \sum t \cdot f_c^b = 22 \times 8 \times 305 \times 10^{-3} = 53.68\text{kN}$$

从而，$N_{vmin}^b = 53.19$kN

连接一侧所需的螺栓个数 $n = 230/53.19 = 4.3$ 个

实际采用 6 个。为减小孔洞削弱，螺栓在角钢梁肢上采用错列布置，见图 4-7。

螺栓孔在主角钢上的线距采用 $e = 50$mm，螺栓中距最小为 $3d_0 = 70.5$mm，用 80mm；端距 $2d_0 = 47$mm，用 50mm。此时一侧连接长度为 250mm < $15d_0$，不需要考虑螺栓承载

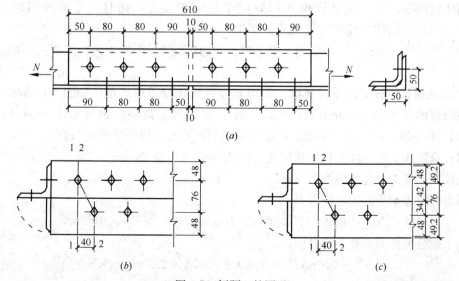

图 4-7　例题 1 的图示

力的折减。

(2) 角钢净截面强度验算

由于拼接角钢与主角钢型号相同，而拼接角钢需要在根部切棱，净截面积会小于主角钢，所以需要对拼接角钢进行强度验算。

主角钢内圆弧半径 $r=10$mm，今切棱尺寸偏于安全按 10mm$\times10$mm 的三角形计算。

①直线净截面强度验算

$$A_n = 1394 - 23.5 \times 8 - 10 \times 10/2 = 1156\text{mm}^2$$

$$\sigma = \frac{230 \times 10^3}{1156} = 199.0\text{N/mm}^2 < f = 215\text{N/mm}^2，满足要求。$$

②锯齿净截面强度验算

计算锯齿净截面时，需要将拼接角钢展开。展开截面按照螺栓到肢尖的距离不变仍为 48mm，而紧挨肢背的螺栓距离按 $42+42-8=76$mm 考虑，见图 4-7（b）。

$$A_n = (2 \times 48 + \sqrt{40^2 + 76^2} - 2 \times 23.5) \times 8 - 10 \times 10/2 = 1029\text{mm}^2$$

$$\sigma = \frac{230 \times 10^3}{1029} = 223.5\text{N/mm}^2 > f = 215\text{N/mm}^2$$

考虑到应力超出仅仅 $\frac{223.5-215}{215} = 4.0\% < 5\%$，可以认为满足要求。

点评：

(1) 有螺栓孔的角钢展开成平面，有两种计算模式：

①厚度不变，展开后总宽度按两个肢宽度之和减去厚度计算，紧挨肢背的螺栓孔之间的距离以沿厚度中心线计，如本例所采用的，见图 4-7（b）；

②以截面面积不变、厚度不变为原则，计算出展开后的宽度，紧挨肢背的螺栓孔之间的距离以沿厚度中心线计，紧挨肢尖的螺栓边距按比例调整，见图 4-7（c）。图中数值来源如下：∟ 90×8 截面积为 1394.4mm^2，按照截面积不变，展开宽度应为 $1394.4/8 = 174.3$mm，螺栓距离肢尖距离为 $(174.3-76)/2 = 49.15$mm。

相比较而言，前一种计算模式相对简单且偏于安全，而且，是英国钢结构规范 BS5950、欧洲钢结构规范 EC3 中规定的做法。

(2) 当强度（承载力）不能满足要求时，若超出在 5% 范围以内，工程上一般认为可以接受。

2. 工地拼接实腹梁的受拉翼缘，采用高强度螺栓摩擦型连接，如图 4-8 所示，受拉翼缘板的截面尺寸为 $1050\text{mm}\times100\text{mm}$，钢材为 Q420。高强度螺栓采用 M24（孔径为 26mm），10.9 级，$\mu=0.4$。要求：按照等承载力原则设计拼接螺栓的数目。

解：查附表 1-1，Q420 钢材厚度为 100mm 时，$f=325\text{N/mm}^2$。

先按照不考虑"孔前传力"计算。

翼缘板可以承受的轴心拉力为：

$$N = (1050 - 10 \times 26) \times 100 \times 325 = 25675 \times 10^3\text{N}$$

一个螺栓的抗剪承载力设计值：

$$N_v^b = 0.9 n_f \mu P = 0.9 \times 2 \times 0.4 \times 225 = 162\text{kN}$$

连接一侧需要的螺栓个数：$n = 25675/162 = 158.4$ 个。

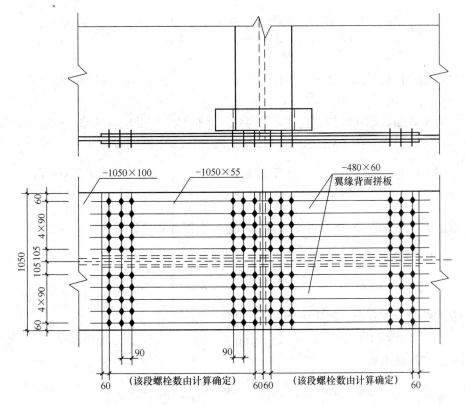

图 4-8 例题 2 的图示

考虑到每排螺栓数为 10 个，今试选 220 个，则螺栓连接长度为：

$$90 \times (220/10 - 1) = 1890\text{mm}$$

螺栓强度折减系数

$$\eta = 1.1 - \frac{l_1}{150d_0} = 1.1 - \frac{1890}{150 \times 26} = 0.615 < 0.7, \text{取为 } 0.7。$$

220 个螺栓总的抗剪承载力为：$220 \times 162 \times 0.7 = 24948\text{kN}$，不足。

由于螺栓强度折减系数最小为 0.7，故需要的螺栓数 $n = \dfrac{25675}{0.7 \times 162} = 226$ 个，取用 230 个。此时，螺栓总的抗剪承载力为：$230 \times 162 \times 0.7 = 26082\text{kN}$。

考虑"孔前传力"后，翼缘板件的承载力为：

$$\text{按净截面 } N = \frac{325 \times (1050 - 10 \times 26) \times 100}{1 - 0.5 \times \dfrac{10}{230}} = 26245.6 \times 10^3 \text{N}$$

$$\text{按毛截面 } N = 1050 \times 100 \times 325 = 34125 \times 10^3 \text{N}$$

承载力取二者较小者，为 26245.6kN，由于 26245.6kN > 26082kN，可见，230 个螺栓的承载力小于翼缘板件的承载力，螺栓数仍不足。

选用 240 个螺栓，则螺栓总的抗剪承载力为：$240 \times 162 \times 0.7 = 27216\text{kN}$

考虑"孔前传力"后，翼缘板件的承载力为：

$$N = \frac{325 \times (1050 - 10 \times 26) \times 100}{1 - 0.5 \times \dfrac{10}{240}} = 26221.3 \times 10^3 \text{N} < 27216 \text{kN}$$

此时，螺栓抗剪承载力比翼缘板件的承载力略大，表明 240 个螺栓满足要求。

点评：

(1) 对于高强度螺栓摩擦型连接，若考虑"孔前传力"会比不考虑"孔前传力"所得的板件承载力数值大一些。对于本题，分别为 26221.3kN 和 25675kN。

(2) 将 $\sigma = \left(1 - 0.5 \dfrac{n_1}{n}\right) \dfrac{N}{A_n} \leqslant f$ 变形为 $N \leqslant \dfrac{A_n f}{1 - 0.5 \dfrac{n_1}{n}}$，令其与 nN_v^b 相等，可解出所

需螺栓数为 $n = \dfrac{A_n f}{N_v^b} + 0.5 n_1$。若据此计算本题，会使计算过程简化。试演如下：

连接一侧所需螺栓数

$$n = \frac{A_n f}{N_v^b} + 0.5 n_1 = \frac{(1050 - 10 \times 26) \times 100 \times 325}{162 \times 10^3} + 0.5 \times 10 = 163.4 \text{ 个}$$

若取螺栓数为 170 个，则连接长度

$$90 \times (170/10 - 1) = 1440 \text{mm} > 15 d_0 = 15 \times 26 = 390 \text{mm}$$

螺栓强度折减系数

$$\eta = 1.1 - \frac{l_1}{150 d_0} = 1.1 - \frac{1440}{150 \times 26} = 0.73$$

由于螺栓数增大之后强度折减系数还会减小，故取 $\eta = 0.73$，重新计算螺栓数

$$n = \frac{(1050 - 10 \times 26) \times 100 \times 325}{0.7 \times 162 \times 10^3} + 0.5 \times 10 = 231.4 \text{ 个}$$

选用 240 个。此时，螺栓强度折减系数为

$$\eta = 1.1 - \frac{90 \times (240/10 - 1)}{150 \times 26} = 0.57 < 0.7, \text{取为 } 0.7$$

此时，螺栓的承载力为 $0.7 \times 240 \times 162 = 27216 \text{kN}$。

(3) 对于高强螺栓摩擦型连接，构件的承载力应从净截面和毛截面两个角度考虑，取二者的较小者。等承载力设计时，螺栓的承载力应不低于构件的承载力。

3. 如图 4-9 所示，屋架下弦杆与端斜杆用角焊缝与节点板相连，节点板又用角焊缝连接于端板，端板下端刨平，支承于焊接在柱翼缘的承托上。端板用 4.6 级 M27 螺栓与柱翼缘相连，承受水平反力 H 及由偏心引起的反力矩 $H \cdot e$。已知 $H = 330 \text{kN}$（T 与 C 的水平分力之和），偏心距 $e = 90 \text{mm}$。螺栓中心距离 $p = 90 \text{mm}$，螺栓直径 $d = 27 \text{mm}$，端板宽度 $b = 200 \text{mm}$。

要求：验算受力最大螺栓是否满足强度要求。

解： 查附表 1-3，得 $f_t^b = 170 \text{N/mm}^2$。

一个普通螺栓的抗拉承载力设计值：$N_t^b = A_e f_t^b = 459.4 \times 170 \times 10^{-3} = 78.1 \text{kN}$

假定中和轴在螺栓群形心处，则受力最小螺栓承受的拉力为

$$N_{\min} = \frac{330}{8} - \frac{330 \times 90 \times 135}{2 \times 2 \times (45^2 + 135^2)} = -8.25 \text{kN} < 0$$

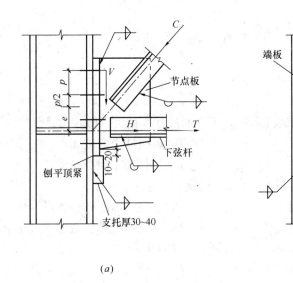

图 4-9　例题 3 的图示

所以，应按照中和轴在最上排螺栓处计算。

$$N_{max} = \frac{(330 \times 225) \times (3 \times 90)}{2 \times (90^2 + 180^2 + 270^2)} = 88.4\text{kN} > N_t^b = 78.1\text{kN}$$

螺栓强度不满足要求。

4. 若将上题中的螺栓改为 8.8 级高强度螺栓，其他条件不变，要求分别按照摩擦型和承压型连接验算螺栓的强度。

解：（1）按高强度螺栓摩擦型连接计算

查表 4-4，8.8 级 M27 高强螺栓预拉力 $P = 230\text{kN}$，一个螺栓的抗拉承载力设计值：

$$N_t^b = 0.8P = 0.8 \times 230 \times 10^{-3} = 184\text{kN}$$

按照中和轴在螺栓形心处计算螺栓受力，则

$$N_{max} = \frac{330}{8} + \frac{(330 \times 90) \times 135}{4 \times (45^2 + 135^2)} = 90.75\text{kN} < N_t^b = 184\text{kN},满足要求。$$

（2）按高强度螺栓摩擦型连接计算

一个螺栓的抗拉承载力设计值：$N_t^b = A_e f_t^b = 459.4 \times 400 \times 10^{-3} = 183.76\text{kN}$

同样按照中和轴在螺栓形心处计算螺栓受力，由于 $N_{max} = 90.75\text{kN} < N_t^b = 183.76\text{kN}$，故满足要求。

点评：

（1）对于普通螺栓连接，在偏心拉力作用下，若将力简化到形心位置，按照拉力平均分担，弯矩中和轴在最上排计算，将是：

$$N_{max} = \frac{330}{8} + \frac{(330 \times 90) \times 270}{2 \times (90^2 + 180^2 + 270^2)} = 76.6\text{kN}$$

该值小于例题 3 的计算结果 88.4kN，这印证了"疑问解答"中问题 3 的解释。

（2）同样的高强度螺栓，本题中按照承压型得到的受拉承载力比摩擦型时低，与"疑问解答"中问题 6 的解释一致。

4.6 习　题

4.6.1 选择题

1. 普通螺栓受剪的下列破坏形式，不必通过计算就可以防止的是（　　）。

A. 螺栓杆被剪坏　　　　　　　　　　B. 螺栓杆受弯破坏

C. 孔壁承压破坏　　　　　　　　　　D. 构件净截面受拉破坏

2. 普通螺栓受剪计算时 $N=nN_{vmin}^b$，这里，n 为（　　）。

A. 连接两侧的螺栓数目　　　　　　　B. 连接一侧的螺栓数目

C. 连接一侧螺栓数目的 1/2　　　　　D. 连接两侧螺栓数的 1.2 倍

3. 普通螺栓受拉，规范中考虑杠杆撬力的方法是（　　）。

A. 取 $f_t^b=0.85f$　　　B. 将 N_t 放大　　　C. 采用 A_e　　　D. 采用 d_e

4. 以下观点，正确的是（　　）。

A. 高强螺栓的承载力与预拉力无关

B. 对于普通螺栓而言，有 $f_c^b=f_c$，$f_v^b=f_v$，f_c、f_v 分别为板件的抗压、抗剪强度设计值

C. 计算螺栓的受力时，不考虑螺栓受压力（沿杆轴方向）

D. 高强度螺栓承压型连接依靠板件的摩擦、孔壁承压以及螺栓杆受剪传递剪力

5. 在改建、扩建或加固工程中，以承受静载为主的结构，其同一接头同一受力部位上，允许采用（　　）。

A. 高强度螺栓摩擦型连接与承压型连接混用的连接

B. 高强度螺栓与普通螺栓混用的连接

C. 高强度螺栓摩擦型连接与侧面角焊缝混用的连接

D. 普通螺栓与铆钉混用的连接

6. 对于如图 4-10 所示的普通螺栓连接，以下叙述正确的是（　　）。

A. 1 号螺栓受力最大

B. 2 号螺栓受力最大

C. 1 号、2 号、3 号螺栓的受力相等，4 号螺栓受力最大

D. 1 号、2 号、3 号和 4 号螺栓的受力都相等

7. 对于如图 4-11 所示的普通螺栓连接，若弯矩不为零，以下何项叙述是正确的?（　　）。

A. 中和轴在 a 点处

B. 中和轴位置与 N 无关，仅仅取决于 M 的大小

C. 中和轴位置与 M 无关，仅仅取决于 N 的大小

D. 当 $N=0$ 时，中和轴在 b 点处

8. 高强度螺栓摩擦型连接中，与螺栓抗剪承载力设计值无关的是（　　）。

A. 传力摩擦面数　　　　　　　　　　B. 板件接触面的抗滑移系数

C. 被连接板件的厚度　　　　　　　　D. 螺栓的预拉力

9. 高强度螺栓连接承受杆轴方向的拉力作用时，如果连接板件间始终处于压紧状态，

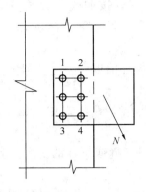

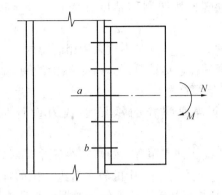

图 4-10　选择题 6 示意图　　　　图 4-11　选择题 7 示意图

则（　　　　）。

　　A. 随外拉力增大螺栓杆内部拉力显著增大

　　B. 随外拉力增大螺栓杆内部拉力逐渐减小

　　C. 无论外荷载如何变化，螺栓杆内部拉力始终为零

　　D. 随外拉力增大螺栓杆内部拉力基本保持不变

　10. 关于高强度螺栓连接的以下观点，不正确的是（　　　　）。

　　A. 高强度螺栓承压型连接时，单个螺栓的抗剪承载力设计值的计算与普通螺栓的完全相同

　　B. 规范规定，高强度螺栓无论是用于摩擦型连接还是承压型连接都需要施加规定的预拉力

　　C. 高强度螺栓群受弯矩作用时，中和轴位于螺栓群形心

　　D. 高强度螺栓承压型连接不应用于直接承受动力荷载的结构

【答案】

　1. B　　2. B　　3. A　　4. C　　5. C　　6. B　　7. D　　8. C　　9. D　　10. A

　6. B　理由：将 N 向螺栓群形心简化，得到剪力 V 和扭矩 T。V 和 T 各自引起的螺栓剪力对于 1、2、3、4 号螺栓都相等，只是，对于 2 号螺栓，力在水平和竖直两个方向都是同号相加，因此，受力最大。

　10. A　理由：规范规定，当剪切面在螺纹处时，承压型连接中的高强度螺栓抗剪承载力按照有效截面积计算，而普通螺栓受剪时不做区分。

4.6.2　填空题

　1. 普通螺栓连接主要靠＿＿＿＿＿＿＿＿和＿＿＿＿＿＿＿＿＿传递剪力，而高强度螺栓摩擦型连接靠＿＿＿＿＿＿＿＿＿传递剪力。

　2. 高强度螺栓的质量等级为 10.9 级，这里，"10"代表＿＿＿＿＿＿＿＿，"0.9"代表＿＿＿＿＿＿＿。

　3. 普通螺栓连接抗剪时，应考虑＿＿＿＿＿＿＿＿和＿＿＿＿＿＿＿＿两种破坏形式。

　4. 普通螺栓连接受剪时，限制端距 $a \geqslant 2d_0$，是为了避免＿＿＿＿＿＿＿＿。

5. 普通螺栓按照制作精度分为_____和_____，按照受力分析分为_____和_____。

6. 通常，_____时不宜采用粗制螺栓。

7. 普通螺栓连接计算时，一个螺栓的受剪承载力设计值取_____和_____的较小者（要求填写符号）。

8. 单个普通螺栓的承压承载力设计值 $N_c^b = d \sum t f_c^b$，式中，$\sum t$ 的含义是_____。

9. 轴心受压柱或压弯柱的端部为铣平端时，其连接焊缝或螺栓的受力，应按最大压力的_____或_____中的较大者进行抗剪计算。

10. 对直接承受动力荷载的普通螺栓受拉连接应采用_____或其他能防止螺帽松动的措施。

【答案】

1. 孔壁承压   螺栓杆受剪   板件间的摩擦力

2. 螺栓杆材料的最低抗拉强度为 $1000N/mm^2$ 屈强比为 0.9

3. 孔壁被压坏   螺栓杆被剪坏   4. 板件被剪坏

5. 粗制螺栓   精制螺栓   受剪螺栓   受拉螺栓   6. 抵抗剪力   7. N_v^b N_c^b

8. 在不同受力方向中一个受力方向的板件厚度之和的较小值   9. 15%   最大剪力

10. 双螺帽

4.6.3   简答题

1. 螺栓在钢板或型钢上排列时为什么要规定最大、最小容许距离？

2. 普通螺栓传递剪力时可能的破坏形式有哪些？怎样防止其发生？

【答案】

1. 答：从受力上看，间距或端距过小，受拉时会导致截面削弱过多板件被拉坏或剪坏，受压时则会引起鼓曲；从构造上看，间距过大会使构件挤压不紧密，造成潮气侵入引起锈蚀；从施工看，应留有足够的施工空间拧紧螺帽，因此间距也不能太小。

2. 答：普通螺栓受剪可能有以下破坏形式：（1）螺栓杆被剪坏；（2）孔壁被压破；（3）板件端部被剪坏；（4）板件由于截面削弱被拉坏；（5）螺栓杆过长造成弯曲变形过大。此外，还可能造成板件的块状撕裂。

第5章 轴心受力构件

5.1 学 习 思 路

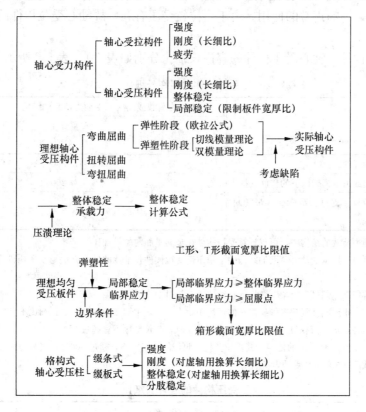

图 5-1 本章学习思路

5.2 主 要 内 容

5.2.1 轴心受力构件的强度

对于有孔洞的轴心受拉构件，尽管在孔洞周围存在应力集中，具有较高的应力水平，但在破坏前截面会发生应力重分布，以至于破坏时整个截面的应力均可以达到屈服强度。规范以净截面屈服作为承载能力极限状态，规定以下式计算轴心受力构件的强度：

$$\sigma = N/A_n \leqslant f \tag{5-1}$$

无孔洞削弱时，$A_n = A$。对轴心受压构件，也采用该式验算。

5.2.2 轴心受力构件的刚度

1. 刚度要求

轴心受力构件的刚度用长细比来表示，即应使截面绕两个主轴即 x 轴和 y 轴的长细比 λ_x、λ_y 均不超过规范规定的容许长细比 $[\lambda]$，即

$$\lambda_{\max} = \max\{\lambda_x, \lambda_y\} \leqslant [\lambda] \tag{5-2}$$

轴心受拉构件之所以也要规定长细比限值，是由于在运输、安装过程中可能由于振动产生大的挠度，影响正常的使用。由于受拉较受压有利，故轴心受拉构件的容许长细比有所放宽。

轴心受拉构件、轴心受压构件的容许长细比分别如表 5-1、表 5-2 所示。

受拉构件的容许长细比   表 5-1

项 次	构件名称	承受静力荷载或间接承受动力荷载的结构		直接承受动力荷载的结构
		一般建筑结构	有重级工作制吊车的厂房	
1	桁架的杆件	350	250	250
2	吊车梁或吊车桁架以下的柱间支撑	300	200	—
3	其他拉杆、支撑、系杆等（张紧的圆钢除外）	400	350	—

注：1. 承受静力荷载的结构中，可仅计算受拉构件在竖向平面内的长细比。

2. 在直接或间接承受动力荷载的结构中，单角钢受拉构件长细比的计算方法与受压构件容许长细比的表注 2 相同。

3. 中、重级工作制吊车桁架下弦杆的长细比不宜超过 200。

4. 在设有夹钳或刚性料耙等硬钩吊车的厂房中，支撑（表中第 2 项除外）的长细比不宜超过 300。

5. 受拉构件在永久荷载与风荷载组合作用下受压时，其长细比不宜超过 250。

6. 跨度等于或大于 60m 的桁架，其受拉弦杆和腹杆的长细比不宜超过 300（承受静力荷载或间接承受动力荷载）或 250（直接承受动力荷载）。

受压构件的容许长细比   表 5-2

项 次	构 件 名 称	容许长细比
1	柱、桁架和天窗架中的杆件	150
	柱的缀条、吊车梁或吊车桁架以下的柱间支撑	
2	支撑（吊车梁或吊车桁架以下的柱间支撑除外）	200
	用以减小受压构件长细比的杆件	

注：1. 桁架（包括空间桁架）的受压腹杆，当其内力等于或小于承载能力的 50% 时，容许长细比值可取 200。

2. 计算单角钢受压构件的长细比时，应采用角钢的最小回转半径，但计算在交叉点相互连接的交叉杆件平面外的长细比时，可采用与角钢肢边平行轴的回转半径。

3. 跨度等于或大于 60m 的桁架，其受压弦杆和端压杆的容许长细比值宜取 100，其他受压腹杆可取 150（承受静力荷载或间接承受动力荷载）或 120（直接承受动力荷载）。

4. 由容许长细比控制截面的杆件，在计算其长细比时，可不考虑扭转效应。

2. 长细比计算

长细比通常按照下面方法计算：

（1）截面为双轴对称或极对称的构件，为 $\lambda_x = l_{0x}/i_x$，$\lambda_y = l_{0y}/i_y$；

（2）对于单轴对称截面，绕非对称轴的长细比 λ_x 按上式计算，但绕对称轴应计及弯扭效应，用换算长细比 λ_{yz} 代替 λ_y。为使用方便，规范给出了一些常用单轴对称截面的 λ_{yz} 简化计算方法。

5.2.3 实腹式轴心受压构件的整体稳定

轴心受压构件可能发生的屈曲形式为：弯曲屈曲、扭转屈曲和弯扭屈曲。对轴心受压构件，从分析弯曲屈曲入手。

1. 理想压杆的稳定承载力

理想压杆在弹性阶段的稳定承载力可由欧拉公式得到，临界力与临界应力分别为：

$$N_{cr} = \frac{\pi^2 EI}{(\mu l)^2} = \frac{\pi^2 EA}{(l_0/i)^2} = \frac{\pi^2 EA}{\lambda^2} \tag{5-3}$$

$$\sigma_{cr} = \frac{N_{cr}}{A} = \frac{\pi^2 E}{\lambda^2} \tag{5-4}$$

下角标"cr"为 crisis 的缩写，也写作"E"表示 Euler。

表 5-3 列出了 6 种具有理想端部条件的轴心压杆计算长度系数 μ。考虑到理想的约束条件难以完全实现，表中同时给出了用于实际设计的建议值。

轴心压杆的计算长度系数 μ　　　　　　　　　　　表 5-3

项　次	1	2	3	4	5	6
简　图						
μ 的理论值	0.50	0.70	1.0	1.0	2.0	2.0
μ 的建议值	0.65	0.80	1.0	1.2	2.1	2.0
端部条件符号	无转动，无侧移		无转动，自由侧移	自由转动，无侧移	自由转动，自由侧移	

当 $\sigma_{cr} > f_p$ 时材料进入弹塑性阶段，这时，欧拉公式不再适用。研究表明，按照双模量理论确定的是承载力上限，按照切线模量理论确定的是承载力下限。通常按下限取值，这就是：

$$N_{crt} = \frac{\pi^2 E_t I}{l_0^2} \tag{5-5}$$

式中，E_t 为切线模量。

2. 实际压杆的稳定承载力

实际的压杆都是存在缺陷的，这些缺陷包括：初弯曲、初偏心、残余应力等。这些缺陷均使得稳定承载力降低。

对压杆计算极限承载力通常有三种准则：

（1）压屈准则。以构件受压变弯曲作为承载力的极限。用欧拉公式或改进的欧拉公式计算。

（2）边缘纤维屈服准则。以构件截面受压最大的边缘纤维发生屈服作为承载力的极限。

(3) 压溃准则。实际压杆在逐渐增大的应力作用下弯曲变形逐渐增长，达到某点时，只有卸载才能保证平衡，丧失继续承载能力，称作"压溃"。此时的极限承载力需要通过数值方法得到。

3. 柱子曲线

所谓"柱子曲线"，就是用正则化长细比 $\lambda_n = \dfrac{\lambda}{\pi}\sqrt{\dfrac{f_y}{E}}$ 作为横轴，以 $\varphi = \dfrac{\sigma_u}{f_y}$（$\sigma_u$ 为稳定应力，即稳定承载力除以截面积）作为纵坐标画出的实际柱子（考虑了缺陷）的承载力曲线。由于对应同一 λ_n 的 φ 值呈带状，故规范将柱子曲线分为 a、b、c 和 d 共 4 条。a、b、c、d 称作截面分类，是根据残余应力的分布和大小对轴心受压构件稳定承载力的影响判断其归属的。大多数截面属于 b 类。

稳定系数 φ 可由规范规定的表格查到，见本书附表 1-8～附表 1-11。

4. 规范规定的整体稳定验算方法

规范规定，轴心受压构件的整体稳定按照下式计算：

$$N/(\varphi A) \leqslant f \tag{5-6}$$

式中，稳定系数 φ 由截面分类和 $\lambda\sqrt{\dfrac{f_y}{235}}$ 查表得到。考虑到截面有两个主轴，所以上式实际上是两个公式，即 φ 的取值应是 φ_x 或 φ_y。显然，直接取 φ_x 和 φ_y 的较小者代入可以简化计算。

5.2.4　轴心受压构件的局部稳定

轴心受压构件的局部稳定是通过限制板件的宽（高）厚比来保证的。

1. 确定宽厚比的原则

规范确定宽厚比的原则是：(1) 等稳定性原则，即板件的局部屈曲临界应力应大于或等于构件的整体稳定临界力，不允许板件的屈曲先于构件的整体屈曲发生。对工字形截面构件和 T 形截面构件采用此原则。(2) 板件的局部屈曲临界应力应大于或等于钢材屈服点。对箱形截面构件采用此原则。

2. 腹板高厚比不满足要求的处理

H 形、工字形和箱形截面受压构件的腹板，其高厚比限值不能满足规范要求时，可以用纵向加劲肋加强。用纵向加劲肋加强的腹板，其在受压较大翼缘与纵向加劲肋之间的高厚比，应符合要求。纵向加劲肋宜在腹板两侧成对布置，其一侧外伸宽度不应小于 $10t_w$，厚度不应小于 $0.75t_w$。

也可以根据腹板屈曲后强度的概念，在计算构件的强度和稳定性时取与翼缘连接的一部分腹板截面作为有效截面进行计算。有效截面宽度为计算高度边缘范围内两侧各 $20t_w\sqrt{235/f_y}$，需要注意的是，在求稳定系数时，构件的长细比仍应根据全部截面得到。

5.2.5　格构式轴心受压构件

1. 构件整体稳定

格构式轴心受压构件绕实轴发生失稳时，其受力情况与实腹式轴心受压构件没有区别，故稳定验算公式也相同。

绕虚轴发生失稳时，由于挠曲所产生的剪力要由缀材承担，故发生较大的附加变形，承载力降低较多，应采用放大了的换算长细比计算其稳定承载力。

缀条柱
$$\lambda_{0x} = \sqrt{\lambda_x^2 + 27A/A_{1x}} \tag{5-7}$$

缀板柱
$$\lambda_{0x} = \sqrt{\lambda_x^2 + \lambda_1^2} \tag{5-8}$$

注意，在计算截面特征时，是不考虑缀条或缀板的。这里所说的缀条柱指的是缀条按照 K 形布置的情况，A_{1x} 是虚轴穿过的斜缀条横截面积之和，不考虑横缀条（因为横缀条不受力）。λ_1 是分肢绕 1-1 轴的长细比，计算时计算长度 l_1 取缀板净距离或相邻两缀板边缘螺栓的距离（如图 5-2 所示）。

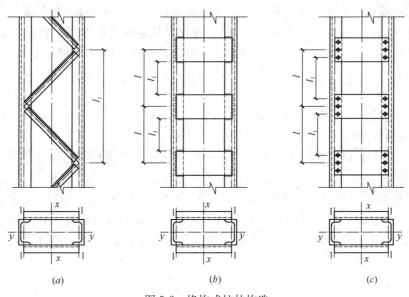

图 5-2 格构式柱的构造

2. 分肢的稳定性

将缀材节点之间作为单独的实腹式受压构件，应使其绕 1-1 轴的长细比 λ_1（1-1 轴以及计算长细比所用的 l_1 如图 5-2 所示）满足下列要求：

缀条柱：$\lambda_1 \leqslant 0.7\lambda_{max}$

缀板柱：$\lambda_1 \leqslant 40$ 且 $\lambda_1 \leqslant 0.5\lambda_{max}$，$\lambda_{max} < 50$ 时，取 $\lambda_{max} = 50$

以上式中，λ_{max} 为构件两方向长细比 λ_{0x} 和 λ_y 其中的较大者。

3. 缀材设计

缀材的受力根据整体构件的剪力算出。受压产生挠曲变形，截面上存在弯矩，对弯矩求导得到剪力。规范规定，沿构件长度剪力大小不变，为

$$V = \frac{Af}{85}\sqrt{\frac{f_y}{235}} \tag{5-9}$$

缀条式格构柱可简化为平行弦桁架，

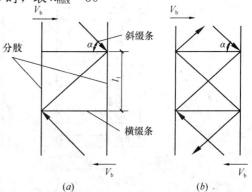

图 5-3 缀条的受力简图

由此计算缀条的受力，如图 5-3 所示。

一个缀条的受力为

$$N_t = \frac{V_b}{n\cos\alpha} \tag{5-10}$$

式中　V_b——分配到一个缀材面的剪力，图 5-3 (a)、(b) 中每根构件都有两个缀材面，因此 $V_b = V/2$，V 按照式（5-9）得到；

n——承受剪力 V_b 的斜缀条数，图 5-3 (a) 为单缀条体系，$n=1$，而图 5-3 (b) 为双缀条超静定体系，通常简单地认为每根缀条负担剪力 V_b 的一半，即取 $n=2$；

α——斜缀条与水平线的夹角，规范规定在 $20°\sim50°$ 之间采用。

缀条可能受拉或受压，受压更不利，故按照轴心受压构件设计。由于缀条大多采用角钢，受力存在偏心（也就是存在附加弯矩），故规范规定对其强度进行折减：计算缀条和连接的强度时，折减系数 $\gamma_r = 0.85$；计算稳定性时，折减系数 γ_r 取值如下：

等边角钢　　　　　　$\gamma_r = 0.6 + 0.0015\lambda$　且 $\leqslant 1.0$ (5-11a)

不等边角钢

短边相连时　　　　$\gamma_r = 0.5 + 0.0025\lambda$　且 $\leqslant 1.0$ (5-11b)

长边相连时　　　　　　$\gamma_r = 0.70$ (5-11c)

式中，λ 为角钢的长细比，对中间无连系的单角钢缀条，按最小回转半径计算，当 $\lambda < 20$ 时，取 $\lambda = 20$。

缀板式格构柱可视为一多层平面刚架。图 5-4 (a) 为分析其一侧缀板受力时的受力图，$V_b = V/2$。假定其在整体失稳时，反弯点（弯矩为零的点）在各层分肢的中点和缀板的中点，见图 5-4 (b)。取图 5-4 (c) 所示隔离体，根据内力平衡，可得缀板与分肢相连节点处内力值为

剪力　　　　　　　　$T = \dfrac{V_b/2 \times l}{a/2} = \dfrac{V_b l}{a}$ (5-12)

弯矩　　　　　　　　$M = T \times \dfrac{a}{2} = \dfrac{V_b l}{2}$ (5-13)

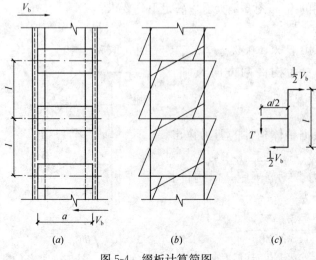

图 5-4　缀板计算简图

缀板应有足够的刚度，规范规定，同一截面处两侧缀板线刚度之和不得小于一个分肢线刚度的 6 倍。缀板所采用的钢板，其纵向高度 $h_p \geqslant 2a/3$（a 为分肢轴心间距），厚度 $t_p \geqslant a/40$ 和 6mm。端缀板应适当加高，可取 $h_p \approx a$。

缀板与分肢间的搭接长度一般取 20～30mm，采用角焊缝连接，角焊缝承受剪力 T 和弯矩 M 的共同作用。如果角焊缝强度符合要求，则不必验算缀板强度，因为角焊缝的强度设计值比钢板低。

5.3 疑 问 解 答

1. 问：受压构件的容许长细比表格下面的注释指出，"计算单角钢受压构件的长细比时，应采用角钢的最小回转半径，但计算在交叉点相互连接的交叉杆件平面外的长细比时，可采用与角钢肢边平行轴的回转半径"；另外，在计算单角钢稳定性所取用的折减系数时，"对中间无连系的单角钢缀条，按最小回转半径计算"，这两者有无联系，应如何理解？

答：对于如图 5-5 所示的单角钢截面，u-u 轴和 v-v 轴是截面的主轴，具有最小回转半径的是 v-v 轴。若计算长度相同，绕 v-v 轴回转半径最小则长细比最大，绕该轴就对稳定承载力起控制作用，所以，对单角钢取最小回转半径计算长细比。

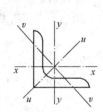

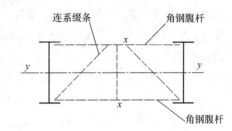

连系缀条　　角钢腹杆

角钢腹杆

图 5-5　单角钢的轴　　　　图 5-6　有连系的缀条

单角钢用于格构柱的缀条时，当两分肢相距较远时，就会在缀条之间再加上缀条，如图 5-6 所示。图中，把前者称作角钢腹杆（由于该缀条的作用类似于桁架的腹杆），后者称作连系缀条，以示区别。这时，在计算角钢腹杆的长细比时，就要取与角钢肢边平行轴的回转半径。同时注意到，假设角钢为等边角钢，角钢腹杆的几何长度为 l，且其与分肢通过节点板连接，则在桁架平面内计算长度为 $0.8l$，在桁架平面外计算长度为 $0.5l$（由于中间的缀条对其变形有约束），于是，计算其稳定性时采用的强度折减系数应为 $0.6 + 0.0015 \times \dfrac{0.8l}{i_x}$。

2. 问：实腹式轴心受压构件的稳定验算公式为 $N/(\varphi A) \leqslant f$，公式左边得到的是截面的实际应力吗？

答：首先必须明确，强度和稳定是不同的概念，强度计算针对最不利截面进行，而稳定计算则是针对整个构件；其次，规范的公式来源如下：将实腹式受压构件稳定承载力记作 N_u，则考虑抗力分项系数之后应有

$$\frac{N}{A} \leqslant \frac{N_u}{A\gamma_R} = \frac{N_u}{Af_y}\frac{f_y}{\gamma_R} = \varphi f \tag{5-14}$$

规范只是将其写成应力的形式，为 $N/(\varphi A) \leqslant f$，但是 $N/(\varphi A)$ 绝不是实际截面应力。不过，同时也应注意到，在注册结构工程师考试中，"稳定应力"指的就是 $N/(\varphi A)$。

3. 问：由于稳定系数 φ 随长细比 λ 的增大而减小，所以，直接用长细比较大者查表，就能得到 $\varphi_{\min}$，代入整体稳定性验算即可，对吗？

答：稳定系数 φ 与长细比、钢材牌号、截面分类三者有关，对于给定的构件，当绕 x、y 轴属于相同的截面分类时，必然存在长细比较大者对应的 φ 小。但是，由于绕 x、y 轴可能属于不同的截面分类，在 λ_x 和 λ_y 相差不大的情况下，有可能出现长细比较大者反而 φ 大的情况，这种情况必须注意。

4. 问：对于单角钢，规范规定了换算长细比 λ_{uz} 的计算公式，然而又指出"对单面连接的不等边单角钢轴心受压构件，考虑折减系数后，可以不考虑弯扭效应"，那么，该如何处理？

答：单轴对称构件绕对称轴发生弯曲失稳时，由于剪力没有通过剪心，因此必然伴随着扭转，形成弯扭屈曲，弯扭屈曲会造成稳定承载力降低。无论是考虑强度折减还是采用换算长细比 λ_{uz} 均是考虑这一因素。

从规范的形成来看，采用折减系数是 88 版规范的做法，2003 版钢结构设计规范采用更加精细的换算长细比应该是发展的方向。之所以在 2003 版中没有删除原规定，应该是出于照顾原来的设计习惯。在目前，仍可以采用相对简便的折减系数法。

5. 问：在考虑局部稳定应力时，称翼缘为"三边简支一边自由"，腹板为"两边简支两边弹性嵌固"，如何理解？

答：组成截面的板件可能发生局部失稳，进而影响到构件整体的承载力，因此，《钢结构设计规范》要求板件的屈曲临界应力不小于构件的临界应力（对于工形、T 形截面）或者构件的屈服点（对于箱形截面）。

对板件稳定应力的研究，以四边简支薄板的弹性失稳开始，进而考虑其他边界约束：如果四边只是简支边和自由边，那么仅屈曲系数 K 不同；如果对板边有约束，则引入弹性嵌固系数 χ。板件的弹塑性通过乘以折减系数 $\sqrt{\eta}$ 加以考虑。

对于截面翼缘，取其外伸部分作为一个薄板研究，考虑其四边支承条件：上、下边缘会有横向加劲肋、横隔或者柱头柱脚，与腹板相连边腹板对其有支承，这样，形成了三个边支承，剩下的那条边是自由边。对于腹板，其中两个边翼缘对其支承，另外两个边会有横向加劲肋、横隔或者柱头柱脚，由此形成四边支承。翼缘对腹板还有约束作用（在二者相交的边缘），这就是嵌固。

顺便指出，在对柱脚底板厚度计算时所提到的"四边支承板"、"三边支承板"，均是将支承边视为简支，"四边支承板"实质上就是混凝土结构课程中所说的"双向板"。

6. 问：对同一个构件，假如为工字形截面，验算局部稳定时，若用 Q235 钢满足要求，改用 Q345 钢之后反而会不满足要求，这种情况合理吗？

答：首先必须清楚规范规定的高厚比限值的由来。高厚比限值是按照局部失稳的临界应力不小于整体失稳的临界应力确定的，也就是说，按照规范规定的高厚比限值，即使按照整体稳定验算时应力用得很足，甚至 $\dfrac{N}{A} = \varphi f$，局部稳定也可以保证。

用 Q345 钢时按照规范得到的高厚比限值可以对应于应力很高，超过 $235\text{N}/\text{mm}^2$ 的情况，而既然用 Q235 满足要求，表明应力水平并没有这么高，所以，这时用 Q345 钢代替 Q235 钢是没有问题的。一个合理的办法是，$\dfrac{h_0}{t_w} \leqslant (25+0.5\lambda)\sqrt{\dfrac{235}{f_y}}$ 中的 f_y 用 φf_y 甚或 $\gamma_R\sigma$ 代替（γ_R 为杆件的抗力分项系数，γ_R 对于 Q235 钢取 1.087，对规范推荐的其他钢号取 1.1；$\sigma = N/A$，为压杆的应力设计值）。陈绍蕃教授"《钢结构设计规范》GB 50017—2003 应用中的几个问题"（钢结构，2006 年第 1 期）一文，对此有详细论述。

7. 问：热轧工字型钢，要不要计算局部稳定性？翼缘板自由外伸宽度"取内圆弧起点至翼缘板边缘的距离"如何理解？

答：由于型钢已经系列化生产，通常，已经考虑了局部稳定要求，因此不必验算。但是对于某些 H 型钢可能会不满足要求。

规范中所说的"内圆弧起点至翼缘板边缘的距离"应如图 5-7 中 b' 所示。

8. 问：H 形、工字形和箱形截面受压构件的腹板，其高厚比不能满足限值要求时，在计算构件的强度和稳定性时，可取将腹板的截面仅考虑计算高度边缘范围内两侧各为 $20t_w\sqrt{235/f_y}$ 的部分，应如何理解？

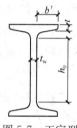

图 5-7　工字型钢截面

答：对于 H 形、工字形和箱形截面受压构件的腹板，根据其高厚比限值公式可知，其最严格的条件就是 $h_0/t_w \leqslant 40\sqrt{235/f_y}$，这相当于作为截面组成板件的腹板其局部临界应力可达到 f_y，因此，h_0/t_w 没有必要比 $40\sqrt{235/f_y}$ 更严格。

若取极端的情况，$h_0/t_w = 40\sqrt{235/f_y}$，这恰与腹板每侧 $20t_w\sqrt{235/f_y}$ 一致，这表明规范的一种协调。更深层次的原因，是这里利用了"有效截面"的概念，即板件发生屈曲后会降低构件作为整体的承载力，可采用有效截面来计算此时的承载力。

笔者发现，英国规范 BS 5950：2000 中也采用同样的腹板每侧 $20t_w\sqrt{235/f_y}$ 作为有效截面。欧洲规范 EC3、美国规范 ANSI/AISC 360—2005 中的做法不同。对各规范的做法加以分析、比较后发现，取每侧 $20t_w\sqrt{235/f_y}$ 计算是偏于安全的做法。详细情况可参见参考文献 [32]。

为加深对规范该条文的理解，一个计算示例见"典型例题"部分的例题 1。

9. 问：双肢组合构件，当缀件为缀条时 $\lambda_{0x} = \sqrt{\lambda_x^2 + 27A/A_{1x}}$，式中 A_{1x} 的含义是"构件截面中垂直于 x 轴的各斜缀条毛截面面积之和"，如何理解？

答：对于缀条柱，有单缀条体系和双缀条体系之分，对于单缀条体系，A_{1x} 为斜缀条的横截面积乘以 2，这里的 2 表示斜缀条在两侧均布置；对于双缀条体系，A_{1x} 为斜缀条的横截面积乘以 4，其原因是斜缀条不仅布置在两侧，而且一侧有 2 个斜缀条。

10. 问：对于缀板柱，要求同一截面处两侧缀板线刚度之和不得小于一个分肢线刚度的 6 倍，为什么？

答：对于缀板柱，考虑剪切变形后，换算长细比

$$\lambda_{0x} = \sqrt{\lambda_x^2 + \frac{\pi^2}{12}(1+\frac{2}{k})\lambda_1^2} \tag{5-15}$$

式中，$k = \dfrac{I_b/a}{I_1/l_1}$，为缀板与分肢线刚度比值。当 $k \geqslant 6$ 时，$\dfrac{\pi^2}{12}\left(1+\dfrac{2}{k}\right)$ 接近于 1.0，方能得

到 $\lambda_{0x} = \sqrt{\lambda_x^2 + \lambda_1^2}$。故而有此规定。

5.4 知 识 拓 展

1. 净截面拉断与毛截面屈服

对于轴心受拉构件，国外规范，例如美国钢结构规范 ANSI/AISC 360—2005、欧洲 EC3 等，并不采用净截面屈服作为承载能力极限状态，而是采用"毛截面屈服"和"净截面断裂"的计算准则，即，毛截面屈服时杆件总伸长很大，可能会达到"不适于继续承载的变形"；净截面达到屈服时整个杆件的变形并不大，不会影响继续承载，净截面断裂才是承载能力极限状态。轴心受拉构件的承载力为二者的较小者。

以下以美国 ANSI/AISC 360—2005 为例说明具体做法。

轴心受拉构件的名义（nominal）承载力记作 P_n，抗力系数记作 ϕ_t，受拉承载力的设计值为 $\phi_t P_n$。

对应于毛截面屈服的计算式：$\phi_t P_n = 0.9 f_y A_g$

对应于净截面断裂的计算式：$\phi_t P_n = 0.75 f_u A_e$

式中，A_g 为构件毛截面面积，A_e 为有效净截面面积（effective net area），其他符号已经改用我国规范符号表达。

若 $\dfrac{f_u}{f_y} \geqslant \dfrac{0.9}{0.75} = 1.2$，对于截面无孔洞削弱的情况（此时 $A_e = A_g$），则毛截面屈服控制，$\phi_t P_n = 0.9 f_y A_g$；如果有孔洞存在，由于必然存在 $0.9 f_y A_g \geqslant 0.9 f_y A_e$ 和 $0.75 f_u A_e \geqslant 0.9 f_y A_e$，因此，取 $\phi_t P_n = 0.9 F_y A_e$ 就偏于保守。

我国规范 GB 50017—2003 推荐的钢材，强屈比 f_u/f_y 均超过 1.2，依此推断，对于无孔洞削弱的情况，我国的做法与国外规范计算结果相同；对于有孔情况，则是偏于保守。

2. 截面承载力与构件承载力

出于不同的计算目的，钢结构中的截面（section）被分为毛截面、净截面和有效截面。我国规范 GB 50017—2003 中并没有明确对这些术语作出规定。

欧洲钢结构规范 EC3 中规定，毛截面特征应依据公称尺寸求得，紧固件造成的孔洞（holes）不必扣除，但大的开口（openings）应扣除。缀连材料（例如缀条、缀板等）不包括在毛截面内。净面积取为相应的毛面积减去所有的孔洞和开口。这些规定与我国的做法是一致的。

有效截面分为有效毛截面、有效净截面，我国规范 GB 50017—2003 中对腹板高厚比超限的情况取翼缘两侧各为 $20t_w\sqrt{235/f_y}$ 腹板宽度进行计算实际上采用了有效截面。有效净截面在我国规范中没有出现。美国钢结构设计规范 ANSI/AISC 360—2005 中，对有效净面积（effective net area）的解释为：考虑剪力滞（shear lag）影响对净面积修正后的值。

通常，构件（member）根据受力情况分类，形成受拉、受压、受弯以及组合的拉弯、压弯构件。由于构件受扭时受力十分复杂，所以，通常采取构造措施避免受扭。

承载力（capacity）有截面承载力（section capacity）和构件承载力之分（member capacity）。澳大利亚钢结构规范 AS 4100—90 中就是采用如此称呼。EC3 中则是写成 resistance of cross-sections 和 buckling resistance of members。据此分类，我国钢结构规范中的强度计算属于截面承载力计算，整体稳定计算属于构件承载力计算。

3. 格构式柱子的缀条体系

通常，教材中对单缀条体系的换算长细比进行了推导，但是，却并未指出其缀条体系为图 5-8 中的（a）还是（b）。事实上，推导是针对图 5-8（a），对于图 5-8（b），其稳定承载力较图 5-8（a）小。

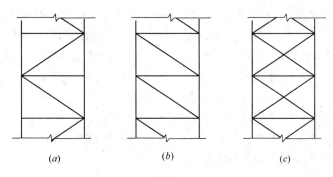

$$(a) \qquad\qquad (b) \qquad\qquad (c)$$

图 5-8　格构式缀条柱中缀条的布置

若令 d、A_d 分别表示斜杆的长度与截面积，h、A_b 分别表示横杆的长度与截面积，c 为节间长度，柱子长度为 l 且两端铰接，并将柱子的承载力表示为

$$N_{cr} = \frac{\pi^2 EI}{(\mu l)^2} \tag{5-16}$$

则对于图 5-8（a），有

$$\mu = \sqrt{1 + \frac{\pi^2 EI_0}{l^2} \frac{1}{Ech^2} \frac{d^3}{A_d}} \tag{5-17}$$

对于图 5-8（b）有

$$\mu = \sqrt{1 + \frac{\pi^2 EI_0}{l^2} \frac{1}{Ech^2} \left(\frac{d^3}{A_d} + \frac{h^3}{A_b} \right)} \tag{5-18}$$

式中，$I_0 = \dfrac{Ah^2}{2}$，$I = I_0 + 2I_1$，I_1 为单肢绕 1-1 轴的惯性矩。

以上为参考文献［14］中按照能量理论推导出的结果。若忽略 I 与 I_0 的差别，可以看出对于图 5-8（a），计算结果与教材中的值相同。

由图 5-8（b）得到的 μ 值较大，可见稳定承载力较图 5-8（a）为小。

对于图 5-8（c），该文献给出的公式为

$$\mu = \sqrt{1 + \frac{\pi^2 EI_0}{l^2} \frac{1}{2Ech^2} \frac{d^3}{A_d}} \tag{5-19}$$

另外，对图 5-8（a）的情况，若将公式改成角度形式，用斜杆与水平的夹角 θ 表示，则为：

$$\mu = \sqrt{1 + \frac{\pi^2 EI_0}{l^2} \frac{1}{EA_d \sin\theta \cos^2\theta}} \tag{5-20}$$

对上式分析可知，并非如想象中取 $\theta = 45°$ 时 μ 值最小从而取得承载力最大值，而是 $\theta = 35°$ 时 μ 值最小，此时 $\frac{1}{\sin\theta \cos^2\theta} = 2.56$。

我国规范在计算换算长细比时取 $\frac{1}{\sin\theta \cos^2\theta} \approx 2.7$，相当于取 θ 为 $28° \sim 43°$，也就是说，坡度宜小于 $45°$。不过，规范条文中规定斜缀条与构件轴线间的夹角应在 $40° \sim 70°$ 范围内，相当于 $\frac{1}{\sin\theta \cos^2\theta}$ 最大可达 3.27。

4. 截面分类、局部稳定与整体稳定

国外的钢结构规范，例如美国 ANSI/AISC 360—2005、欧洲规范 EC3、英国规范 BS5950 等，通常对截面先分类，然后针对不同的截面给出承载力的计算公式。

下面对美国钢结构规范 ANSI/AISC 360—2005 中的截面分类做一简单介绍。

该规范将板件单元分为 compact、noncompact 与 slender 三类，compact 与 noncompact 的分界点是 λ_p，noncompact 与 slender 的分界点是 λ_r。若宽厚比小于 λ_p，为 compact 截面，该类截面在发生局部失稳之前会发展全部的塑性；若宽厚比大于 λ_p 小于 λ_r，为 noncompact 截面，该类截面在发生局部失稳之前会发展部分塑性；若宽厚比大于 λ_r，为 slender 截面，在屈服应力达到前会发生弹性局部失稳。

宽度 b（或高度 h）、厚度 t 的取值原则如下。

对于未加劲单元（unstiffened element，指只有平行于受压方向的一个边被支承的单元），其宽度按照下面取值：

①对 I 形和 T 形截面，宽度 b 取全部翼缘宽度 b_f 的一半；

②对角钢、槽钢、Z 形钢的肢，宽度 b 取全部的公称尺寸；

③对板，b 取为自由边至第一列紧固件或焊缝的距离；

④对 T 形截面的梗（也就是腹板），d 取为截面的全高。

对于加劲单元（stiffened element，指平行于受压方向的两个边被支承的单元），其宽度按照下面取值：

①对于热轧或冷成型截面的腹板，h 为两个翼缘间减去焊缝或内接半径后的净距离；h_c 是中心线至受压翼缘内边线的距离减去焊缝或内接半径后的距离乘以 2。

②对组合截面（bulit-up section）腹板，h 取紧固件邻近线的距离，或翼缘间净距离，h_c 是中心线至受压翼缘上紧固件的最近线距离的 2 倍（紧固件连接时），或受压翼缘内侧线的距离的 2 倍（焊缝连接时）；h_p 是塑性中和轴至受压翼缘上紧固件的最近线距离的 2 倍（紧固件连接时），或受压翼缘内侧线的距离的 2 倍（焊缝连接时）。

③对组合截面的翼缘或隔板，宽度 b 为紧固件或焊缝线之间的距离。

④对矩形中空截面（HSS）的翼缘，宽度 b 为腹板间净距离减去每侧的内接半径，对于 HSS 的腹板，h 取翼缘间净距离减去每侧的内接半径。如果内接半径未知，b 和 h 取相应的外尺寸减去 3 倍的厚度。厚度 t 取为设计壁厚。

对于翼缘厚度逐渐变化的热轧截面，厚度取为自由边至相应的腹板面距离一半位置处的公称厚度。

宽厚比 λ_p、λ_r 的取值，具体情况见表 5-4。

受压单元的宽厚比限值

表 5-4

	情况	单元描述		宽厚比限值		示 例
				λ_p	λ_r	
未加劲单元	1	热轧工形截面、槽钢受弯	b/t	$0.38\sqrt{E/f_y}$	$1.0\sqrt{E/f_y}$	图 5-9 (a)
	2	双轴或单轴对称工形组合截面受弯	b/t	$0.38\sqrt{E/f_y}$	$0.95\sqrt{k_c E/f_L}$	图 5-9 (b)
	3	热轧工形截面的翼缘、角钢组合截面的外伸肢，槽钢的翼缘均匀受压	b/t	—	$0.56\sqrt{E/f_y}$	图 5-9 (c)
	4	组合工形截面的翼缘、凸出组合工形截面的板或角钢均匀受压	b/t	—	$0.64\sqrt{k_c E/f_L}$	图 5-9 (d)
	5	单角钢的肢、双角钢的肢、所有其他未加劲单元均匀受压	b/t	—	$0.45\sqrt{E/f_y}$	图 5-9 (e)
	6	单角钢的肢受弯	b/t	$0.54\sqrt{E/f_y}$	$0.91\sqrt{E/f_y}$	图 5-9 (f)
	7	T 形截面的翼缘受弯时		$0.38\sqrt{E/f_y}$	$1.0\sqrt{E/f_y}$	图 5-9 (g)
	8	T 形截面的梗均匀受压时		—	$0.75\sqrt{E/f_y}$	图 5-9 (h)
	9	双轴对称工形截面的腹板、槽钢的腹板受弯时	h/h_w	$3.76\sqrt{E/f_y}$	$5.70\sqrt{E/f_y}$	图 5-9 (i)
加劲单元	10	双轴对称工形截面的腹板均匀受压时	h/h_w	—	$1.49\sqrt{E/f_y}$	图 5-9 (j)
	11	单轴对称工形截面的腹板受弯时	h_c/h_w	$\dfrac{\dfrac{h_c}{h_p}\sqrt{E/f_y}}{(0.54M_p/M_y-0.09)^2}\leqslant\lambda_r$	$5.70\sqrt{E/f_y}$	图 5-9 (k)
	12	箱形截面的翼缘；均匀厚度中空截面受弯或受压；若是翼缘外贴钢板和横隔板，b 为紧固件线之间或焊缝线之间的距离	b/t	$1.12\sqrt{E/f_y}$	$1.40\sqrt{E/f_y}$	图 5-9 (l)
	13	矩形 HSS 截面的腹板受弯时	h/t	$2.42\sqrt{E/f_y}$	$5.70\sqrt{E/f_y}$	图 5-9 (m)
	14	其他加强单元均匀受压时	b/t	—	$1.49\sqrt{E/f_y}$	图 5-9 (n)
	15	圆形中空截面均匀受压时 受弯时	D/t D/t	$0.07E/f_y$	$0.11E/f_y$ $0.31E/f_y$	图 5-9 (o)

注：1. 情况 2 和情况 4 中的 $k_c=\dfrac{4}{\sqrt{h/t_w}}$，取值在 $0.35\sim0.76$ 之间；

    2. 情况 2 中的 f_L，对以下情况，取 $f_L=0.7f_y$：绕弱轴弯曲时；腹板属于 slender 的组合工字形截面绕强轴弯曲；腹板属于 compact、noncompact，且 $W_{xt}/W_{xc}\geqslant0.7$ 的组合工字形截面绕强轴弯曲。以下情况，取 $f_L=f_y\dfrac{W_{xt}}{W_{xc}}\geqslant0.5f_y$：腹板属于 compact、noncompact，且 $W_{xt}/W_{xc}<0.7$ 的组合工字形截面绕强轴弯曲。这里，W_{xt} 和 W_{xc} 分别为受拉和受压翼缘的弹性截面模量（弹性抵抗矩）。

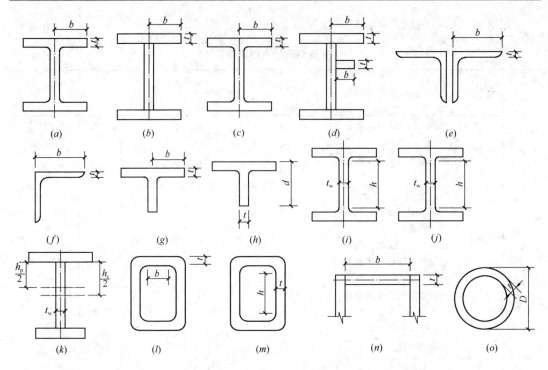

图 5-9 受压单元宽厚比限值图示

由于局部失稳只是发生于个别的区域范围,所以,构件局部失稳并不会导致承载力的完全丧失,而是降低了构件整体的承载力。

依据我国《钢结构设计规范》GB 50017—2003,翼缘的自由外伸宽度与厚度之比必须满足要求,而腹板则允许高厚比超限。

5. 美国钢结构规范 ANSI/AISC 360—2005 中轴心受压构件计算

尽管采用三条柱子曲线的建议最初是由美国结构稳定研究委员会(简称 SSRC,当时称美国柱子研究委员会,简称 CRC)提出,但美国钢结构规范一直采用一条柱子曲线,即 P2 类曲线(相当于我国的 b 类),同时,由于数据离散性的原因,自 1981 年 LRFD 草案开始一直采用抗力系数 $\phi_c = 0.85$。

2005 版规范将 ϕ_c 改为 0.9 是由于:(1)焊接组合型钢不再生产;(2)结构用钢的屈服强度提高,强度的变动范围变小。SSRC 研究表明,P3 类柱子曲线已经不再存在。

受压构件的承载力为 $\phi_c P_n$,这里的名义承载力 P_n,应为按照以下极限状态取得的较小者:弯曲屈曲、扭转屈曲和弯扭屈曲。

以下仅介绍无 slender 单元的受压构件弯曲屈曲承载力计算方法。

受压名义承载力 P_n,基于弯曲屈曲极限状态确定。

$$P_n = F_{cr} A_g \tag{5-21}$$

式中 A_g——截面毛截面积;

F_{cr}——弯曲屈曲应力,按照以下规定确定:

(1)当 $\dfrac{KL}{r} \leqslant 4.71 \sqrt{\dfrac{E}{F_y}}$ (或者 $F_e \geqslant 0.44 F_y$)时

$$F_{cr} = (0.658^{\frac{F_y}{F_e}}) F_y \tag{5-22}$$

(2) 当 $\dfrac{KL}{r} > 4.71\sqrt{\dfrac{E}{F_y}}$ （或者 $F_e < 0.44 F_y$）时

$$F_{cr} = 0.877 F_e \tag{5-23}$$

以上式中　K——计算长度系数；

　　　　　L——构件几何长度；

　　　　　E——钢材弹性模量；

　　　　　r——截面回转半径；

　　　　　F_y——钢材屈服强度；

　　　　　F_e——弹性极限屈曲应力，按下式计算：

$$F_e = \dfrac{\pi^2 E}{\left(\dfrac{KL}{r}\right)^2} \tag{5-24}$$

5.5　典　型　例　题

1. 今有一焊接工字形截面轴心受压柱，承受轴心压力设计值 $N = 4500\text{kN}$（已经包括柱的自重）。计算长度 $l_{0x} = 7\text{m}$，$l_{0y} = 3.5\text{m}$。翼缘钢板为火焰切割边，每块翼缘上有直径为 24mm 的圆孔两个，钢板为 Q235B。要求验算截面的整体稳定性和板件的局部稳定。

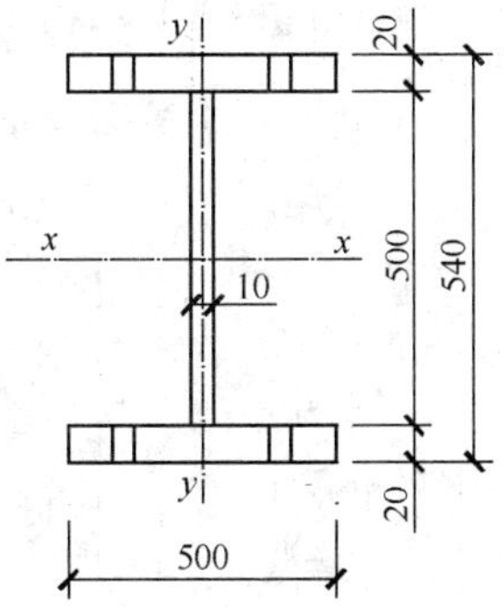

解：（1）截面几何特征

毛截面面积　$A = 2 \times 50 \times 2 + 50 \times 1 = 250\text{cm}^2$

净截面面积　$A_n = 250 - 4 \times 2.4 \times 2 = 230.8\text{cm}^2$

毛截面惯性矩

$$I_x = (50 \times 54^3 - 49 \times 50^3)/12 = 145683\text{cm}^4$$

$$I_y = (2 \times 2 \times 50^3 + 50 \times 1^3)/12 = 41671\text{cm}^4$$

回转半径

图 5-10　例题 1 的图示

$$i_x = \sqrt{I_x/A} = \sqrt{145683/250} = 24.14\text{cm}$$

$$i_y = \sqrt{I_y/A} = \sqrt{41671/250} = 12.91\text{cm}$$

（2）刚度、整体稳定性、局部稳定验算

刚度：
$$\lambda_x = l_{0x}/i_x = 700/24.14 = 29.0 < [\lambda] = 150$$
$$\lambda_y = l_{0y}/i_y = 350/12.91 = 27.1 < [\lambda] = 150$$

整体稳定：由于截面对 x 轴、y 轴同属于 b 类，故由 $\lambda_x = 29.0$ 查表，得 $\varphi = 0.939$。

$$\frac{N}{\varphi A} = \frac{4500 \times 10^3}{0.939 \times 250 \times 10^2} = 191.7\,\text{N/mm}^2 < f = 205\text{N/mm}^2$$

由于翼缘厚度为 20mm，所以上式中取 $f = 205\text{N/mm}^2$。

局部稳定：

翼缘　$b'/t = (500 - 10)/2/20 = 12.3 < 10 + 0.1 \times 30 = 13.0$，可以

腹板　$h_0/t_w = 500/10 = 50.0 > 25 + 0.5 \times 30 = 40.0$，不满足要求

（3）按照有效截面验算

$$20t_{\mathrm{w}} \sqrt{235/f_{\mathrm{y}}} = 20 \times 1 \times 1 = 20\mathrm{cm}$$

有效毛截面积

$$A_{\mathrm{eff}} = 2 \times 50 \times 2 + 2 \times 20 \times 1 = 240\mathrm{cm}^2$$

有效净截面面积

$$A_{\mathrm{e}} = 240 - 4 \times 2.4 \times 2 = 220.8\mathrm{cm}^2$$

强度验算

$$\frac{N}{A_{\mathrm{e}}} = \frac{4500 \times 10^3}{220.8 \times 10^2} = 203.8 \,\mathrm{N/mm}^2 < f = 205\mathrm{N/mm}^2$$

整体稳定验算：

此时，整体稳定系数仍采用按全截面求出的值，即采用 $\varphi = 0.939$，而 A 则采用有效毛截面面积，即

$$\frac{N}{\varphi A_{\mathrm{eff}}} = \frac{4500 \times 10^3}{0.939 \times 240 \times 10^2} = 199.7 \,\mathrm{N/mm}^2 < f = 205\mathrm{N/mm}^2$$

计算表明，截面的局部稳定满足要求。

点评：（1）当采用"有效截面"计算整体稳定时，可以将其承载力记作 $N = A_{\mathrm{eff}} \varphi f$。$\varphi$ 值按照全截面时的 λ 得到，此时的承载力相当于是全截面有效时的 $\dfrac{A_{\mathrm{eff}}}{A}$ 倍。

（2）在欧洲规范 EC3 以及英国钢结构规范 BS5950-1：2000 中，该情况相当于 4 类 slender 截面，承载力 $P_{\mathrm{c}} = A_{\mathrm{eff}} p_{\mathrm{cs}}$，$p_{\mathrm{cs}}$ 应根据 $\lambda \sqrt{A_{\mathrm{eff}}/A}$ 得到。

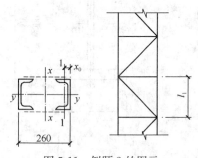

图 5-11　例题 2 的图示

2. 某缀条式格构柱，承受轴心压力设计值 $N = 1550\mathrm{kN}$，柱高 6m，两端铰接，钢材用 Q235 钢，焊条为 E43 系列。截面采用一对槽钢，翼缘肢尖向内。

要求：确定截面并设计缀条。

解： 依题意，有 $l_{0x} = l_{0y} = 6\mathrm{m}$。

（1）对实轴（y 轴）计算，选择截面

设 $\lambda_{\mathrm{y}} = 70$，按 b 类截面查表，得 $\varphi_{\mathrm{y}} = 0.751$，于是所需截面面积

$$A = \frac{N}{\varphi_{\mathrm{y}} f} = \frac{1500 \times 10^3}{0.751 \times 215 \times 10^2} = 92.9 \,\mathrm{cm}^2$$

所需回转半径　$i_{\mathrm{y}} = \dfrac{l_{0y}}{\lambda_{\mathrm{y}}} = \dfrac{600}{70} = 8.57\mathrm{cm}$

试选 2 [28b，$A = 2 \times 45.62 = 91.24\mathrm{cm}^2$，$i_{\mathrm{y}} = 10.6\mathrm{cm}$，自重为 716N/m，总重 $716 \times 6 = 4296\mathrm{N}$，外加缀材及其柱头、柱脚等构造用钢，柱重按 10kN 计算，从而 $N = 1560\mathrm{kN}$。

对实轴验算刚度和整体稳定：

$$\lambda_{\mathrm{y}} = \frac{600}{10.6} = 56.6 < [\lambda] = 150, \varphi_{\mathrm{y}} = 0.825$$

$$\frac{N}{\varphi_{\mathrm{y}} A} = \frac{1560 \times 10^3}{0.825 \times 91.24 \times 10^2} = 207.2\mathrm{N/mm}^2 < f = 215\mathrm{N/mm}^2$$

（2）对虚轴（x 轴）计算，确定肢间距离

缀条采用 L45×4，则 $A_{1x} = 2 \times 3.49 = 6.98\mathrm{cm}^2$。

由等稳定原则 $\lambda_{0x} = \lambda_y$，得

$$\lambda_x = \sqrt{\lambda_y^2 - 27A/A_{1x}} = \sqrt{56.6^2 - 27 \times \frac{91.24}{6.98}} = 53.4$$

相应的回转半径 $\qquad i_x = \dfrac{l_{0x}}{\lambda_x} = \dfrac{600}{53.4} = 11.2\text{cm}$

查回转半径与轮廓尺寸近似关系表，得到 $b = \dfrac{i_x}{0.44} = \dfrac{11.2}{0.44} = 25.5\text{cm}$，取 $b = 26\text{cm}$

（3）对所选柱截面验算

①刚度和整体稳定性

查表，槽钢 [28b 对 1-1 轴的惯性矩、回转半径和形心距分别为 $I_1 = 242.1\text{cm}^4$，$i_1 = 2.3\text{cm}$ 和 $x_0 = 2.02\text{cm}$。

$$I_x = 2 \times (242.1 + 45.62 \times 10.98^2) = 11484\text{cm}^4$$

$$i_x = \sqrt{I_x/A} = \sqrt{11484/91.24} = 11.2\text{cm}$$

$$\lambda_x = l_{0x}/i_x = 600/11.2 = 53.6$$

$$\lambda_{0x} = \sqrt{\lambda_x^2 + 27A/A_{1x}} = \sqrt{53.6^2 + 27 \times 91.24/6.98} = 57 < [\lambda] = 150$$

查表，得 $\varphi_x = 0.823$，于是

$$\frac{N}{\varphi_x A} = \frac{1560 \times 10^3}{0.823 \times 91.24 \times 10^2} = 207.7\text{N/mm}^2 < f = 215\text{N/mm}^2，满足要求。$$

②分肢稳定性验算：

取斜缀条与柱轴线夹角 $\alpha = 45°$，于是，分肢对 1-1 轴的计算长度 l_{01} 和长细比 λ_1 分别为：

$$l_{01} \approx \frac{b}{\tan 45°} = 26\text{cm}$$

$$\lambda_1 = \frac{l_{01}}{i_1} = \frac{26}{2.30} = 11.3 < 0.7\lambda_{max} = 0.7 \times 57 = 39.9$$

分肢稳定性满足要求。

（4）缀条及其分肢连接的计算

柱的剪力：

$$V = \frac{Af}{85}\sqrt{\frac{f_y}{235}} = \frac{91.24 \times 10^2 \times 215}{85} \times 10^{-3} = 23.1\text{kN}$$

缀条的内力：$N_t = \dfrac{V_b}{\cos 45°} = \dfrac{23.1/2}{\cos 45°} = 16.3\text{kN}$

前已选定缀条为 L45×4，查表可得 $A_t = 3.49\text{cm}^2$，$i_{min} = 0.89\text{cm}$。

斜缀条长度 $l_t = 26/\cos45° = 36.8\text{cm}$。

缀条的最大长细比：$\lambda_t = \dfrac{l_t}{i_{min}} = \dfrac{36.8}{0.89} = 41.3 < [\lambda] = 150$

按 b 类截面查表，得 $\varphi_t = 0.894$，折减系数 $\gamma_r = 0.6 + 0.0015 \times 41.3 = 0.662$。

$$\frac{N_t}{\varphi_t A_t} = \frac{16.3 \times 10^3}{0.894 \times 3.49 \times 10^2} = 52.2\text{ N/mm}^2 < \gamma_r f = 0.662 \times 215 = 142.3\text{ N/mm}^2$$

所选缀条截面适用。

缀条与分肢间的连接焊缝采用三面围焊，取 $h_f=4\text{mm}$，所需围焊缝的计算长度：

$$\sum l_w = \frac{N_t}{0.7h_f \times 0.85f_f^w} = \frac{16.3 \times 10^3}{0.7 \times 4 \times 0.85 \times 160} = 43\text{mm}$$

数值较小，从而按构造满焊即可。

点评：（1）在缀条的计算中，取 $l_0=l$ 适用于缀条与柱肢直接相连的情况。若缀条与柱肢采用节点板连接，则依据《钢结构设计规范》GB 50017—2003 的 5.3.1 条，缀条在其斜平面内计算长度应取为 $l_0=0.9l$。

（2）确定分肢间距时，也可以直接用"移轴公式"得出。试演如下：

将两分肢的距离记作 a，分肢对 1-1 轴的惯性矩、回转半径分别记作 I_1、i_1，两个分肢组成的全部截面面积为 A，则根据移轴公式，有

$$\left[I_1 + \frac{A}{2}\left(\frac{a}{2}\right)^2 \right] \times 2 = I_x$$

两边同除以 A，则

$$\frac{I_1}{A/2} + \left(\frac{a}{2}\right)^2 = \frac{I_x}{A}$$

即

$$a = \sqrt{i_x^2 - i_1^2}$$

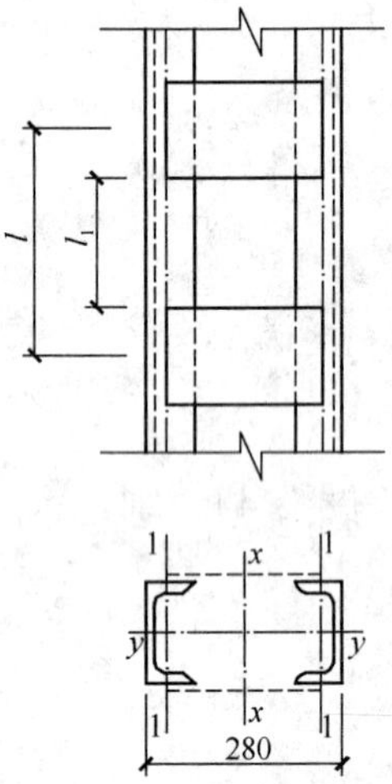

3. 将例题 2 中缀条受压柱改为缀板受压柱，其他条件不变，要求重新设计。

解：（1）同上例，按绕实轴（y 轴）计算选定截面为 2 [28b。

（2）按虚轴（x 轴）计算，确定肢间距离

因 $\lambda_y=56.6$，分肢长细比按 $\lambda_1 \leqslant 0.5\lambda_{max}=0.5 \times 56.6=28.3$ 取值，取为 28。

$$\lambda_x = \sqrt{\lambda_y^2 - \lambda_1^2} = \sqrt{56^2 - 28^2} = 49.2$$
$$i_x = l_{0x}/\lambda_x = 600/49.2 = 12.2\text{cm}$$

图 5-12 例题 3 的图示

从而 $b=i_x/0.44=12.2/0.44=27.7\text{cm}$，取 $b=28\text{cm}$。

（3）对所选柱截面验算

①刚度和整体稳定性

$$I_x = 2 \times (242.1 + 45.62 \times 11.98^2) = 13535\text{ cm}^4$$
$$i_x = \sqrt{I_x/A} = \sqrt{13535/91.24} = 12.2\text{cm}$$
$$\lambda_x = l_{0x}/i_x = 600/12.2 = 49.2$$
$$\lambda_{0x} = \sqrt{\lambda_x^2 + \lambda_1^2} = \sqrt{49.2^2 + 28^2} = 56.6 < [\lambda] = 150$$

按 b 类截面查表，得 $\varphi=0.825$

$$\frac{N}{\varphi A} = \frac{1560 \times 10^3}{0.825 \times 91.24 \times 10^2} = 207.2\text{N/mm}^2 < f = 215\text{N/mm}^2$$

②分肢稳定性验算：

$$\lambda_{max} = \{\lambda_{0x}, \lambda_y, 50\}$$

今 $\lambda_1 = 28 < \begin{cases} 40 \\ 0.5\lambda_{max} = 0.5 \times 56.6 = 28.3 \end{cases}$ 满足要求。

（4）缀板设计

初选缀板尺寸：宽度 $h_p \geqslant \dfrac{2}{3} a = \dfrac{2}{3} \times 239.6 = 160mm$，厚度 $t_p \geqslant \dfrac{a}{40} = \dfrac{239.6}{40} = 6mm$，取 $h_p \times t_p = 180 \times 8$。

缀板间净距 $l_1 = i_1 \lambda_1 = 2.3 \times 28 = 64.4cm$，取 65cm，则相邻缀板中心距 $l = l_1 + h_p = 65 + 18 = 83cm$。

缀板线刚度之和与分肢刚度比值为：

$$\frac{2 \times (0.8 \times 18^3/12)/23.96}{242.1/83} = \frac{32.45}{2.92} = 11.1 > 6, 满足要求。$$

（5）缀板与柱肢连接焊缝的计算

柱的剪力：同上例，$V = 23.1kN$

作用于一个缀板系的剪力 $V_b = V/2 = 11.55kN$

缀板与分肢连接处的内力：

剪力　$T = \dfrac{V_b l}{a} = \dfrac{11.55 \times 83}{23.96} = 40.0kN$

弯矩　$M = \dfrac{V_b l}{2} = \dfrac{11.55 \times 83 \times 10^{-2}}{2} = 4.79kN \cdot m$

缀板与分肢采用三面围焊，焊缝群承受扭矩作用。今计算时偏于安全仅考虑竖向焊缝，即取其计算长度 $l_w = h_p = 180mm$，这时可按照焊缝受弯考虑。

在剪力 T 与弯矩 M 的共同作用下，该连接角焊缝的强度应满足下式要求：

$$\sqrt{\left(\frac{\sigma_f}{1.22}\right)^2 + \tau_f^2} = \sqrt{\left(\frac{6M}{1.22 \times 0.7 h_f l_w^2}\right)^2 + \left(\frac{T}{0.7 h_f l_w}\right)^2} \leqslant f_f^w$$

将其变形，成为：

$$h_f \geqslant \frac{1}{0.7 l_w f_f^w} \sqrt{\left(\frac{6M}{1.22 l_w}\right)^2 + T^2}$$

$$= \frac{1}{0.7 \times 180 \times 160} \sqrt{\left(\frac{6 \times 4.79 \times 10^6}{180 \times 1.22}\right)^2 + (40.0 \times 10^3)^2}$$

$$= 6.8mm$$

又根据构造要求，有 $h_f \geqslant 1.5 \sqrt{12.5} = 5.3mm$，$h_f \leqslant 8 - (1 \sim 2) = 6 \sim 7mm$，最后，取焊角尺寸 $h_f = 7mm$，可以满足要求。

5.6　习　　题

5.6.1　选择题

1. 在确定实腹式轴心受压柱腹板局部稳定高厚比限值时，没有考虑(　　)。

A. 翼缘的弹性嵌固作用

B. 临界应力进入弹塑性阶段

C. 材料的屈服点不同

D. 材料屈服点与腹板局部稳定临界应力相等

2. 单轴对称轴心受压柱，不可能发生（　　）。

A. 弯曲失稳　　　　　B. 扭转失稳　　　　　C. 弯扭失稳　　　　　D. 第一类失稳

3. 轴心受压柱腹板局部稳定的保证条件是 h_0/t_w 不大于某一限值，此限值（　　）。

A. 与钢材的强度和柱的长细比无关

B. 与钢材的强度有关，而与柱的长细比无关

C. 与钢材的强度无关，而与柱的长细比有关

D. 与钢材的强度和柱的长细比均有关

4. 验算工字形截面轴心受压构件翼缘和腹板的局部稳定性时，计算公式中的长细比是指（　　）。

A. 绕强轴的长细比　　　　　　　　　　B. 绕弱轴的长细比

C. 两方向长细比的较大者　　　　　　　D. 两方向长细比的较小者

5. 轴心受压杆件，其合理截面形式，应使所选截面尽量满足（　　）。

A. 等强度　　　　　B. 等刚度　　　　　C. 等计算长度　　　　　D. 等稳定性

6. 下列因素中，对压杆的弹性屈曲承载力影响不大的是（　　）。

A. 压杆的残余应力分布　　　　　　　　B. 压杆的初始几何形状偏差

C. 材料的屈服点变化　　　　　　　　　D. 荷载的偏心大小

7. 双肢格构式轴心受压柱，实轴是 y-y 轴，虚轴是 x-x 轴，则确定肢件间距时依据的公式是（　　）。

A. $\lambda_x = \lambda_y$　　　　B. $\lambda_{0x} = \lambda_y$　　　　C. $\lambda_x = \lambda_{0y}$　　　　D. 强度条件

8. a 类截面压杆的整体稳定系数最高，这是由于（　　）。

A. 截面是轧制截面　　　　　　　　　　B. 截面的刚度最大

C. 初弯曲的影响最小　　　　　　　　　D. 残余应力的影响最小

9. 规定缀条柱的单肢长细比 $\lambda_1 \leqslant 0.7\lambda_{max}$（$\lambda_{max}$ 为柱两主轴方向最大长细比），是为了（　　）。

A. 保证整个柱的稳定　　　　　　　　　B. 使两个分肢能共同工作

C. 避免单肢先于整个柱失稳　　　　　　D. 构造要求

10. 轴心受压构件的整体稳定系数与（　　）等因素有关。

A. 构件截面类别、钢号、长细比

B. 构件截面类别、两端连接构造、长细比

C. 构件截面类别、计算长度系数、长细比

D. 构件截面类别、两个方向的长度、长细比

11. 轴心受压柱的柱脚底板厚度是按照底板（　　）确定的。

A. 抗弯　　　　　B. 抗压　　　　　C. 抗剪　　　　　D. 抗弯及抗剪

12. 确定双肢格构柱两个分肢间距的依据是（　　）。

A. 格构柱承受的最大剪力 V　　　　　　B. 绕虚轴和绕实轴等稳定

C. 单位剪切角 γ　　　　　　　　　　D. 单肢等稳定条件

13. 通常横缀条并不受力，但是仍然设置，其原因是（　　）。

A. 起构造作用 　　　　　　　　　　　B. 可以提高柱整体的抗弯刚度

C. 可以加强柱的整体稳定 　　　　　　D. 对单肢的稳定起作用

14. 关于轴心受压柱的柱脚，以下叙述正确的是（　　）。

A. 柱脚具有固定位置和传力的作用，通常做成与基础刚接

B. 柱与底板的连接焊缝，按照承受柱底处的压力设计值 N 进行设计

C. 轴心受压柱中，因为柱脚锚栓不承受拉力，因而锚栓数量与直径不需要计算

D. 对于带靴梁的铰接柱脚，靴梁与底板的焊缝通过构造确定，不需要计算

15. 为了减小柱脚底板的厚度，可以采取以下何项措施？（　　）

A. 增加底板悬伸部分的宽度

B. 增加柱脚锚栓的个数

C. 分格大小不变的情况下，变四边支承板为三边支承板

D. 增加隔板或肋板，把分格尺寸变小

【答案】

1. D　　2. B　　3. D　　4. C　　5. D　　6. C　　7. B　　8. D　　9. C　　10. A

11. A　　12. B　　13. D　　14. C　　15. D

5.6.2　填空题

1. 轴心受压构件发生失稳的三种形式是_____、_____和_____。

2. 轴心受压单轴对称构件绕对称轴（y 轴）弯曲时会发生_____失稳，导致承载力降低，所以，规范规定，这时应采用_____计算承载力。

3. 缀条式格构轴心受压柱，为确保单肢不先于整个柱子失稳破坏，应保证 λ_1 _____。

4. 轴心受压构件腹板的宽厚比限值，对于箱形截面，是根据板件的临界应力与杆件_____相等推导出来的；对于工字形截面，则是根据板件的临界应力与杆件_____相等推导出来的。

5. 轴心受压格构柱中，缀材体系的主要作用是_____。

6. 计算轴心受压柱柱脚底板厚度时，对于四边支承板，$M=\alpha qa^2$，式中，系数 α 与_____有关。

7. 对于同样的正则化长细比 λ_n，a 类截面的 φ 值最高，这是因为_____。

8. H 形或工形截面受压构件的腹板，当腹板高厚比不满足限值要求时，可在计算稳定性时将腹板截面仅考虑计算高度边缘范围内两侧宽度各为_____的部分。

9. 当临界应力 σ_{cr} 小于_____时，轴心受压杆属于弹性屈曲问题。

10. 柱脚中靴梁的主要作用是①_____，②_____。

【答案】

1. 弯曲失稳　扭转失稳　弯扭失稳　　2. 弯扭　换算长细比

3. $\leqslant 0.7\lambda_{max}$　　4. 钢材的屈服点　整体稳定临界应力

5. 抵抗因附加弯曲变形而引起的剪力　　6. 长边与短边的比值

7. 残余应力的影响最小　　8. $20t_w\sqrt{235/f_y}$　9. 比例极限 σ_p

10. 传力　将底板分成较小的区格

5.6.3　简答题

1. 轴心受压构件的柱子曲线为什么采用 4 条而不采用 1 条？

2. 轴心压杆的通用长细比 $\lambda_n = \dfrac{\lambda}{\pi}\sqrt{\dfrac{f_y}{E}}$ 的物理意义是什么？用它来表达长细比有什么优点？

3. 对格构式轴心受压构件绕虚轴（x 轴）的整体稳定计算，为什么要采用换算长细比？

4. 缀条式格构柱轴心受压时，构件的剪力如何计算？缀材的受力如何考虑？

【答案】

1. 答： 所谓柱子曲线，就是以正则化长细比 λ_n 为横轴，以稳定系数 φ 为纵轴的轴心受压柱稳定承载力曲线。计算表明，长细比相同时，这些曲线呈带状分布。88 版钢结构设计规范经统计分析后归纳为 a、b、c 三类，共 3 条曲线。2003 版规范又考虑了厚度大于等于 40mm 的情况，增加了 d 类一条曲线。

2. 答： 依据欧拉公式，有 $\sigma_{cr} = \dfrac{\pi^2 E}{\lambda^2}$，令其等于 f_y，则可以解出此时对应的长细比为 $\pi\sqrt{\dfrac{E}{f_y}}$，将一个长细比与此特定的长细比相除就是通用长细比（或称正则化长细比），即 $\lambda_n = \dfrac{\lambda}{\pi}\sqrt{\dfrac{f_y}{E}}$。使用"通用长细比"这一概念来研究稳定承载力，可以不必考虑 f_y 不同造成的影响。

3. 答： 格构式轴心受压构件绕虚轴发生失稳时，由于弯曲引起的附加剪力要由比较柔弱的缀材承受，导致的变形较大，造成的承载力降低不容忽视。因此，规范规定采用放大了的换算长细比计算绕虚轴的稳定性。

4. 答： 缀条式格构柱轴心受压时，构件的剪力计算公式为 $V = \dfrac{Af}{85}\sqrt{\dfrac{f_y}{235}}$，并假定沿构件长度均匀分布。一个缀条的受力可以按照平行弦桁架计算，$N_t = \dfrac{V_b}{n\cos\alpha}$，$V_b$ 为分配到一个缀材面的剪力，n 为承受剪力 V_b 的斜缀条数，α 为斜缀条与水平线的夹角。

第6章 受弯构件（梁）

6.1 学习思路

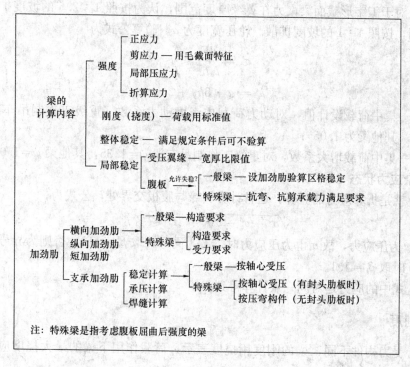

图 6-1 本章学习思路

6.2 主要内容

6.2.1 梁的强度

1. 正应力

梁的正应力按照下式计算：

$$\frac{M_x}{\gamma_x W_{nx}} + \frac{M_y}{\gamma_y W_{ny}} \leqslant f \tag{6-1}$$

这相当于按照材料力学的方法计算，只不过考虑了截面的塑性发展。

规范规定，当受压翼缘的自由外伸宽度与厚度之比大于 $13\sqrt{235/f_y}$，小于等于 $15\sqrt{235/f_y}$ 时，取 $\gamma_x = 1.0$；对需要计算疲劳的梁，取 $\gamma_x = \gamma_y = 1.0$。

2. 剪应力

梁的剪应力计算与材料力学中规定相同，即

$$\tau_{max} = \frac{VS}{It_w} \leqslant f_v \qquad (6\text{-}2)$$

这里，截面不考虑孔洞削弱，也不考虑塑性发展，实际上是一种近似。

3. 局部压应力

梁受集中荷载作用而该位置又无加劲肋时，应计算局部压应力。此时，集中力实际上会有扩散。对于工字形截面梁，力在翼缘厚度范围，认为按照 1：2.5 的坡度扩散；在轨道高度范围，按照 1：1 的坡度扩散。轮压宽度为 a。验算公式为

$$\sigma_c = \frac{\psi F}{l_z t_w} \leqslant f \qquad (6\text{-}3)$$

$$l_z = a + 5h_y + 2h_R \qquad (6\text{-}4)$$

式中 F——集中荷载设计值，对动力荷载应考虑动力系数（重级工作制吊车梁为 1.1，其他梁为 1.05）；

ψ——集中荷载增大系数，对重级工作制吊车梁 $\psi=1.35$，其他梁 $\psi=1.0$。

4. 复杂应力状态

本质上就是折算应力的验算，通常计算翼缘与腹板交界处，公式为

$$\sqrt{\sigma^2 + \sigma_c^2 - \sigma\sigma_c + 3\tau^2} \leqslant \beta_1 f \qquad (6\text{-}5)$$

由于 σ_c 为压应力，故 σ 也为压应力时二者为同号，取 $\beta_1=1.2$，否则为异号，取 $\beta_1=1.1$。$\sigma_c=0$ 时取 $\beta_1=1.1$。

注意，式中的应力是对同一点计算得到。

6.2.2 刚度

与轴心受力构件不同，梁的刚度用挠度表示，荷载作用下梁的最大挠度应小于容许值。公式表达为

$$v \leqslant [v] \qquad (6\text{-}6)$$

最大挠度按照材料力学的方法求得，计算时荷载应采用标准值。梁的挠度容许值 $[v]$ 依据规范规定取用，分为 $[v_T]$（由全部荷载标准值产生的挠度容许值）和 $[v_Q]$（由可变荷载标准值产生的挠度容许值），$[v_T]$ 主要反映观感而 $[v_Q]$ 主要反映使用条件。在验算 $v \leqslant [v_T]$ 时，公式左边可按挠度计算值减去起拱度取值。

6.2.3 梁的整体稳定

1. 梁的整体失稳概念

梁在弯矩 M_x 作用下，会在弯矩作用平面内（绕 x 轴）产生挠度，此挠度随弯矩增大而增大。当弯矩增大到一定数值时，梁将突然发生侧向弯曲（绕 y 轴）同时还伴随着扭转，丧失承载能力。这种现象称梁发生弯扭屈曲或梁整体失稳破坏，对应的弯矩称作临界弯矩，记作 M_{cr}。

2. 影响梁临界弯矩 M_{cr} 的因素

（1）梁截面的尺寸。梁的侧向抗弯刚度 EI_y、抗扭刚度 GI_t 和抗翘曲刚度 EI_ω 越大，

则 M_{cr} 越大。另外,加强受压翼缘会使 M_{cr} 提高。

(2) 梁侧向支承点的距离。梁侧向支承点距离 l 越小,则 M_{cr} 越大。

(3) 横向荷载在截面上的作用位置。荷载作用在剪心位置以下时,取得的 M_{cr} 大。

(4) 荷载类型。跨中集中荷载、均布荷载、均匀弯矩 3 种情况相比,M_{cr} 依次减小。

3. 验算梁整体稳定的公式

梁的整体稳定按照下式验算:

$$\frac{M_x}{\varphi_b W_x} \leqslant f \tag{6-7}$$

式中 φ_b——整体稳定系数;

  M_x——区段内的最大弯矩;

  W_x——按受压翼缘确定的梁毛截面模量。

规范规定,满足下面的要求时可以不必验算梁的整体稳定:

(1) 有面板(各种钢筋混凝土板和钢板)密铺在梁的受压翼缘上并与其牢固连接,能阻止梁受压翼缘的侧向位移时。

(2) H 型钢或等截面工字形简支梁受压翼缘的自由长度 l_1 与其宽度 b_1 之比不超过规范规定的数值时(见表 6-1)。

不必计算梁整体稳定性的 l_1/b_1 限值 表 6-1

钢 号	跨中无侧向支承点的梁		跨中受压翼缘有侧向支承点的梁,不论荷载作用于何处
	荷载作用在上翼缘	荷载作用在下翼缘	
Q235	13.0	20.0	16.0
Q345	10.5	16.5	13.0
Q390	10.0	15.5	12.5
Q420	9.5	15.0	12.0

注:其他钢号的梁不需计算整体稳定性的最大 l_1/b_1 值,应取 Q235 钢的数值乘以 $\sqrt{235/f_y}$。

对跨中无侧向支承点的梁,l_1 为其跨度;对跨中有侧向支承点的梁,l_1 为受压翼缘侧向支承点间的距离(梁的支座处视为有侧向支承)。

(3) 箱形截面的简支梁,其截面尺寸满足 $h/b_0 \leqslant 6$,且 $l_1/b_0 \leqslant 95\ (235/f_y)$ 时。

4. φ_b 的计算公式

分为以下 5 种情况:

(1) 等截面工字形(含 H 型钢)简支梁

等截面焊接工字形和轧制 H 型钢简支梁的整体稳定系数按下式计算:

$$\varphi_b = \beta_b \frac{4320}{\lambda_y^2} \cdot \frac{Ah}{W_x} \left[\sqrt{1 + \left(\frac{\lambda_y t_1}{4.4h}\right)^2} + \eta_b \right] \frac{235}{f_y} \tag{6-8}$$

式中 β_b——工字形截面简支梁的等效弯矩系数,查表得到;

  λ_y——梁在侧向支承点间对截面弱轴 y 的长细比,$\lambda_y = l_1/i_y$;

A、h、t_1——分别为梁的毛截面面积,梁高和受压翼缘的厚度;

η_b——截面不对称影响系数，双轴对称工字形截面，$\eta_b=0$；加强受压翼缘工字形截面，$\eta_b=0.8(2\alpha_b-1)$；加强受拉翼缘工字形截面 $\eta_b=2\alpha_b-1$，$\alpha_b=\dfrac{I_1}{I_1+I_2}$，$I_1$ 和 I_2 分别为受压翼缘和受拉翼缘对 y 轴的惯性矩。

（2）热轧普通工字钢简支梁

由于热轧普通工字钢的截面与焊接工形截面不同，它的翼缘厚度是变化的，翼缘与腹板交接处圆角加厚占比例较大，因此公式（6-8）不再适用。规范为此编制了 φ_b 表格（见附表 1-15），可直接查表得到。

（3）热轧槽钢简支梁

热轧槽钢简支梁的整体稳定系数，不论荷载的形式和荷载作用点在截面上的位置如何，均按下式计算：

$$\varphi_b=\frac{570bt}{l_1h}\cdot\frac{235}{f_y} \tag{6-9}$$

式中，h、b、t 分别为槽钢截面的高度，翼缘的宽度和平均厚度。

（4）双轴对称等截面工字形（含 H 型钢）悬臂梁

双轴对称工字形等截面（含 H 型钢）悬臂梁的整体稳定系数，仍可按照式（6-8）计算，但是，式中用到的系数 β_b 应另外查表得到（见附表 1-16）。

（5）受均匀弯曲且 $\lambda_y \leqslant 120\sqrt{235/f_y}$ 的梁

以下 φ_b 计算公式主要用于压弯构件平面外稳定性验算时使用。

对于工字形（含 H 形）截面，按照下式计算：

双轴对称

$$\varphi_b=1.07-\frac{\lambda_y^2}{44000}\cdot\frac{f_y}{235} \tag{6-10}$$

单轴对称

$$\varphi_b=1.07-\frac{W_x}{(2\alpha_b+0.1)Ah}\cdot\frac{\lambda_y^2}{14000}\cdot\frac{f_y}{235} \tag{6-11}$$

式中，$\alpha_b=\dfrac{I_1}{I_1+I_2}$，$I_1$、$I_2$ 分别为受压、受拉翼缘对 y 轴的惯性矩

对于 T 形截面，区分两种情况：

①弯矩使翼缘受压时

双角钢组成的 T 形截面

$$\varphi_b=1-0.0017\lambda_y\sqrt{f_y/235} \tag{6-12}$$

钢板组成的 T 形截面、剖分 T 型钢

$$\varphi_b=1-0.0022\lambda_y\sqrt{f_y/235} \tag{6-13}$$

②弯矩使翼缘受拉且腹板宽厚比不大于 $18\sqrt{235/f_y}$ 时

$$\varphi_b=1-0.0005\lambda_y\sqrt{f_y/235} \tag{6-14}$$

以上 5 种计算 φ_b 的情况，前 4 种情况若计算出的 $\varphi_b > 0.6$ 时，应以 φ_b' 代替 φ_b。公式为

$$\varphi_b' = 1.07 - \frac{0.282}{\varphi_b} \leqslant 1 \tag{6-15}$$

第 5 种情况，由于这些公式已考虑了非弹性屈曲问题，当算得的 $\varphi_b > 0.6$ 时，不需要再换算成 φ_b'。

6.2.4 局部稳定

1. 受压翼缘

受压翼缘的自由外伸宽度与厚度之比应满足

$$\frac{b'}{t} \leqslant 15\sqrt{235/f_y} \tag{6-16}$$

若考虑截面塑性发展，该限值应从严，须满足

$$\frac{b'}{t} \leqslant 13\sqrt{235/f_y} \tag{6-17}$$

这就是梁强度验算时若 $\frac{b'}{t}$ 大于 $13\sqrt{235/f_y}$ 小于等于 $15\sqrt{235/f_y}$ 则取 $\gamma_x = 1.0$ 的依据。

2. 腹板

通常，并不采用加厚腹板的方法使腹板的高厚比满足限值要求，而是采取设置加劲肋来保证。

设置加劲肋的步骤如下：

（1）判断何种情况应该设置加劲肋

①当 $h_0/t_w \leqslant 80\sqrt{235/f_y}$ 时，对有局部压应力（$\sigma_c \neq 0$）的梁，应按构造要求配置横向加劲肋；对 $\sigma_c = 0$ 的梁，可不配置加劲肋。

②当 $h_0/t_w > 80\sqrt{235/f_y}$ 时，应配置横向加劲肋。其中，当 $h_0/t_w > 170\sqrt{235/f_y}$（受压翼缘扭转受到约束，如连有刚性铺板、制动板或焊有钢轨时）或 $h_0/t_w > 150\sqrt{235/f_y}$（受压翼缘扭转未受到约束），或按计算需要时，应在弯曲应力较大区格的受压区配置纵向加劲肋。局部压应力很大的梁，必要时尚宜在受压区配置短加劲肋。

任何情况下，h_0/t_w 均不应超过 250。该限值是为了防止初挠曲过大和焊接时翘曲，因此，和钢材屈服强度无关。

以上所述，h_0 为腹板的计算高度。对于单轴对称截面梁，当确定是否要配置纵向加劲肋时，h_0 应取腹板受压区高度 h_c 的 2 倍。t_w 为腹板的厚度。

（2）初步选定加劲肋的间距，对区格进行稳定验算

腹板区格局部稳定验算所采用的公式见表 6-2。

3. 中间加劲肋的构造要求

加劲肋宜在腹板两侧成对配置，也允许单侧配置，但支承加劲肋和重级工作制吊车梁的加劲肋不应单侧配置。

腹板区格局部稳定验算　　　　　　　　　　　　表 6-2

类型	公　　式	说　　明
仅配置横向加劲肋的腹板	$$\left(\frac{\sigma}{\sigma_{cr}}\right)^2 + \frac{\sigma_c}{\sigma_{c,cr}} + \left(\frac{\tau}{\tau_{cr}}\right)^2 \leqslant 1 \qquad (6\text{-}18)$$ $$\sigma = Mh_c/I, \tau = V/(h_w t_w), \sigma_c = F/(t_w l_z)$$ $\sigma_{cr}:$ 　$\lambda_b \leqslant 0.85$ 　　　$\sigma_{cr} = f$ 　　　　　　　$(6\text{-}19a)$ 　$0.85 < \lambda_b \leqslant 1.25$ 　$\sigma_{cr} = [1 - 0.75(\lambda_b - 0.85)]f$ 　$(6\text{-}19b)$ 　$\lambda_b > 1.25$ 　　　$\sigma_{cr} = 1.1f/\lambda_b^2$ 　　　　$(6\text{-}19c)$ 受压翼缘扭转受到约束 $$\lambda_b = \frac{2h_c/t_w}{177}\sqrt{\frac{f_y}{235}} \qquad (6\text{-}19d)$$ 梁受压翼缘未受到约束 $$\lambda_b = \frac{2h_c/t_w}{153}\sqrt{\frac{f_y}{235}} \qquad (6\text{-}19e)$$ $\tau_{cr}:$ 　$\lambda_s \leqslant 0.8$ 　　　$\tau_{cr} = f_v$ 　　　　　　　$(6\text{-}20a)$ 　$0.8 < \lambda_s \leqslant 1.2$ 　$\tau_{cr} = [1 - 0.59(\lambda_s - 0.8)]f_v$ 　$(6\text{-}20b)$ 　$\lambda_s > 1.2$ 　　　$\tau_{cr} = 1.1f_v/\lambda_s^2$ 　　　$(6\text{-}20c)$ 　$a/h_0 \leqslant 1.0$ 　$\lambda_s = \dfrac{h_0/t_w}{41\sqrt{4 + 5.34\,(h_0/a)^2}} \cdot \sqrt{\dfrac{f_y}{235}}$ 　$(6\text{-}20d)$ 　$a/h_0 > 1.0$ 　$\lambda_s = \dfrac{h_0/t_w}{41\sqrt{5.34 + 4\,(h_0/a)^2}} \cdot \sqrt{\dfrac{f_y}{235}}$ 　$(6\text{-}20e)$ $\sigma_{c,cr}:$ 　$\lambda_c \leqslant 0.9$ 　　　$\sigma_{c,cr} = f$ 　　　　　　$(6\text{-}21a)$ 　$0.9 < \lambda_c \leqslant 1.2$ 　$\sigma_{c,cr} = [1 - 0.79(\lambda_c - 0.9)]f$ 　$(6\text{-}21b)$ 　$\lambda_c > 1.2$ 　　　$\sigma_{c,cr} = 1.1f/\lambda_c^2$ 　　$(6\text{-}21c)$ 　$0.5 \leqslant a/h_0 \leqslant 1.5$ $$\lambda_c = \frac{h_0/t_w}{28\sqrt{10.9 + 13.4\,(1.83 - a/h_0)^3}}\sqrt{\frac{f_y}{235}} \quad (6\text{-}21d)$$ 　$1.5 < a/h_0 \leqslant 2.0$ $$\lambda_c = \frac{h_0/t_w}{28\sqrt{18.9 - 5a/h_0}}\sqrt{\frac{f_y}{235}} \qquad (6\text{-}21e)$$	σ—所计算腹板区格内，由平均弯矩产生的腹板计算高度边缘的弯曲压应力； τ—所计算腹板区格内，由平均剪力产生的腹板平均剪应力； σ_c—腹板计算高度边缘的局部压应力； σ_{cr}、τ_{cr}、$\sigma_{c,cr}$—腹板受弯、受剪和局部受压单独作用下的临界应力； λ_b、λ_s、λ_c—腹板受弯、受剪和局部受压计算时的通用高厚比； h_c—梁受弯时腹板的受压区高度，双轴对称截面，$h_0 = 2h_c$； a—横向加劲肋的间距
配置横向和纵向加劲肋的腹板	受压翼缘与纵向加劲肋之间的区格 $$\frac{\sigma}{\sigma_{cr1}} + \left(\frac{\sigma_c}{\sigma_{c,cr1}}\right)^2 + \left(\frac{\tau}{\tau_{cr1}}\right)^2 \leqslant 1 \qquad (6\text{-}22)$$ σ_{cr1} 按公式（6-19）计算，但式中的 λ_b 以下列的 λ_{b1} 代替： 受压翼缘扭转受到约束 $$\lambda_{b1} = \frac{h_1/t_w}{75}\sqrt{\frac{f_y}{235}} \qquad (6\text{-}23a)$$ 梁受压翼缘未受到约束 $$\lambda_{b1} = \frac{h_1/t_w}{64}\sqrt{\frac{f_y}{235}} \qquad (6\text{-}23b)$$ τ_{cr1} 按式（6-20）计算，但式中的 h_0 以 h_1 代替； $\sigma_{c,cr1}$ 按式（6-19）计算，但式中的 λ_b 用下面的 λ_{c1} 代替： 受压翼缘扭转受到约束 $$\lambda_{c1} = \frac{h_1/t_w}{56}\sqrt{\frac{f_y}{235}} \qquad (6\text{-}24a)$$ 梁受压翼缘未受到约束 $$\lambda_{c1} = \frac{h_1/t_w}{40}\sqrt{\frac{f_y}{235}} \qquad (6\text{-}24b)$$	σ_2—所计算腹板区格内由平均弯矩产生的腹板在纵向加劲肋处的弯曲压应力； σ_{c2}—腹板在纵向加劲肋处的横向压应力，取 $0.3\sigma_c$； h_1—纵向加劲肋至腹板计算高度受压边缘的距离

类型	公 式	说 明
配置横向和纵向加劲肋的腹板	受拉翼缘与纵向加劲肋之间的区格 $$\left(\frac{\sigma_2}{\sigma_{cr2}}\right)^2 + \frac{\sigma_{c2}}{\sigma_{c,cr2}} + \left(\frac{\tau}{\tau_{cr2}}\right)^2 \leqslant 1 \qquad (6\text{-}25)$$ σ_{cr2} 按式（6-19）计算，但式中 λ_b 改为 λ_{b2}： $$\lambda_{b2} = \frac{h_2/t_w}{194}\sqrt{\frac{f_y}{235}} \qquad (6\text{-}26)$$ τ_{cr2} 按式（6-20）计算，但式中 h_0 改为 h_2，$h_2 = h_0 - h_1$。 $\sigma_{c,cr2}$ 按式（6-21）计算，但式中的 h_0 改为 h_2，当 $a/h_2 > 2.0$ 时，取 $a/h_2 = 2.0$。	σ_2——所计算腹板区格内由平均弯矩产生的腹板在纵向加劲肋处的弯曲压应力； σ_{c2}——腹板在纵向加劲肋处的横向压应力，取 $0.3\sigma_c$； h_1——纵向加劲肋至腹板计算高度受压边缘的距离
设置短加劲肋的区格	受压翼缘与纵向加劲肋之间的区格 $$\frac{\sigma}{\sigma_{cr1}} + \left(\frac{\sigma_c}{\sigma_{c,cr1}}\right)^2 + \left(\frac{\tau}{\tau_{cr1}}\right)^2 \leqslant 1 \qquad (6\text{-}27)$$ σ_{cr1} 按式（6-19）计算，但式中的 λ_b 用式（6-23）中的 λ_{b1} 代替；τ_{cr1} 按式（6-20）计算，但将 h_0 和 a 改为 h_1 和 a_1，a_1 为短加劲肋的间距。 $\sigma_{c,cr1}$ 按式（6-19）计算，但将 λ_b 改为 λ_{c1} 代替： 对 $a_1/h_1 \leqslant 1.2$ 的区格 受压翼缘扭转受到约束 $$\lambda_{c1} = \frac{a_1/t_w}{87}\sqrt{\frac{f_y}{235}} \qquad (6\text{-}28a)$$ 梁受压翼缘未受到约束 $$\lambda_{c1} = \frac{a_1/t_w}{73}\sqrt{\frac{f_y}{235}} \qquad (6\text{-}28b)$$ 对 $a_1/h_1 > 1.2$ 的区格，式（6-28）右侧应乘以 $1/\sqrt{0.4 + 0.5a_1/h_1}$	

注：轻、中级工作制吊车梁计算腹板的稳定性时，吊车轮压设计值可乘以折减系数 0.9。

横向加劲肋的最小间距为 $0.5h_0$，最大间距为 $2h_0$（对于 $\sigma_c = 0$ 的梁，当 $h_0/t_w \leqslant 100$ 时，可采用 $2.5h_0$）。纵向加劲肋至腹板计算高度受压边缘的距离应在 $h_c/2.5 \sim h_c/2$ 范围内。

中间加劲肋的尺寸应满足下列要求：

（1）在腹板两侧成对配置的钢板横向加劲肋，其截面外伸宽度和厚度应符合下列要求：

$$b_s \geqslant \frac{h_0}{30} + 40 \quad (\text{mm}) \qquad (6\text{-}29)$$

$$t_s \geqslant \frac{b_s}{15} \qquad (6\text{-}30)$$

仅在腹板一侧配置的钢板横向加劲肋，其外伸宽度应大于按式（6-29）算得的 1.2 倍，厚度应不小于其外伸宽度的 1/15。

（2）同时用横向、纵向加劲肋加强的腹板，应在其相交处将纵向加劲肋断开，横向加劲肋保持连续。此时，横向加劲肋的截面尺寸除应满足上述规定外，其截面绕 z 轴的惯性矩尚应符合下式要求：

$$I_z \geqslant 3h_0 t_w^3 \qquad (6\text{-}31)$$

纵向加劲肋截面绕 y 轴惯性矩 I_y 应符合下式要求：

当 $a/h_0 \leqslant 0.85$ 时，$\qquad I_y \geqslant 1.5h_0 t_w^3 \qquad (6\text{-}32a)$

当 $a/h_0 > 0.85$ 时，$\quad I_y \geqslant \left(2.5 - 0.45\dfrac{a}{h_0}\right)\left(\dfrac{a}{h_0}\right)^2 h_0 t_w^3 \qquad (6\text{-}32b)$

以上惯性矩计算时，加劲肋若是关于腹板双侧布置，轴线取为腹板中心线；若是一侧布置，则取为加劲肋与腹板相连的边缘。

（3）短加劲肋的最小间距为 $0.75h_1$，短加劲肋的厚度不小于其外伸宽度的 $1/15$，其外伸宽度应取横向加劲肋外伸宽度的 $0.7\sim1.0$ 倍。

（4）用型钢做成的加劲肋，其截面惯性矩不得小于相应钢板加劲肋的惯性矩。

为避免焊缝过于集中，通常横向加劲肋端部应切去斜角，以使梁的翼缘焊缝连续通过。在纵向加劲肋和横向加劲肋交接处，纵向加劲肋也应切去斜角，以使横向加劲肋与腹板的连接焊缝连续通过。

吊车梁及钢桥主梁等长期承受动力荷载的梁，其横向加劲肋的上端应刨平与上翼缘顶紧，也可焊接，中间横向加劲肋的下端一般在距受拉翼缘 $50\sim100$mm 处断开，不应与受拉翼缘焊接，以改善梁的抗疲劳性能。

4. 支承加劲肋

支承加劲肋是指承受固定集中荷载或梁支座反力的横向加劲肋。这种加劲肋应在腹板两侧成对布置，其截面通常较中间横向加劲肋的截面为大。支承加劲肋除应满足前述的中间加劲肋构造要求外，还需要进行以下计算。

（1）支承加劲肋的稳定计算

梁的支承加劲肋应按承受梁支座反力或固定集中荷载的轴心受压构件计算在腹板平面外的稳定性。计算公式如下：

$$\frac{N}{\varphi A} \leqslant f \qquad (6\text{-}33)$$

式中　N——支承加劲肋所承受的支座反力或集中荷载；

　　　A——加劲肋和加劲肋每侧不超过 $15t_w\sqrt{235/f_y}$（t_w 为腹板厚度）范围内的腹板面积；

　　　φ——轴心受压稳定系数。由于腹板能有效地阻止该 T 形（或十字形）截面构件扭转的发生，故可不考虑扭转的作用而由 $\lambda = l_0/i_z$ 确定稳定系数 φ。计算长度 l_0 可取为腹板计算高度 h_0，i_z 为绕 z 轴的回转半径。

（2）承压强度计算

梁的支承加劲肋的端部应按其所承受的支座反力或固定集中荷载进行强度验算，当加劲肋端部刨平顶紧时，其端面承压应力按下式计算：

$$\sigma = \frac{N}{A_{ce}} \leqslant f_{ce} \qquad (6\text{-}34)$$

式中　A_{ce}——支承加劲肋与翼缘板或柱顶板相接触的面积（即承压面积）；

　　　f_{ce}——钢材的端面承压（刨平顶紧）强度设计值。

（3）支承加劲肋的焊缝计算

支承加劲肋与腹板间的连接焊缝应按承受全部集中力计算，并假定应力沿焊缝全长均匀分布，故不必考虑 l_w 是否大于限值 $60h_f$。

6.2.5　考虑腹板屈曲后强度的梁

规范规定，承受静力荷载和间接承受动力荷载的组合梁宜考虑腹板屈曲后强度。此时，腹板的高厚比仍不得大于 250。

1. 抗弯和抗剪承载力验算

工字形截面焊接组合梁考虑腹板屈曲后强度后，抗弯和抗剪承载力采用下列相关公式验算：

$$\left(\frac{V}{0.5V_u}-1\right)^2+\frac{M-M_f}{M_{eu}-M_f}\leqslant 1.0 \tag{6-35}$$

$$M_f=\left(A_{f1}\frac{h_1^2}{h_2}+A_{f2}h_2\right)f \tag{6-36}$$

式中　M、V——梁同一截面上同时产生的弯矩和剪力设计值；

当 $V<0.5V_u$ 时，取 $V=0.5V_u$，当 $M<M_f$ 时，取 $M=M_f$；

M_f——梁两翼缘所承担的弯矩设计值；

A_{f1}、h_1——较大翼缘的截面积及其形心至中和轴的距离；

A_{f2}、h_2——较小翼缘的截面积及其形心至中和轴的距离；

M_{eu}、V_u——梁腹板屈曲后的抗弯和抗剪承载力设计值。

2. 抗剪承载力 V_u

梁腹板初始屈曲之后，由于拉应力场作用，整个梁会像桁架一样工作。中间加劲肋在初始屈曲之前不受荷载，这时会受压。结果，梁腹板在完全破坏前可以承受的荷载增加。

规范规定，梁抗剪承载力 V_u 按照下列公式计算：

$\lambda_s\leqslant 0.8$ 时　　　　$V_u=h_wt_wf_v$ （6-37a）

$0.8<\lambda_s\leqslant 1.2$ 时　　$V_u=h_wt_wf_v[1-0.5(\lambda_s-0.8)]$ （6-37b）

$\lambda_s>1.2$ 时　　　　$V_u=h_wt_wf_v/\lambda_s^{1.2}$ （6-37c）

式中，λ_s 为用于腹板抗剪计算时的通用高厚比，按式（6-20）计算。

3. 梁抗弯承载力 M_{eu}

考虑腹板屈曲后强度梁的抗弯承载力可按照有效截面计算，公式为：

$$M_{eu}=\gamma_x\alpha_eW_xf \tag{6-38}$$

$$\alpha_e=1-\frac{(1-\rho)h_c^3t_w}{2I_x} \tag{6-39}$$

式中　I_x——按梁截面全部有效算得的绕 x 轴的惯性矩；

h_c——按梁截面全部有效算得的腹板受压区高度；

ρ——腹板受压区有效高度系数。

当 $\lambda_b>1.25$ 时　　　　$\rho=(1-0.2/\lambda_b)/\lambda_b$ （6-40a）

当 $0.85<\lambda_b\leqslant 1.25$ 时　$\rho=1-0.82(\lambda_b-0.85)$ （6-40b）

当 $\lambda_b\leqslant 0.85$ 时　　　$\rho=1.0$ （6-40c）

4. 加劲肋的设置

当仅设置支承加劲肋不能满足公式（6-35）的要求时，应在腹板两侧成对设置中间横向加劲肋以减小区格的长度。横向加劲肋的间距 a 通常取 $(1\sim2)h_0$。横向加劲肋的截面尺寸应满足构造要求。

由于拉应力场的作用，中间横向加劲肋会承受初始屈曲剪力和最终破坏剪力的差值。这样，当还有集中荷载作用于加劲肋之上时，加劲肋应按承受轴心压力的构件计算，压力设计值为：

$$N_s = V_u - \tau_{cr}h_w t_w + F \tag{6-41}$$

梁端部有两种处理方法，如图 6-2 所示。对于图 6-2 (a)，当支座加劲肋和它相邻的腹板利用屈曲后强度时（对应于 $\lambda_s > 0.8$），必须考虑拉力场水平分力 H 的影响，按压弯构件计算其在腹板平面外的稳定。构件计算长度取为 h_0，截面应考虑加劲肋每侧 $15t_w\sqrt{235/f_y}$ 范围内的腹板。H 的作用点在距腹板计算高度上边缘 $h_0/4$ 处（据此计算弯矩值），H 的设计值按照下式计算：

$$H = (V_u - \tau_{cr}h_w t_w)\sqrt{1 + (a/h_0)^2} \tag{6-42}$$

式中，a 的取值，对设中间横向加劲肋的梁，取支座端区格的加劲肋间距；对不设中间加劲肋的腹板，取梁支座至跨内剪力为零点的距离。

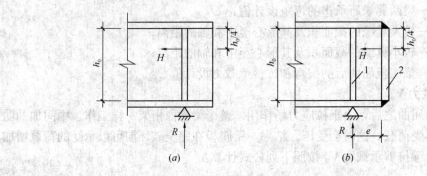

图 6-2 梁端部的加劲肋

中间横向加劲肋间距较大（$a > 2.5h_0$）和不设置中间横向加劲肋的腹板，当满足仅设横向加劲肋的相关公式（6-18）时，相当于腹板不会发生屈曲，因此取 $H=0$。

当支座加劲肋采用图 6-2 (b) 的构造形式时，加劲肋 1、封头肋板 2 以及二者间的腹板组成一个竖放的短梁，水平力由该简支梁承受。据此，加劲肋 1 可视为承受支座反力 R 的轴心受压构件，同时，封头肋板的截面积 A_c 应满足下式要求：

$$A_c = \frac{3h_0 H}{16ef} \tag{6-43}$$

6.3 疑 问 解 答

1. 问： W 一直称作"截面抵抗矩"，现在为何改称"截面模量"了？

答：《工程结构设计基本术语和通用符号》GBJ 132—90 中规定，截面模量（抵抗矩）英文为 section modulus，定义为：截面对其形心轴的惯性矩与截面上最远点至形心轴距离的比值。

2. 问： 截面塑性发展系数表格（见本书附表 1-12）的第 3 和第 4 项，γ_x 有两个值，

$\gamma_{x1}=1.05$，$\gamma_{x2}=1.2$，这是什么意思？

答： 由于截面关于 x 轴不对称，所以，可能需要验算 1 点或者 2 点的应力，这时，计算 1 点的应力用 γ_{x1}，计算 2 点的应力用 γ_{x2}。

3. 问： "纯弯曲的梁"、"均匀弯曲的梁" 和 "承受均匀弯矩的梁" 各指怎样的情况？

答： 三种称谓的含义是相同的，指梁沿长度方向所承受的弯矩均相等。"纯弯曲"对应的英文是 pure bending，"均匀弯矩"对应的英文是 uniform moment。

4. 问： 同一个梁，承受不同类型的荷载，如何确定临界弯矩的高低？

答： 首先需要明确，荷载的位置是会对临界弯矩产生影响的，所以，比较临界弯矩时，通常应指出荷载位置在剪心水平。或者说，默认的是荷载位置处于剪心水平。

美国钢结构规范 ANSI/AISC 360—2005 中给出一个系数，此系数考虑侧向支承点范围内的弯矩变化影响，纯弯曲时为 1，其他情况，计算公式为

$$\frac{12.5M_{max}}{2.5M_{max}+3M_A+4M_B+3M_C} \tag{6-44}$$

式中，M_{max}、M_A、M_B、M_C 分别为区段内的最大弯矩、1/4 位置处弯矩、1/2 位置处弯矩和 3/4 位置处弯矩。系数越大，临界弯矩越大。

5. 问： 翼缘上承受均布荷载的梁，是否需要计算局部压应力？

答：《钢结构设计规范》4.1.3 条指出，当梁上翼缘受有沿腹板平面作用的集中荷载，且该荷载处又未设置支承加劲肋时，才计算腹板计算高度上边缘的局部压应力。另外对支座处不设置支承加劲肋的情况也要计算，但 $\psi=1.0$。也就是说，计算局部压应力的前提是某截面处承受集中荷载且未设置支承加劲肋。陈绍蕃《钢结构基础》（中国建筑工业出版社，2003 版）第 62 页明确指出，对于翼缘上承受均布荷载的梁，因腹板上边缘的局部压应力不大，不需要进行局部压应力的验算。

6. 问： 如何理解腹板加劲肋设置中的 "通用高厚比" 概念？

答： 薄板在纯弯曲作用下的稳定临界应力，可以表达为

$$\sigma_{cr}=\frac{\chi K\pi^2 E}{12(1-\mu^2)}\left(\frac{t}{b}\right)^2 \tag{6-45}$$

式中　χ——弹性嵌固系数；

K——屈曲系数，与受力状况有关；

μ——泊松比；

t——板厚；

b——加荷边的宽度。

将其与轴心受压构件的欧拉临界应力公式 $\sigma_{cr}=\frac{\pi^2 E}{\lambda^2}$ 对照，可见二者十分相似。若令二者相等，并将这时的长细比记作 λ_{eq}，则有

$$\lambda_{eq}=\sqrt{\frac{12(1-\mu^2)}{\chi K}}\cdot\left(\frac{b}{t}\right) \tag{6-46}$$

具体到腹板，由于这时板厚记作 t_w，b 通常就是腹板高度 h_0，于是上式改写成

$$\lambda_{eq}=\sqrt{\frac{12(1-\mu^2)}{\chi K}}\cdot\left(\frac{h_0}{t_w}\right) \tag{6-47}$$

对于不同的受力情况以及边界约束，只是根号内的值有所不同而已。

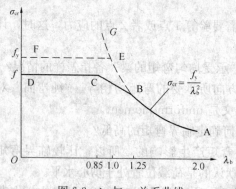

图 6-3　λ_b 与 σ_{cr} 关系曲线

我国规范中的"通用长细比"也是采用上述的思路，认为板件临界应力与长细比的平方呈倒数关系，只不过记作 $\sigma_{cr}=f_y/\lambda_b^2$，并把 τ_{cr}（板受纯剪切时的临界应力，对应的长细比记作 λ_s）、$\sigma_{c.cr}$（板受横向压力时的临界应力，对应的长细比记作 λ_c）也如此表达，于是，板的临界应力计算公式得到统一，并将这里的长细比概念称作"通用高厚比"。

从临界应力与"通用高厚比"的关系曲线理解规范的规定会更清楚。图 6-3 为纯弯曲时临界应力 σ_{cr} 与通用高厚比 λ_b 的关系曲线。图中，ABEF 曲线为理想情况下的 $\sigma_{cr}-\lambda_b$ 曲线，规范考虑到实际情况下缺陷的存在，将其分为三段表示，如图中的实线 ABCD 所示。τ_{cr}、$\sigma_{c.cr}$ 的情况与此类似。

7. 问："对单轴对称梁，当确定是否要配置纵向加劲肋时，h_0 应取腹板高度受压区高度 h_c 的 2 倍"，为什么要有这样的规定？另外，在本章，有时用 h_0 有时用 h_w，这两个符号有何差别？

答：对于如图 6-4 所示的腹板受纯弯曲进行研究，取 $\chi=1.66$，$K=23.9$（相当于梁受压翼缘受到约束），再令 $\sigma_{cr}\geqslant f_y$，即

$$\sigma_{cr}=\frac{\chi K\pi^2 E}{12(1-\mu^2)}\left(\frac{t_w}{h_0}\right)^2=18.6\chi K\left(\frac{100t_w}{h_0}\right)^2=7379364\left(\frac{t_w}{h_0}\right)^2\geqslant f_y$$

可得

$$\frac{h_0}{t_w}\leqslant\frac{1}{177}\sqrt{\frac{235}{f_y}}$$

即此时腹板高厚比满足局部稳定要求。若 h_0/h_w 超过限值，则应采取措施减小 h_0，即设置纵向加劲肋。

对于梁受压翼缘未受到约束时，取 $\chi=1.23$，$K=23.9$，同样步骤可得到

$$\frac{h_0}{t_w}\leqslant\frac{1}{155}\sqrt{\frac{235}{f_y}}$$

规范将 177、155 分别取整为 170、150。

由于以上研究是针对腹板（实际上理解为一个薄板可能更好一些）承受纯弯曲，默认的是受压高度与受拉区高度相等。作为工字形截面中的腹板，当加强受压翼缘时会导致 $h_c<h_0/2$，此时，若仍取 h_0 计算会低估 σ_{cr}，取 $2h_c$ 代替 h_0。

通常，h_0 表示腹板的计算高度，对于轧制型钢梁，为腹板与上、下翼缘相接处两内弧起点间的距离，对焊接组合梁，为腹板的高度。对于热轧工字钢，一般能够满足局部稳定要求，若按照轴心受力构件一章的腹板高厚比限值公

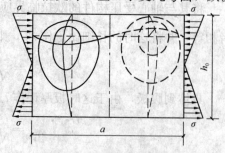

图 6-4　腹板受纯弯曲作用

式并取 λ 为最大值 100，可得到 $\frac{h_0}{t_w} \leqslant 75\sqrt{\frac{235}{f_y}}$，只需要按照构造配置加劲肋。故本章所说的配置加劲肋一般是对于组合截面而言的，这样，h_0 与 h_w 就具有同样的含义，均指腹板的高度。

8. 问：钢结构设计规范中，是不是考虑腹板屈曲后强度的梁就不需要按单独受弯和受剪验算了，也不用验算局部稳定了？

答：一般情况下（不考虑屈曲后强度时），梁需要验算强度、刚度、整体稳定和局部稳定。

但是，对于承受静力荷载和间接承受动力荷载的梁，规范规定可以考虑腹板的屈曲后强度，这时，只需要按照规范 4.4 节的内容计算即可，也就是说，不需要验算局部稳定（因为腹板可以发生失稳），也不需要按一般的单独受弯和受剪验算（因为4.4 节规定了同时受弯受剪的验算公式。若单独受剪或受弯，只是公式中的剪力或弯矩为零而已）。

9. 问：计算 φ_b 时规定了 T 形截面"弯矩使翼缘受拉且腹板宽厚比不大于 $18\sqrt{f_y/235}$ 时"的取值，那么，腹板宽厚比大于 $18\sqrt{f_y/235}$ 时该如何处理？

答：问题中所说的 φ_b 用于压弯构件弯曲作用平面外的稳定计算，因此，截面应符合压弯构件时局部稳定的要求。"弯矩使翼缘受拉"等效于"弯矩使腹板自由边受压"，而 T 形截面压弯构件当弯矩使腹板自由边受压时，规定 $\alpha_0 \leqslant 1.0$ 时 $h_0/t_w \leqslant 15\sqrt{235/f_y}$，$\alpha_0 > 1.0$ 时，$h_0/t_w \leqslant 18\sqrt{235/f_y}$，可见，不会出现腹板宽厚比大于 $18\sqrt{f_y/235}$ 的情况。

10. 问：对于梁的突缘支承加劲肋，在验算腹板平面外的稳定性时，是否需要考虑弯扭效应而采用 λ_{yz}？

答：对于 T 形截面的轴心受压构件，当绕对称轴 y 轴发生失稳时，由于所产生的剪力不通过剪心，因此会伴随扭转，从而发生弯扭屈曲。88 版钢结构规范对此是按 C 类截面处理，2003 版规范则是采用换算长细比 λ_{yz} 来考虑，见规范的 5.1.2 条第 2 款。

验算梁的突缘支承加劲肋在腹板平面外的稳定性时，由于考虑了加劲肋一侧 $15t_w\sqrt{235/f_y}$ 宽度，因此形成了 T 形截面。然而，该 T 形截面只是一个虚拟的情况，在受力上与实际的 T 形截面受压构件（例如用作腹杆时）不同：该 T 形截面沿竖向受到腹板的扭转约束，因此不会发生扭转，故用 λ_y 确定稳定系数即可。魏明钟《钢结构》（第二版）、夏志斌《钢结构——原理与设计》中均持此观点。

《钢结构设计计算示例》中，则是考虑弯扭效应，用 λ_{yz} 确定稳定系数。似乎不妥。

6.4 知 识 拓 展

1. 扇性坐标与扇性惯性矩

（1）扇性坐标及其有关概念

如图 6-5 所示，扇性坐标被定义为：

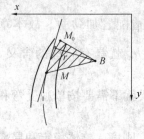

图 6-5 扇性坐标

$$\omega = \int_0^s r\,ds$$

式中，r 为 B 点至 M 点的切线的垂距；ds 为沿截面中心线的微长度。

扇性坐标的物理意义为：M 点的扇性坐标为从坐标零点 M_0 开始，沿路径 M_0M 由 BM_0 旋转至 BM 所得阴影部分面积的 2 倍。扇性坐标有正、负之分，按右手螺旋，以沿 z 轴正向为正，图中 M 点的扇性坐标为正。

令

$$S_\omega = \int \omega\,dA$$

$$I_{\omega x} = \int \omega y\,dA, \quad I_{\omega y} = \int \omega x\,dA$$

$$I_\omega = \int \omega^2\,dA$$

则称 S_ω 为扇性面积矩；$I_{\omega x}$、$I_{\omega y}$ 为扇性惯性积；I_ω 为扇性惯性矩。以上式中，$dA = t\,ds$，t 为截面厚度。

如果适当选取极点 B 以及扇性零点 M_0 的位置，可以使以下三个条件同时成立：

$$S_\omega = 0, \quad I_{\omega x} = 0, \quad I_{\omega y} = 0$$

则此时的极点 B 称作主扇性极点，M_0 称作主扇性零点，ω 称作主扇性面积，I_ω 称为主扇性惯性矩。

主扇性极点也被称作扭转中心、剪切中心（简称"剪心"）、弯曲中心。剪心是截面的一个特征，仅与截面的形状、尺寸有关，与荷载无关。截面剪心的位置具有以下规律：

①有对称轴的截面，剪心一定在对称轴上；

②双轴对称截面，剪心与形心重合；

③由矩形薄板相交于一点组成的截面，剪心必在交点上。

（2）主扇性惯性矩 I_ω 的计算

计算主扇性惯性矩 I_ω 的步骤如下：

①确定主扇性极点。截面的剪心就是主扇性极点。

②以主扇性极点为参考点，任一 M_0 点作为扇性零点，计算各点的扇性坐标，记作 ω_{M0}。

③利用下式计算得到主扇性坐标，以 ω_n 表示。

$$\omega_n = \omega_{M0} - \frac{1}{A} \int_A \omega_{M0}\,dA$$

④利用下式求 I_ω，或者采用图乘法。

$$I_\omega = \int_0^s \omega_n^2 t\,ds$$

几种常见截面的剪心位置与主扇性惯性矩 I_ω 如表 6-3 所示。

剪心位置与主扇性惯性矩 I_ω　　表 6-3

截面形式				
剪切中心 S 的位置	$a = \dfrac{b_2^3 t_2}{b_1^3 t_1 + b_2^3 t_2} h$	$a = \dfrac{3 b^2 t}{6 b t + h t_w}$	翼缘与腹板交点	角点	形心点
扇性惯性矩 I_ω	$\dfrac{h^2}{12}\left(\dfrac{b_1^3 t_1 b_2^3 t_2}{b_1^3 t_1 + b_2^3 t_2}\right)$	$\dfrac{b^3 h^2 t}{12}\left(\dfrac{3bt+2ht_w}{6bt+ht_w}\right)$	$\dfrac{1}{36}\left(\dfrac{b^3 t^3}{4}+h^3 t_w^3\right)\approx 0$	$\dfrac{1}{36}(b_1^3 t_1^3 + b_2^3 t_2^3)\approx 0$	$\dfrac{b^3 h^2 t}{12}\left(\dfrac{bt+2ht_w}{2bt+ht_w}\right)$

注：O 为形心。

下面以一个算例说明 I_ω 的计算过程。

如图 6-6 所示工字形截面，求主扇性坐标以及主扇性惯性矩 I_ω。

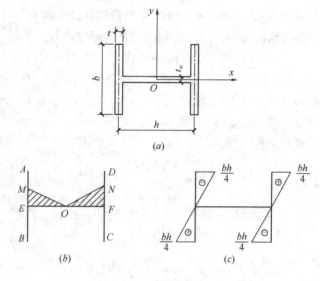

图 6-6　算例的图示

解：（1）求主扇性坐标

O 点为剪心。选腹板与翼缘的交点 E 作为扇性零点，则

①腹板 EF 上各点，$\omega=0$；

②取翼缘 EA 上任一点，记作 M（图 6-6b），则 M 点的扇性坐标为

$$\omega = -2 \times A_{\triangle OEM} = -2 \times \left(\frac{1}{2}\times\frac{h}{2}\times y_M\right) = -\frac{h y_M}{2}$$

之所以有一个负号是因为从 E 到 M 转动按照右手螺旋是沿 z 轴的负方向，或者说是顺时针，而图中从 x 轴正向转动到 y 轴正向是逆时针。

显然，EB 段扇性坐标则为正值。

③由于 E 点到 F 点之间的扇性坐标均为零，故 F 点也可视为扇性零点。于是，翼缘 FD 上任一点 N 的扇性坐标为

$$\omega = 2 \times A_{\triangle OFN} = 2 \times \left(\frac{1}{2} \times \frac{h}{2} \times y_N \right) = \frac{h y_N}{2}$$

显然，FC 段扇性坐标则为负值。

得到的扇性坐标如图 6-6（c）所示。

由于图中扇性坐标对称且只差一个正负号，翼缘厚度又不变，所以，必然有 $\frac{1}{A} \int_A \omega_{M0} \mathrm{d}A = 0$，故该扇性坐标即为主扇性坐标。

（2）求主扇性惯性矩 I_ω

对图 6-6（c）应用图乘法，则可以得到

$$\int_0^s \omega_n^2 \mathrm{d}s = 4 \times \left(\frac{1}{2} \times \frac{bh}{4} \times \frac{b}{2} \right) \times \left(\frac{2}{3} \times \frac{bh}{4} \right) = \frac{b^3 h^2}{24}$$

再考虑厚度均为 t，则

$$I_\omega = \int_0^s \omega_n^2 t \mathrm{d}s = \frac{b^3 h^2 t}{24}$$

2. 美国钢结构规范 ANSI/AISC 360—2005 中受弯构件的承载力

为方便阅读，以下用到的符号已经改为我国规范的习惯符号。

ANSI/AISC 360—2005 规范中，受弯构件承载力计算的规定颇多，其总体思路可以概述为：梁的名义承载力 M_{ux} 与截面类型和侧向支撑点间的距离有关。限于篇幅，下面仅介绍双轴对称工字形截面梁绕主轴 x 轴弯曲，且翼缘、腹板均属于 compact 的情况。此时，名义受弯承载力按照以下规定取用：

当 $l_y \leqslant l_p$ 时，不会发生侧扭屈曲

$$M_{ux} = M_p = f_y W_{px}$$

当 $l_p \leqslant l_y < l_r$ 时

$$M_{ux} = C_b \left[M_p - (M_p - 0.7 f_y W_x) \left(\frac{l_b - l_p}{l_r - l_p} \right) \right] \leqslant M_p$$

当 $l_y > l_r$ 时

$$M_{ux} = \sigma_{cr} W_x \leqslant M_p$$

以上式中，M_p 为塑性铰弯矩；l_y 为受压翼缘侧向支承点间的距离；l_p、l_r、σ_{cr} 按照下式计算

$$l_p = 1.76 i_y \sqrt{\frac{E}{f_y}}$$

$$l_r = 1.95 i_r \frac{E}{0.7 f_y} \sqrt{\frac{I_t}{W_x h}} \sqrt{1 + \sqrt{1 + 6.76 \left(\frac{0.7 f_y}{E} \frac{W_x h}{I_t} \right)^2}}$$

$$\sigma_{cr} = \frac{C_b \pi^2 E}{\left(\frac{l_y}{i_r} \right)^2} \sqrt{1 + 0.078 \frac{I_t}{W_x h} \left(\frac{l_y}{i_r} \right)^2}$$

$$i_r^2 = \frac{\sqrt{I_y I_\omega}}{W_x}$$

由于公式较繁琐，规范也指出了简化方法。

计算 σ_{cr} 时，根号内可以偏于安全取为 1.0。

由于双轴对称工字形截面存在 $I_\omega = \dfrac{I_y h^2}{4}$，于是有 $i_r^2 = \dfrac{I_y h}{2W_x}$。$i_r$ 也可以近似计算，方法是取受压翼缘和 1/6 腹板作为截面，取该截面的回转半径 i_y 作为 i_r，即

$$i_r = \frac{b_f}{\sqrt{12\left(1 + \dfrac{1}{6}\dfrac{ht_w}{b_f t_f}\right)}}$$

按下式近似计算 l_r 结果会十分保守。

$$l_r = \pi i_r \sqrt{\frac{E}{0.7 f_y}}$$

式中的 C_b 为侧扭屈曲修正系数，用以考虑非纯弯矩作用时的情况。C_b 按照下式计算：

$$C_b = \frac{12.5 M_{max}}{2.5 M_{max} + 3 M_A + 4 M_B + 3 M_C} R_m \leqslant 3$$

式中，M_{max} 为无支区段最大弯矩的绝对值；M_A、M_B、M_C 分别为无支区段 1/4、1/2、3/4 位置弯矩设计值；R_m 为截面对称性参数，双轴对称时取为 1.0。

允许对所有的荷载情况将 C_b 偏于安全取为 1.0。

得到名义受弯承载力 M_{ux} 之后，按照下式进行验算：

$$M_{ux} \leqslant \phi_b M_{ux}$$

式中，ϕ_b 取为 0.9。

6.5 典 型 例 题

1. 如图 6-7 所示的 4 种情况，在跨间均有中间侧向支承，集中荷载均作用于上翼缘。要求：计算各种情况的整体稳定等效临界弯矩系数 β_b。

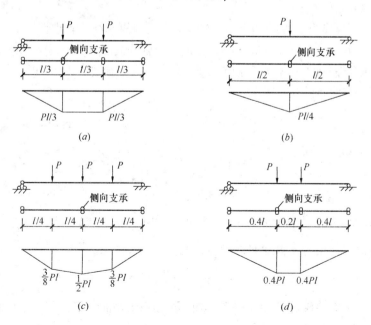

图 6-7　例题 1 的图示

解：β_b 的值需要按照附表 1-14 得到。

图 6-7 (a)，跨中有两个等距离设置的侧向支承点，荷载作用于上翼缘，属于项次 8，故 $\beta_b = 1.20$。

图 6-7 (b)，跨度中点有一个侧向支承点，承受集中荷载作用，属于项次 7，故 $\beta_b = 1.75$。

图 6-7 (c)，跨度中点有一个侧向支承点，三个集中荷载位于梁的四分点处，似乎属于项次 7，但是考虑表下的注释 3，这时的荷载情况并非几个集中荷载位于跨中央附近，从弯矩图来看，更接近于均布荷载作用的情况，因此，β_b 需要按项次 5 取值，即 $\beta_b = 1.15$。

图 6-7 (d)，图中的两个侧向支承点并非等间距布置，因此，不能直接查表得到。这时，可假设将梁分为 3 个区段，分别计算 β_b，最后取各区段 β_b 的最小者，这种做法是偏于安全的。具体为：左、右两段情况相同，$M_2 = 0$，$M_1 = 0.4Pl$，根据表格的项次 10，可知此区段 $\beta_b = 1.75$。中段为纯弯曲梁段，$\beta_b = 1.0$。故对整个梁，取 $\beta_b = 1.0$。

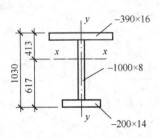

图 6-8　例题 2 的图示

2. 某两端简支钢梁，截面为加强受压翼缘的单轴对称工字形，如图 6-8 所示。跨度 6m，跨中无侧向支承点，钢材为 Q345B。

要求计算以下情形时梁的稳定系数。

(1) 受纯弯曲作用；

(2) 均布荷载作用于上翼缘；

(3) 均布荷载作用于下翼缘；

(4) 集中荷载作用于上翼缘；

(5) 集中荷载作用于下翼缘。

解：容易求得该截面的截面特征如下：

截面积：$A = 170.4 \text{cm}^2$

惯性矩：受压翼缘绕 y 轴惯性矩 $I_1 = 7909 \text{cm}^4$，受拉翼缘绕 y 轴惯性矩 $I_2 = 933 \text{cm}^4$，忽略腹板绕 y 轴惯性矩，$I_y = I_1 + I_2 = 8842 \text{cm}^4$；截面绕 x 轴的惯性矩 $I_x = 281700 \text{cm}^4$；回转半径：$i_y = 7.20 \text{cm}$；受压翼缘一侧的截面模量：$W_x = 6820.8 \text{cm}^3$；长细比：$\lambda_y = 83.3$。

(1) 梁受纯弯曲时的稳定系数

依据公式 $\varphi_b = \beta_b \dfrac{4320}{\lambda_y^2} \cdot \dfrac{Ah}{W_x} \left(\sqrt{1 + \left(\dfrac{\lambda_y t_1}{4.4h} \right)^2} + \eta_b \right) \dfrac{235}{f_y}$ 计算，这里，$\beta_b = 1.0$。

$$\alpha_b = \frac{I_1}{I_1 + I_2} = \frac{7909}{8842} = 0.894$$

$$\eta_b = 0.8 \times (2\alpha_b - 1) = 0.8 \times (2 \times 0.894 - 1) = 0.631$$

将以上数值代入公式，得到 $\varphi_b = 1.826 > 0.6$，于是 $\varphi_b' = 1.07 - \dfrac{0.282}{\varphi_b} = 0.916$。

(2) 均布荷载作用于上翼缘时的稳定系数

$$\xi = \frac{l_1 t_1}{b_1 h} = \frac{6000 \times 16}{390 \times 1030} = 0.239 < 2$$

根据附表 1-15 的注释 6，对加强了受压翼缘的工字形截面，需要判断是否乘以折减系数。

今 $\alpha_b = \dfrac{I_1}{I_1 + I_2} = \dfrac{7909}{8842} = 0.894 > 0.8$，故需要考虑折减。

均布荷载作用于上翼缘属于项次 1，且 $\xi < 1.0$，故折减系数为 0.95。于是

$$\beta_b = 0.95 \times (0.69 + 0.13\xi) = 0.685$$

$$\varphi_b = 0.685 \times 1.826 = 1.250 > 0.6, \varphi_b' = 0.844$$

（3）均布荷载作用于下翼缘时的稳定系数

$$\beta_b = 1.73 - 0.20\xi = 1.682$$

$$\varphi_b = 1.682 \times 1.826 = 3.071 > 0.6, \varphi_b' = 0.978$$

（4）集中荷载作用于上翼缘时的稳定系数

集中荷载作用于上翼缘属于项次 3，且 $\xi < 0.5$，故折减系数为 0.9。于是：

$$\beta_b = 0.9 \times (0.73 + 0.18\xi) = 0.696$$

$$\varphi_b = 0.696 \times 1.826 = 1.271 > 0.6, \varphi_b' = 0.848$$

（5）集中荷载作用于下翼缘时的稳定系数

$$\beta_b = 2.23 - 0.28\xi = 2.163$$

$$\varphi_b = 2.163 \times 1.826 = 3.950 > 0.6, \varphi_b' = 0.999$$

点评：从计算结果可以看出，荷载作用于下翼缘较作用于上翼缘有利；一个集中荷载作用于跨中附近较均布荷载满跨布置有利。这是与理论公式相一致的。受纯弯曲作用时，理论上较集中荷载与均布荷载作用于截面剪心位置更不利，但由于荷载作用位置的影响，若荷载作用于上翼缘，本例的计算结果表明纯弯曲时反而有利。

6.6 习 题

6.6.1 选择题

1. 对于承受均布荷载的热轧 H 型钢，应计算（　　）。

A. 抗弯强度、腹板折算应力、整体稳定、局部稳定

B. 抗弯强度、抗剪强度、整体稳定、局部稳定

C. 抗弯强度、腹板上边缘局部承压强度、整体稳定

D. 抗弯强度、腹板折算应力、整体稳定、容许挠度

2. 以下计算，使用毛截面特性的是（　　）。

A. 梁的弯曲正应力　　　B. 梁的剪应力　　　C. 折算应力　　　D. 疲劳

3. 某一在主平面内受弯的实腹式构件，当截面上有螺栓孔时，下列何项计算要考虑孔洞削弱？（　　）。

A. 构件变形计算　　　　　　　　　B. 构件整体稳定性计算

C. 构件抗弯强度计算　　　　　　　D. 构件抗剪强度计算

4. 当梁整体稳定系数 $\varphi_b > 0.6$ 时，之所以用 φ_b' 代替 φ_b 是因为（　　）。

A. 梁的局部稳定有影响　　　　　　B. 梁已进入弹塑性阶段

C. 梁发生了弯扭变形　　　　　　　D. 梁的强度降低了

5. 设计焊接工字形截面梁时，腹板布置横向加劲肋的主要目的是提高梁的（　　）。

A. 抗弯刚度　　　　　　　　　　　B. 抗弯强度

C. 整体稳定性　　　　　　　　　　D. 局部稳定性

6. 梁的支承加劲肋应设置在（　　）。

A. 弯曲应力大的区段　　　　　　　　　B. 剪应力大的区段

C. 上翼缘或下翼缘有固定作用力的部位　D. 有吊车轮压的部位

7. 在梁的整体稳定计算中，若稳定系数为 1.0，说明该梁（　　）。

A. 处于弹性工作阶段　　　　　　　　　B. 不会丧失整体稳定

C. 梁的局部稳定必然满足　　　　　　　D. 不会发生强度破坏

8. 梁承受固定集中荷载作用，采用以下何项措施是合适的？（　　）。

A. 加厚翼缘　　　　　　　　　　　　　B. 在集中荷载作用处设置支承加劲肋

C. 增加横向加劲肋的数量　　　　　　　D. 加厚腹板

9. 验算工字形截面梁的折算应力，公式为 $\sqrt{\sigma^2+3\tau^2}\leqslant\beta_1 f$，这里 σ、τ 应为（　　）。

A. 验算截面的最大正应力和最大剪应力

B. 验算截面的最大正应力和验算点的剪应力

C. 验算截面的最大剪应力和验算点的正应力

D. 验算截面中验算点的正应力和剪应力

10. 跨中无侧向支承的组合梁，当验算整体稳定不满足时，宜采取以下何项措施？（　　）。

A. 加大梁的截面积　　　　　　　　　　B. 加大梁的高度

C. 加大受压翼缘板的宽度　　　　　　　D. 加大腹板的厚度

11. 受压翼缘由刚性铺板连牢的组合梁，不必考虑计算的是（　　）。

A. 强度　　　　　　B. 刚度　　　　　　C. 整体稳定　　　　　　D. 局部稳定

12. 双轴对称工字形截面梁，经验算，其强度和刚度正好满足要求，而腹板在弯曲应力作用下有发生局部失稳的可能。在其他条件不变的情况下，宜采用下列何项方法？（　　）。

A. 增加梁腹板的厚度　　　　　　　　　B. 降低梁腹板的高度

C. 用强度更高的材料　　　　　　　　　D. 设置侧向支承

13. 验算工字形截面梁受压翼缘的局部稳定性时要求 $b'/t\leqslant15\sqrt{235/f_y}$，这里，$b'$ 的含义为（　　）。

A. 翼缘板外伸宽度　　　　　　　　　　B. 翼缘板全部宽度

C. 翼缘板全部宽度的 1/3　　　　　　　D. 翼缘板的有效宽度

14. 防止梁腹板发生局部失稳，常采取加劲措施，这是为了（　　）。

A. 增加梁截面的惯性矩　　　　　　　　B. 增加截面面积

C. 改变构件的应力分布状态　　　　　　D. 改变边界约束板件的宽厚比

15. 组合工字形截面梁设计时估算最小梁高 $h_{\min}$，若用 Q345 钢材代替 Q235 钢材，则 $h_{\min}$ 如何变化？（　　）。

A. 变大了　　　　　　　　　　　　　　B. 变小了

C. 不变　　　　　　　　　　　　　　　D. 条件不充足，无法确定

16. 加强受压翼缘的单轴对称工字形等截面简支梁，跨中有一集中荷载作用在腹板平面内，下列各荷载作用位置，何者的整体稳定性最好？（　　）。

A. 上翼缘（受压翼缘）上表面   B. 形心与上翼缘之间的截面剪力中心

C. 截面形心   D. 下翼缘（受拉翼缘）下表面

17. 对于焊接工字形等截面简支梁，当其整体稳定性不能满足要求时，采用下列何项措施能最有效提高整体稳定性？（   ）。

A. 加厚受压翼缘   B. 加厚受拉翼缘

C. 采用更高强度的钢材   D. 在梁跨中受压翼缘处设置侧向支承

18. 某焊接工字形等截面简支梁，若最大弯矩值一定，在下列不同形式的荷载作用下，何者的整体稳定性最差？（   ）。

A. 两端有相等弯矩作用（纯弯曲作用）

B. 满跨均布荷载作用

C. 跨中点有集中荷载作用

D. 在距离支座 1/4 跨度处各有相同一集中力

19. 一焊接组合工字形截面梁，腹板计算高度 $h_0 = 2400\text{mm}$，根据腹板局部稳定计算和构造要求，需要在腹板一侧配置钢板横向加劲肋，其经济合理的截面尺寸是（   ）。

A. -120×8 B. -140×8 C. -150×10 D. -180×12

20. 为了提高荷载作用在上翼缘简支工字形梁的整体稳定性，可在梁的（   ）加侧向支承，以减小梁出平面的长度。

A. 梁腹板高度的 $\frac{1}{2}$ 处

B. 靠近梁上翼缘的腹板 $\left(\frac{1}{5} \sim \frac{1}{4}\right) h_0$ 处

C. 靠近梁下翼缘的腹板 $\left(\frac{1}{5} \sim \frac{1}{4}\right) h_0$ 处

D. 上翼缘处

21. 梁的最小高度是由（   ）控制的。

A. 刚度   B. 抗弯强度   C. 建筑要求   D. 整体稳定

22. 确定经济梁高的原则是（   ）。

A. 制造时间短   B. 用钢量最省   C. 最便于加工   D. 免于变截面

23. 防止梁腹板发生局部失稳，常采取加劲措施，这是为了（   ）。

A. 增加截面积   B. 增加梁截面的惯性矩

C. 改变构件的应力分布状态   D. 改变区格板件的宽厚比

24. 以下关于受弯构件的叙述，正确的是（   ）。

A. 约束扭转使梁的截面上产生正应力，也产生剪应力

B. 对于直接承受动力荷载的受弯构件，不考虑塑性发展系数

C. 梁的整体失稳形式为扭转失稳

D. 梁腹板横向加劲肋的间距不得小于 $2h_0$

【答案】

1. D   2. B   3. C   4. B   5. D   6. C   7. B   8. B   9. D   10. C
11. C   12. A   13. A   14. D   15. A   16. D   17. D   18. A   19. C   20. D
21. A   22. B   23. D   24. A

12. A 理由：由于是局部稳定问题，因此解决办法是降低 h_0/t_w。由于刚度正好满足要求，所以，不能降低腹板高度，只能增加腹板厚度。

19. C 理由：双侧成对布置的钢板横向加劲肋，外伸宽度 $b_s \geqslant \dfrac{h_0}{30}+40=\dfrac{2400}{30}+40=$ 120mm，一侧布置的钢板横向加劲肋，外伸宽度应大于 $120 \times 1.2=144$mm。取为 150mm。其厚度应不小于 $150/15=10$mm。

20. D 理由：梁发生整体失稳的关键是其受压翼缘发生侧向位移，因此，侧向支承应设置在上翼缘。

6.6.2 简答题

1. 简述影响钢梁整体稳定因素有哪些？
2. 采用高强度钢材对提高梁的整体稳定性是否有益，为什么？
3. 对于钢梁，所谓的"简支"实际上是"夹支"（或称"叉支"），即梁端部截面不能绕纵轴扭转，为什么有此要求？实际中采取何种措施来保证？为什么混凝土梁没有这种要求？
4. 《钢结构设计规范》GB 50017—2003 中采用通用高厚比来表达腹板的稳定临界应力有何优点？
5. 考虑腹板屈曲后强度可提高梁截面的何种承载力？采用该方法设计有何益处？

【答案】

1. 答：梁的侧向抗弯刚度、抗扭刚度、荷载种类、荷载作用位置、梁受压翼缘的自由长度等。

2. 答：所谓提高梁的整体稳定性，就是能使 φ_b 增大。依据《钢结构设计规范》GB 50017—2003给出的 φ_b 计算公式可知，f_y 增大会使 φ_b 值减小，因此，采用高强度钢材对提高梁的整体稳定性没有益处。

3. 答：钢梁发生整体失稳时，不但有侧向弯曲还有扭转。对钢梁的临界弯矩进行理论推导时，利用了梁的两端绕纵轴（z 轴）的转角为零的边界条件，以此为前提，才建立了梁的稳定计算公式。钢梁的实际受力应与计算模型相符，故对钢梁要求端部"夹支"。

可采取的措施是：（1）对梁的上翼缘设置支点，阻止其发生侧向位移；（2）在梁端设置加劲肋。

混凝土结构中，由于梁上部通常有板，而板能有效约束梁的侧向变形（相当于钢梁不需要验算稳定的第一个条件），故不存在整体稳定的问题，也就没有"夹支"的要求。

4. 答：板的临界应力与高厚比有关，今将高厚比记作 $\lambda=\sqrt{f_y/\sigma_{cr}}$，则无论受弯、受剪、受压时临界应力均可以记作 $\sigma_{cr}=\dfrac{f_y}{\lambda^2}$，形式将变得完全统一，只是高厚比 λ 的表达形式随受力方式不同各异，使用起来更方便。

5. 答：对照临界应力 τ_{cr} 和极限应力 τ_u 的取值（或者两者都乘以 $h_w t_w$ 后比较），由于后者大于前者，于是可知，若考虑腹板屈曲后强度，梁截面的抗剪承载力会提高。

考虑腹板屈曲后强度的设计，设置加劲肋较少，比较经济。

第7章 拉弯构件和压弯构件

7.1 学习思路

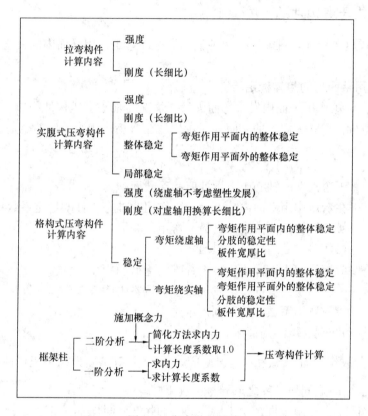

图 7-1 本章学习思路

7.2 主 要 内 容

7.2.1 拉弯、压弯构件的强度

将轴心受力构件验算公式的左边，与梁正截面应力验算公式的左边相加，就是：

$$\frac{N}{A_n} + \frac{M_x}{\gamma_x W_{nx}} \leqslant f \tag{7-1}$$

以上公式以拉为正，压为负。考虑到非对称截面时由弯矩产生的压应力有可能很大，所以，规范将上式改写为：

$$\frac{N}{A_n} \pm \frac{M_x}{\gamma_x W_{nx}} \leqslant f \tag{7-2}$$

当公式左边为负时，应取其绝对值与右边相比较。

7.2.2 拉弯、压弯构件的刚度

与轴心受力构件一样，用长细比表示刚度，应使绕截面两个主轴即 x 轴和 y 轴的长细比 λ_x、λ_y 均不超过规范规定的容许长细比 $[\lambda]$，即

$$\lambda_{max} = \max\{\lambda_x, \lambda_y\} \leqslant [\lambda] \tag{7-3}$$

7.2.3 实腹式压弯构件的整体稳定

对于实腹式压弯构件，可能发生两种整体失稳：弯矩作用平面内的失稳和弯矩作用平面外的失稳。

1. 弯矩作用平面内的整体稳定验算

压弯构件在弯矩作用平面内发生弯曲失稳，情况与轴心受压构件相似。

规范 GB 50017—2003 规定的实腹式压弯构件在弯矩作用平面内的稳定验算公式为：

$$\frac{N}{\varphi_x A} + \frac{\beta_{mx} M_x}{\gamma_x W_{1x}(1 - 0.8N/N'_{Ex})} \leqslant f \tag{7-4}$$

式中 N、A——压弯构件的轴心压力设计值和毛截面积；

φ_x——在弯矩作用平面内，不计弯矩作用时轴心压杆的稳定系数；

M_x——所计算构件段范围内的最大弯矩；

N'_{Ex}——参数，$N'_{Ex} = \pi^2 EA/(1.1\lambda_x^2)$；

W_{1x}——弯矩作用平面内受压最大纤维的毛截面模量；

γ_x——受压边缘的截面塑性发展系数，按本书附表 1-12 取用；

β_{mx}——等效弯矩系数，按下列规定采用：

（1）框架柱和两端支承的构件

①无横向荷载作用时，$\beta_{mx} = 0.65 + 0.35\dfrac{M_2}{M_1}$，$M_1$ 和 M_2 为端弯矩，使构件产生同向曲率（无反弯点）时取同号，反之取异号，且 $|M_1| \geqslant |M_2|$；

②有端弯矩和横向荷载同时作用时，使构件产生同向曲率时，$\beta_{mx} = 1.0$，反之取 $\beta_{mx} = 0.85$；

③无端弯矩但有横向荷载作用时，$\beta_{mx} = 1.0$。

（2）悬臂构件和分析内力未考虑二阶效应的无支撑纯框架和弱支撑框架柱，$\beta_{mx} = 1.0$。

对截面不对称的情况，以 T 形截面为例，由于中和轴偏向上方，下缘应力大，导致腹板出现受拉塑性区而受压的翼缘未屈服，此时，为保证弯矩平面内的整体稳定尚应满足下式要求：

$$\left| \frac{N}{A} - \frac{\beta_{mx} M_x}{\gamma_x W_{2x}(1 - 1.25N/N'_{Ex})} \right| \leqslant f \tag{7-5}$$

式中，W_{2x} 为无翼缘端的毛截面模量。

式（7-5）的适用范围为截面塑性发展系数表格（见附表 1-12）的第 3、4 项规定的截面。

2. 弯矩作用平面外的整体稳定验算

压弯构件在弯矩作用平面外发生的是弯扭失稳，情况与梁相似。

规范 GB 50017—2003 规定，弯矩作用平面外的整体稳定验算公式为：

$$\frac{N}{\varphi_y A} + \eta \frac{\beta_{tx} M_x}{\varphi_b W_{1x}} \leqslant f \tag{7-6}$$

式中　φ_y——弯矩作用平面外的轴心受压构件稳定系数，当为单轴对称截面时，应用 λ_{yz} 查表得到；

φ_b——均匀弯矩作用时受弯构件的整体稳定系数，对于工字形和 T 形截面，当 $\lambda_y \leqslant 120\sqrt{235/f_y}$ 时，可按近似公式计算（见本书的第 6 章），对闭口截面取 $\varphi_b = 1.0$；

η——截面影响系数，闭口截面 $\eta = 0.7$，其他截面 $\eta = 1.0$；

β_{tx}——等效弯矩系数，应按下列规定采用：

（1）在弯矩作用平面外有支承的构件，应根据两相邻支承点间构件段内的荷载和内力情况确定：

①构件段无横向荷载作用时，$\beta_{tx} = 0.65 + 0.35 \dfrac{M_2}{M_1}$，$M_1$ 和 M_2 是构件段在弯矩作用平面内的端弯矩，使构件段产生同向曲率时取同号，反之取异号，且 $|M_1| \geqslant |M_2|$。

②构件段内有横向荷载和端弯矩作用时，使构件段产生同向曲率时，$\beta_{tx} = 1.0$；使构件段产生反向曲率时，$\beta_{tx} = 0.85$。

③构件段内无端弯矩但有横向荷载作用时，$\beta_{tx} = 1.0$。

（2）弯矩作用平面外为悬臂的构件，$\beta_{tx} = 1.0$。

7.2.4　实腹式压弯构件的局部稳定

压弯构件的局部稳定仍采用限制板件宽厚比的方法实现。

1. 翼缘

对工字形截面，要求受压翼缘自由外伸宽度与其厚度之比为：

$$b'/t \leqslant 13\sqrt{235/f_y} \tag{7-7}$$

当强度和稳定计算中取 $\gamma_x = 1.0$ 时，条件可放宽，将上式中的 13 改为 15。

箱形截面受压翼缘在两腹板间的无支承宽度 b_0 与其厚度 t 之比应符合：

$$b_0/t \leqslant 40\sqrt{235/f_y} \tag{7-8}$$

2. 腹板

（1）工字形截面的腹板

工字形截面的腹板，其高厚比应满足：

$$0 \leqslant \alpha_0 \leqslant 1.6 \text{ 时，}\qquad \frac{h_0}{t_w} \leqslant (16\alpha_0 + 0.5\lambda + 25)\sqrt{\frac{235}{f_y}} \tag{7-9a}$$

$$1.6 < \alpha_0 \leqslant 2.0 \text{ 时，}\qquad \frac{h_0}{t_w} \leqslant (48\alpha_0 + 0.5\lambda - 26.2)\sqrt{\frac{235}{f_y}} \tag{7-9b}$$

式中，λ 为构件在弯矩作用平面内的长细比，$\lambda > 100$ 时，取 $\lambda = 100$，$\lambda < 30$ 时，取 $\lambda = 30$。

$\alpha_0 = \dfrac{\sigma_{max} - \sigma_{min}}{\sigma_{max}}$，$\sigma_{max}$ 为腹板计算高度边缘的最大压应力，计算时不考虑构件的稳定系数和截面塑性发展系数，σ_{min} 为腹板计算高度另一边缘的应力，以压为正拉为负。

（2）箱形截面的腹板

腹板的高厚比 h_0/t 不应超过式（7-9）右侧乘以 0.8 后的值，但此值小于 $40\sqrt{235/f_y}$ 时取为 $40\sqrt{235/f_y}$。

（3）T 形截面的腹板

①弯矩使腹板自由边受压的压弯构件

$\alpha_1 \leqslant 1.0$ 时，
$$\frac{h_0}{t_w} \leqslant 15\sqrt{235/f_y} \tag{7-10a}$$

$\alpha_1 > 1.0$ 时，
$$\frac{h_0}{t_w} \leqslant 18\sqrt{235/f_y} \tag{7-10b}$$

②弯矩使腹板自由边受拉的压弯构件

热轧剖分 T 形钢
$$\frac{h_0}{t_w} \leqslant (15+0.2\lambda)\sqrt{235/f_y} \tag{7-11a}$$

焊接 T 形钢
$$\frac{h_0}{t_w} \leqslant (13+0.17\lambda)\sqrt{235/f_y} \tag{7-11b}$$

注意，上式中 λ 为构件在弯矩作用平面内、外长细比的较大者（λ_y 用 λ_{yz} 代替），$\lambda > 100$ 时，取 $\lambda = 100$，$\lambda < 30$ 时，取 $\lambda = 30$。

7.2.5 格构式压弯构件的计算

1. 弯矩绕虚轴作用时的稳定计算

弯矩绕虚轴作用时，以边缘纤维屈服准则为依据，弯矩作用平面内的整体稳定按照下式计算：

$$\frac{N}{\varphi_x A} + \frac{\beta_{mx}M_x}{W_{1x}(1-\varphi_x N/N'_{Ex})} \leqslant f \tag{7-12}$$

由于 x 轴为虚轴，故式中的 φ_x、N'_{Ex} 应依据换算长细比 λ_{0x} 得到；$W_{1x} = I_x/y_0$，I_x 为对 x 轴的毛截面惯性矩，y_0 为由 x 轴到压力较大分肢的轴线或腹板边缘的距离，二者取较大者。

弯矩作用平面外的整体稳定用分肢的稳定性代替。方法是：用杠杆原理计算出分肢所受的轴心压力，然后验算分肢绕两个主轴的稳定性。需要注意：（1）在弯矩作用平面内，实际上是计算缀材与分肢形成的节间构件的稳定性。计算长度，取相邻缀条节点间的距离或缀板间的净距离。对于缀板式格构柱，由于节点处的刚性，此时应作为压弯构件考虑（弯矩的来源是剪力，该剪力取 $\frac{Af}{85}\sqrt{f_y/235}$ 和实际剪力的较大者）。（2）在弯矩作用平面外按轴心受压计算。计算长度取整个构件侧向支承点之间的距离。

2. 弯矩绕实轴作用时的稳定计算

当弯矩绕实轴作用时，格构式压弯构件在弯矩作用平面内的和弯矩作用平面外的稳定计算与实腹式构件相同。

由于这里弯矩是绕 y 轴（实轴）而不是实腹式构件时的 x 轴（强轴），故使用实腹式构件的公式时需要注意下角标 x、y 应对调，同时，取 $\varphi_b = 1.0$。

3. 缀材的计算

此时，计算缀材所用到的构件剪力，取实际剪力和 $\frac{Af}{85}\sqrt{f_y/235}$ 的较大者。计算方法与格构式轴心受压柱的缀材相同。

7.2.6 框架柱的计算长度

轴心受力构件一章给出的计算长度系数 μ，是针对独立柱而言的。框架中的柱子，μ 的取值则要考虑与其两个端部相连的其他构件的约束，另外，μ 值还与框架是否侧移有关。

1. 框架的分类

规范 GB 50017—2003 将框架分为强支撑框架、弱支撑框架和无支撑纯框架。

所谓无支撑纯框架，就是框架的侧移刚度完全依靠柱子本身的刚度和节点的刚性提供。无支撑纯框架表现为有侧移框架。

对有支撑框架，支撑系统的抗侧移刚度是有差别的。规范规定，当满足下式要求时，为强支撑框架，框架柱的计算长度系数按无侧移框架柱确定。

$$S_b \geqslant 3(1.2\sum N_{bi} - \sum N_{0i}) \tag{7-13}$$

式中，S_b 为支撑构件的抗侧移刚度（产生单位侧倾角的水平力）。$\sum N_{bi}$、$\sum N_{0i}$ 分别为第 i 层层间所有框架柱用无侧移框架和有侧移框架计算长度系数算得的轴压杆稳定承载力之和。

当不满足式（7-13）的要求时，为弱支撑框架，此时，框架柱的轴心受压稳定系数 φ 按下式确定。

$$\varphi = \varphi_0 + (\varphi_1 - \varphi_0)\frac{S_b}{3(1.2\sum N_{bi} - \sum N_{0i})} \tag{7-14}$$

式中，φ_1、φ_0 分别为用无侧移框架和有侧移框架计算长度系数算得的轴心压杆稳定系数。

2. 框架柱在框架平面内的计算长度

若由框架的稳定分析求解框架柱的计算长度，将十分繁琐。实际工程设计中，区分有侧移框架与无侧移框架，μ 为 K_1（与柱上端相连的横梁线刚度之和与柱线刚度之和的比值）、K_2（与柱下端相连的横梁线刚度之和与柱线刚度之和的比值）的函数，规范为方便使用，编制了表格，见本书附表 1-17、附表 1-18。

以上是等截面框架柱的情况。作为变截面的双阶柱，情况稍复杂，需要先确定下段柱的计算长度系数 μ_2 再确定上段柱的计算长度系数 μ_1。

对于存在摇摆柱的情况，由于这些摇摆柱所承受荷载导致的倾覆作用必然由支持它的框（刚）架来抵抗，使框（刚）架柱的计算长度增大，故规范规定，附有摇摆柱的无支撑纯框架柱和弱支撑框架柱的计算长度系数应乘以增大系数 η：

$$\eta = \sqrt{1 + \frac{\sum(N_l/H_l)}{\sum(N_f/H_f)}} \tag{7-15}$$

式中 $\sum(N_l/H_l)$ ——各摇摆柱轴心压力设计值与其高度比值之和；

$\sum(N_f/H_f)$ ——各框架柱轴心压力设计值与其高度比值之和。

摇摆柱的计算长度取为其几何长度。

3. 框架柱在框架平面外的计算长度

框架柱在框架平面外的计算长度由支撑构件的布置情况确定，这些支承点应能阻止柱沿厂房纵向发生侧移。例如，单层厂房的框架柱，柱下端的支承点是基础的表面和吊车梁的下翼缘处；柱上端的支承点是吊车梁的制动梁和屋架下弦纵向水平支撑或托架的弦杆。

7.2.7 框架柱的简化二阶弹性分析

框架结构可以采用一阶弹性分析，这时采用的是"计算长度法"，即，首先按照一阶弹性分析得到单个构件的内力，然后，考虑该构件的计算长度系数取值（方法见前面的7.2.6节），用规范规定的公式验算其安全性。但是，当框架侧移刚度较小，压力附加弯矩与初始弯矩之比大于0.1时，规范推荐采用二阶弹性分析（这一点，与《建筑抗震设计规范》GB 50011—2001的要求一致）。该条件写成公式形式，为：

$$\frac{\sum N}{\sum H} \cdot \frac{\Delta u}{h} > 0.1 \tag{7-16}$$

同时规定，可采用对一阶计算结果放大的简化近似方法考虑二阶效应。对无支撑纯框架，采用二阶弹性分析时，各杆件杆端弯矩用下式近似计算：

$$M_{\text{II}} = M_{1b} + \alpha_{2i} M_{1s} \tag{7-17}$$

$$\alpha_{2i} = \frac{1}{1 - \dfrac{\sum N}{\sum H} \cdot \dfrac{\Delta u}{h}} \tag{7-18}$$

式中 M_{1b}——假定框架无侧移时按一阶弹性分析求得的各杆杆端弯矩；

M_{1s}——框架各节点侧移时按一阶弹性分析求得的各杆杆端弯矩；

α_{2i}——考虑二阶效应第 i 层杆件的侧移弯矩增大系数；

$\sum N$——所计算楼层各柱轴心压力设计值之和；

$\sum H$——产生层间侧移 Δu 的所计算楼层及以上各层的水平力之和；

Δu——按一阶弹性分析求得的所计算楼层的层间侧移。当用来确定是否采用二阶分析时，Δu 可近似按照层间相对位移的容许值 $[\Delta u]$；

h——所计算楼层的高度。

当采用二阶分析的结果进行设计时，构件的计算长度系数取为1.0。另外，由于二阶分析时内力与荷载不再为线性关系，所以，荷载应该先组合再计算内力。

7.2.8 梁与柱的刚性连接

1. 柱腹板不设横向加劲肋的条件

在梁的受压翼缘处，柱腹板的厚度 t_w 应满足下列要求：

$$t_w \geqslant \frac{A_{fc} f_b}{b_e f_c} \tag{7-19}$$

$$t_w \geqslant \frac{h_c}{30} \sqrt{\frac{f_{yc}}{235}} \tag{7-20}$$

在梁的受拉翼缘处，柱翼缘板的厚度 t_c 应满足：

$$t_c \geqslant 0.4 \sqrt{A_{ft} f_b / f_c} \tag{7-21}$$

式中 A_{fc}、A_{ft}——梁受压、受拉翼缘板的截面积；

f_b、f_c——梁、柱的抗拉（压）强度设计值；

h_c——柱腹板的宽度；

b_e——柱腹板计算高度边缘处的压力分布长度；

f_{yc}——柱所用钢材的屈服点。

2. 柱腹板节点域计算

当不能满足式（7-19）～式（7-21）的要求时，柱腹板应在对应于梁的翼缘位置设置横向加劲肋，从而形成节点域。

节点域的抗剪强度按照下式计算：

$$\frac{M_{b1}+M_{b2}}{V_p} \leqslant \frac{4}{3}f_v \tag{7-22}$$

式中，M_{b1}、M_{b2}为节点两侧梁端弯矩设计值；$V_p=h_bh_ct_w$，称作节点域腹板的体积，对箱形截面柱，$V_p=1.8h_bh_ct_w$；h_b为梁腹板高度。

为保证节点域的稳定，柱腹板的厚度t_w应满足下式要求：

$$t_w \geqslant \frac{h_c+h_b}{90} \tag{7-23}$$

3. 节点域加强措施

当柱腹板节点域不能满足公式（7-22）的要求时，需要采取加强措施。

对 H 形或工字形组合柱，宜将腹板在节点域加厚，腹板加厚的范围应伸出梁上、下翼缘外不小于 150mm。

对轧制 H 型钢或工字钢柱，亦可用贴焊补强板加强，补强板上下边可不伸过柱腹板的横向加劲肋或伸过加劲肋之外各 150mm。补强板与加劲肋连接的角焊缝应能传递补强板所分担的剪力，焊缝的计算厚度不宜小于 5mm。当补强板伸过加劲肋时，加劲肋仅与补强板焊接，此焊缝应能将加劲肋传来的剪力全部传给补强板，补强板的厚度及其连接强度，应按所承受的力进行设计。补加强侧边应用角焊缝与柱翼缘相连，其板面尚应采用塞焊与柱腹板连成整体，塞焊点之间的距离不应大于较薄焊件厚度的 $21\sqrt{235/f_y}$ 倍。

对轻型结构亦可用斜向加劲肋加强。

7.2.9 框架柱的柱脚

框架柱柱脚大多承受轴心压力、水平剪力和弯矩，因此需要与基础刚接。框架柱柱脚可分为整体式与分离式两类。以下仅介绍整体式柱脚。

1. 底板截面尺寸的确定

根据柱截面构造要求初步选取 B 和 L，并应满足下式要求：

$$\sigma_{max} = \frac{N}{BL}+\frac{6M}{BL^2} \leqslant f_c \tag{7-24}$$

式中　N、M——柱脚承受的最不利弯矩和轴心压力设计值，取使基础一侧产生最大压应力的内力组合计算；

　　　　f_c——混凝土的轴心抗压强度设计值。

若不满足上式要求，则需要增大底板的尺寸，重新计算。

底板的厚度的确定方法同轴心受压柱柱脚，一般不宜大于 40mm。考虑到底板下的应力并非均匀分布，可取各区格底板下的最大压应力作为均布应力值进行各个区格的计算。

显然，底板另一侧的应力为

$$\sigma_{\min} = \frac{N}{BL} - \frac{6M}{BL^2} \tag{7-25}$$

依据 $\sigma_{\max}$ 和 $\sigma_{\min}$ 可以绘出底板的应力分布图形。

2. 锚栓设计

若柱脚底板全部受压，锚栓可按照构造要求设置，柱子每边设置两个直径为 22mm 或 24mm 的锚栓。若出现拉应力，则需要按照锚栓所受拉力 N_t 确定一个锚栓的有效面积：

$$A_e \geqslant \frac{N_t}{n f_t^a} \tag{7-26}$$

式中　A_e——锚栓有效截面积；

　　　n——锚栓的数量；

　　　f_t^a——锚栓的抗拉强度设计值。

锚栓所受拉力 N_t 常用下面方法计算。

认为拉应力的合力完全由锚栓承受，对受压合力点取矩，建立内外力矩平衡，见图 7-2，可得：

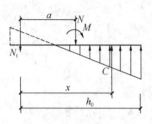

图 7-2　锚栓的受力计算

$$N_t = \frac{M - N(x - a)}{x} \tag{7-27}$$

式中　a——锚栓至轴力 N 作用点的距离；

　　　x——锚栓至基础受压合力点的距离，其值为 $h_0 - h_c/3$。

7.3　疑　问　解　答

1. 问： 从受力上看，压弯构件是处于轴心受力构件与受弯构件之间的一种形式，轴心受力构件刚度用长细比表示，受弯构件刚度用挠度表示，为什么压弯构件的刚度采用长细比？

答： 笔者认为，单纯从受力角度考虑，压弯构件的确是处于轴心受力构件与受弯构件之间的一种形式，但是从工程实际看，压弯构件大多是框架柱，因此，规范对其长细比的控制采用轴心受力构件的规定。

主要作为受弯构件使用的压弯构件（见本书附表 1-13 所规定的构件类型），仍应使弯矩作用方向的挠度不超过容许值。

2. 问： 何谓"二阶效应"，如何理解规范的做法？

答： "二阶效应"对应的英文为 "second order effect"，之所以称作"二阶"，是相对于"一阶"而言的。

二阶效应有两种表现形式：P-δ 效应与 P-Δ 效应。美国钢结构规范 ANSI/AISC 360—2005 对 "P-δ effect"，给出的定义是 "Effect of loads acting on the deflected shape of a member between joints or nodes"，也就是"荷载作用于构件节点间变形的效应"；"P-Δ effect" 的定义为 "Effect of loads acting on the displaced location of joints or nodes in a structure. In tiered building structures, this is the effect of loads acting on the laterally displaced location of floors and roofs"，也就是"荷载作用于一个结构发生节点偏移的

效应"。

P-δ 效应与 P-Δ 效应分别见图 7-3（a）、图 7-3（b）。

3. 问：两端简支，承受均匀弯矩的压弯构件，最后是如何

得到 $M_{max}=\dfrac{1+0.234N/N_E}{1-N/N_E}M$ 的？

答：根据偏微分方程容易得到

$$M_{max} = M + Ny_{max} = M\sec u$$

由于 $\sec u$ 按幂级数展开，为

$$\sec u = 1 + \frac{1}{2}u^2 + \frac{5}{24}u^4 + \frac{61}{720}u^6 + \cdots$$

于是

$$M_{max} = M\left[1 + \frac{\pi^2}{8}\cdot\frac{N}{N_E} + \frac{5\pi^4}{384}\left(\frac{N}{N_E}\right)^2 + \cdots\right]$$

$$= M\left[1 + 1.234\frac{N}{N_E} + 1.268\left(\frac{N}{N_E}\right)^2 + \cdots\right]$$

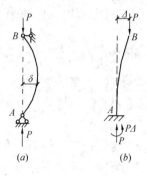

图 7-3 P-δ 效应
与 P-Δ 效应
（a）P-δ 效应；
（b）P-Δ 效应

括号内从第 3 项开始，近似取系数为 1.234，于是，从第 2 项开始形成无穷等比数列，从而

$$M_{max} = M\left(1 + \frac{1.234N/N_E}{1-N/N_E}\right) = \frac{1+0.234N/N_E}{1-N/N_E}M$$

还可以换一种思路计算，具体步骤如下：

压弯构件在弯矩作用下产生主弯矩 $M_I=M$ 和主挠度 y_I，轴力 N 在主挠度上再产生更大的弯矩 M_{II} 和更大的挠度 y_{II}，这些附加弯矩和挠度就是 P-δ 效应的结果。

如果把主挠度视为初弯曲并认为呈正弦变化，则由轴心受力构件一章可知，最终的跨中挠度被放大为

$$\delta = \frac{1}{1-N/N_E}\delta_I$$

于是，跨中弯矩为

$$M_{max} = M_{I\,max} + N\delta$$

应用图乘法，可得由于弯矩引起的跨中挠度 $\delta_I = \dfrac{Ml^2}{8EI}$，于是，上式变形为

$$M_{max} = \frac{1-\dfrac{N}{N_E}+\dfrac{Nl^2}{8EI}}{1-\dfrac{N}{N_E}}M = \frac{1+\dfrac{N}{N_E}\left(\dfrac{N_E l^2}{8EI}-1\right)}{1-\dfrac{N}{N_E}}M = \frac{1+(\pi^2/8-1)N/N_E}{1-N/N_E}M$$

$$= \frac{1+0.234N/N_E}{1-N/N_E}M$$

4. 问：对于压弯构件，若无截面削弱，是不是弯矩作用平面内的稳定性比强度更不容易满足？

答：对于轴心受压构件，整体稳定性比强度更不容易满足，但是，对于压弯构件，弯矩作用平面内的稳定性与强度相比，有时强度更不容易满足。

大多数情况下，$\dfrac{\beta_{mx}}{1-0.8N/N'_{Ex}}>1.0$，表现为弯矩放大系数，这时，弯矩作用平面内

的稳定性不容易满足。

但是，对于端弯矩作用的情况，规范规定 $\beta_{mx}=0.65+0.35\dfrac{M_2}{M_1}$，在 M_1 与 M_2 异号的

情况下，$\dfrac{\beta_{mx}}{1-0.8N/N'_{Ex}}$ 的值会很小（最小为 0.3），导致强度可能会成为控制条件。

例如，某压弯构件，热轧工字钢截面，型号为 I10，两端铰接，长度为 3.3m。承受轴心压力设计值 $N=16$kN，构件两端作用的弯矩值相同，$M_x=10$kN·m，但使构件产生反向曲率。

解： 查表可得 I10 的截面特征为：$A=14.3$ cm²，$W_x=49$ cm³，$i_x=4.14$cm。

强度验算如下：

$$\frac{N}{A_n}+\frac{M_x}{\gamma_x W_{nx}}=\frac{16\times10^3}{14.3\times10^2}+\frac{10\times10^6}{1.05\times49\times10^3}=11.2+194.4=205.6\text{N/mm}^2$$

$$205.6/215=0.956$$

弯矩作用平面内的整体稳定验算如下：

$$\lambda_x=\frac{l_{0x}}{i_x}=\frac{330}{4.14}=80$$

按 a 类截面查表，得 $\varphi_x=0.783$

$$N'_{Ex}=\frac{\pi^2 EA}{1.1\lambda_x^2}=\frac{3.14^2\times206\times10^3\times14.3\times10^2}{1.1\times80^2}$$

$$=412.6\times10^3\text{N}=412.6\text{kN}$$

$$\beta_{mx}=0.65+0.35M_2/M_1=0.65+0.35\times\left(\frac{-10}{10}\right)=0.3$$

$$\frac{N}{\varphi_x A}+\frac{\beta_{mx}M_x}{\gamma_x W_{1x}(1-0.8N/N'_{Ex})}=\frac{16\times10^3}{0.783\times14.3\times10^2}+0.3$$

$$\times\frac{10\times10^6}{1.05\times49\times10^3\left(1-0.8\times\dfrac{16}{412.6}\right)}$$

$$=14.3+0.3\times200.6$$

$$=74.5\text{N/mm}^2<215\text{N/mm}^2$$

$$74.5/215=0.347$$

可见，本算例就是强度起控制作用。出现这种情况，是由于二阶最大弯矩出现在杆端导致 β_{mx} 取值很小的缘故。

童根树在《钢结构的平面内稳定》一书中认为，压弯构件承受端弯矩时，构件端部即使形成塑性铰，也只是转变为两端铰接杆件，压杆的整体刚度和稳定性受到的影响很小。因此，无论二阶最大弯矩出现在跨中还是杆端，均采用同一个整体稳定计算公式。

5. 问： 如何理解等效弯矩系数 β_{mx}？

答： 可以从以下几点把握：

(1) 两端简支，承受轴心压力 N 和均匀弯矩 M 的压弯构件，由于 P-δ 效应，跨中弯矩最终会达到 $M_{max}=\dfrac{1+0.234N/N_E}{1-N/N_E}M$，为简化，近似写成 $M_{max}=\dfrac{1}{1-N/N_E}M$。

(2) 上述情况作为一种基准，其他受力情况均可以"等效"为这种标准情况。方法

是，将该情况的一阶最大弯矩乘以 β_m，得到 M_{eq}，把此 M_{eq} 作为均匀弯矩 M 就能得到考虑了二阶效应的 M_{max} 而不必再对该具体情况进行计算。

图 7-4 中，M_{eq} 由 M_1 乘以 β_m 得到，(a)、(b) 图的 M_{max} 相等。

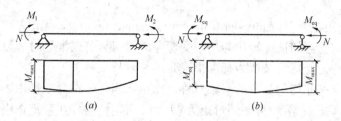

图 7-4 等效弯矩系数的含义

可见，β_m 与计算长度系数 μ 的作用类似，不同的约束情况乘以 μ 相当于转化成了两端简支这一基准情况。

(3) 通常，$\dfrac{\beta_m}{1-N/N_E} \geqslant 1.0$，相当于一个放大系数，但是对于两端有不等端弯矩情况，会出现 $\dfrac{\beta_m}{1-N/N_E} < 1.0$。

6. 问：如何理解《钢结构设计规范》GB 50017—2003 对 β_{mx} 取值的规定？

答：(1) 首先区分框架类型，框架被分为强支撑框架、弱支撑框架和纯框架 3 种类型（分类见本书 7.2.6 节），这里，强支撑框架就是无侧移框架。

(2) 对于强支撑框架中的柱子，β_{mx} 应按照①②③规定取值。

(3) 对于弱支撑框架和纯框架中的框架柱，则有两种情况：若考虑了二阶效应，则 β_{mx} 的取值也按照①②③规定采用；若未考虑二阶效应，则取 $\beta_{mx}=1.0$。

(4) "同向曲率"与"反向曲率"的区别如图 7-5 所示。

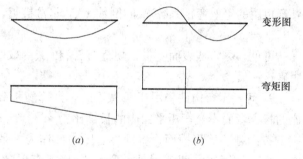

图 7-5 同向曲率与反向曲率的对比
(a) 同向曲率；(b) 反向曲率

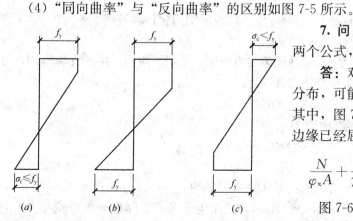

图 7-6 压弯构件截面应力分布

7. 问：压弯构件平面内稳定计算的两个公式，如何理解其联系？

答：对于压弯构件，其截面应力的分布，可能有如图 7-6 所示的 3 种形式。其中，图 7-6 (a)、(b) 两种情况，受压边缘已经屈服，采用的公式为

$$\frac{N}{\varphi_x A} + \frac{\beta_{mx} M_x}{\gamma_x W_{1x}(1-0.8N/N'_{Ex})} \leqslant f$$

图 7-6 (c) 情况则是受拉边缘发生屈服而受压翼缘未屈服，采用的公式为

$$\left| \frac{N}{A} - \frac{\beta_{mx} M_x}{\gamma_x W_{2x}(1 - 1.25 N/N'_{Ex})} \right| \leqslant f$$

8. 问：等效弯矩系数 β_{mx} 和 β_{tx} 本质上有何区别？单纯从规范对二者的取值规定上看，似乎是一样的。

答："等效弯矩系数"（equivalent uniform moment factor），无论是 β_{mx} 还是 β_{tx}，其作用，都是将非均匀受弯的情况转化为均匀受弯考虑：因为公式推导时一般是按照均匀受弯对待的，从而"均匀受弯"被视为标准情况。

对于两端简支的非均匀受弯的双轴对称截面压弯构件，在弯矩作用平面外发生弯扭屈曲。今假定一端弯矩为 M_1，另一端弯矩为 M_2，二弯矩使构件在弯矩作用平面产生同方向的曲率时取同号，且 $|M_1| \geqslant |M_2|$，则临界弯矩 M_{cr} 可近似由下式得到：

$$\left(1 - \frac{P}{P_y}\right)\left(1 - \frac{P}{P_\omega}\right) - \left(\frac{M_1}{\sqrt{\beta} M_{cr}}\right) = 0$$

式中　P——轴心压力；

　　　P_y——全截面屈服时的轴力；

　　　P_ω——扭转屈曲时的轴力；

　　　$\sqrt{\beta}$——修正临界弯矩的系数，$1/\sqrt{\beta}$ 就是等效弯矩系数 β_{tx} 的本质。

$1/\sqrt{\beta}$ 的取值取决于 M_2/M_1，研究发现，该值与计算非均匀受弯的双轴对称截面梁临界弯矩用的等效弯矩系数 β_b 的倒数 $1/\beta_b$ 非常接近，规范 GB 50017—2003 规定取为 $\beta_{tx} = 0.65 + 0.35 M_2/M_1$。

可见，尽管从表面上看，规范对 β_{mx} 和 β_{tx} 的取值十分类似，但本质却是不同的。必须明确这一概念。

9. 问：压弯构件采用 T 形截面时，计算腹板高厚比限值时为什么采用两个方向长细比的较大者而不是弯矩平面内的长细比？

答：对于 T 形截面，将轴心受压构件作为一种情况，将压弯构件使腹板自由边受拉作为第二种情况，两者对比，采用的腹板高厚比限值相同。《钢结构设计规范》GB 50017—2003 的 5.4.4 条条文说明指出，试验研究表明，情况二比情况一工作条件更为有利，故情况二与情况一作相同处理是偏于安全的做法。情况一中，λ 就是取两个主轴方向长细比的较大者。

10. 问：如何理解规范 GB 50017—2003 中二阶效应的简化计算方法？

答：（1）仅对弯矩中有侧移的部分放大。

如图 7-7 所示，对于图 7-7（a）的纯框架受力情况，依据结构力学中的叠加原理，可以分解为（b）图和（c）图相加。用公式表示为：

$$M_1 = M_{1b} + M_{1s}$$

当采用二阶分析时，杆端弯矩按下式计算：

$$M_{II} = M_{1b} + \alpha_{2i} M_{1s}$$

式中　α_{2i}——弯矩放大系数。

（2）额外增加一个假想水平力的目的是考虑缺陷影响。

假想水平力是一种概念力（notional force），它是为了考虑实际框架中必然存在的初始缺陷而提出的。初始缺陷包括柱子的初倾斜、初弯曲、残余应力等。

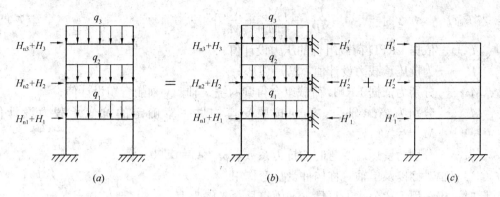

图 7-7 无支撑纯框架的一阶弹性分析

以独立的一个柱子加以说明。如图 7-8 所示，用初倾斜 Δ_0 综合考虑各种初始缺陷，在重力 Q 作用下，柱底将产生初弯矩 $Q\Delta_0$。该情况与柱顶作用一个假想水平力 H_n（脚标"n"为 notional 首字母）等效。H_n 的计算式为：

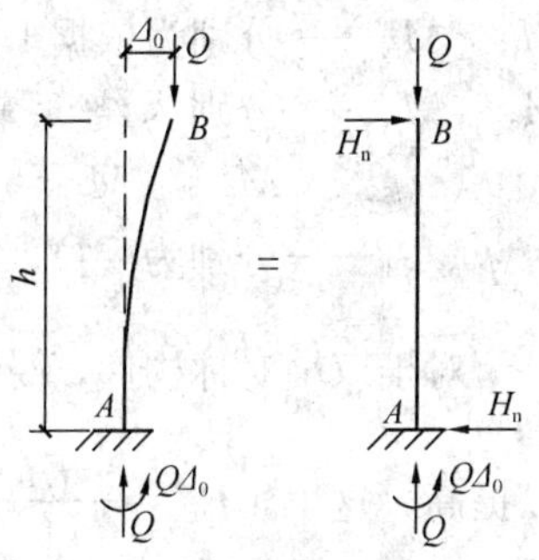

$$H_n = \frac{Q\Delta_0}{h} = \psi_n Q$$

考虑到 ψ_n 与框架的层数和钢材的屈服点大小关系，我国规范将 ψ_n 取为：

$$\psi_n = \frac{\alpha_y}{250}\sqrt{0.2 + \frac{1}{n_s}}$$

于是，对于框架中的柱子，第 i 层柱顶的假想水平力为

图 7-8 假想水平力

$$H_{ni} = \frac{\alpha_y Q_i}{250}\sqrt{0.2 + \frac{1}{n_s}}$$

式中，Q_i 为第 i 楼层的总重力荷载设计值，对于图 7-7 的情况，$Q_1 = q_1 l$，l 为跨度。注意与计算 α_{2i} 时用到的 $\sum N$（各楼层柱压力设计值）相区别：同样对于图 7-7，第一层柱的 $\sum N$ 为 $Q_1 + Q_2 + Q_3$。

假想水平力应与其他的实际水平荷载同时考虑。

(3) 与二阶效应计算出的内力对应，构件的计算长度系数取为 1.0。

7.4 知 识 拓 展

1. 美国钢结构规范 ANSI/AISC 360—2005 中的拉弯、压弯构件计算

以下仅介绍双轴对称以及单轴对称截面构件的情况

(1) 双轴对称以及单轴对称构件受压弯作用

对于双轴对称以及 $0.1 \leqslant I_{yc}/I_y \leqslant 0.9$ 的单轴对称构件，当绕其几何轴单向受弯或者双向受弯时，应满足下列公式要求。这里，I_{yc} 为受压翼缘对 y 轴的惯性矩。

当 $P_r/P_c \geqslant 0.2$ 时
$$\frac{P_r}{P_c} + \frac{8}{9}\left(\frac{M_{rx}}{M_{cx}} + \frac{M_{ry}}{M_{cy}}\right) \leqslant 1.0 \qquad\qquad (7\text{-}28a)$$

当 $P_r/P_c < 0.2$ 时 $\qquad \dfrac{P_r}{2P_c} + \left(\dfrac{M_{rx}}{M_{cx}} + \dfrac{M_{ry}}{M_{cy}}\right) \leqslant 1.0 \qquad\qquad$ (7-28*b*)

式中　P_r——依据 LRFD 荷载组合的压力设计值；

$\qquad P_c$——为抗压承载力设计值，$P_c = \phi_c P_n$；

M_{rx}、M_{ry}——分别为依据 LRFD 荷载组合得到的绕 x 轴、y 轴的弯矩设计值；

M_{cx}、M_{cy}——分别为绕 x 轴、y 轴的按照受弯构件一章确定的抗弯承载力设计值，

$\qquad\qquad M_c = \phi_b M_n$；

$\quad \phi_c$、ϕ_b——分别为受压、受弯时的抗力系数，$\phi_c = \phi_b = 0.90$。

（2）双轴对称以及单轴对称构件受拉弯作用

此时，仍采用上述公式，只是，式中符号含义修改为：

$\qquad P_r$——依据 LRFD 荷载组合的拉力设计值；

$\qquad P_c$——为抗拉承载力设计值，$P_c = \phi_t P_n$；

M_{rx}、M_{ry}——分别为依据 LRFD 荷载组合得到的绕 x 轴、y 轴的弯矩设计值；

M_{cx}、M_{cy}——分别为绕 x 轴、y 轴的按照受弯构件一章确定的抗弯承载力设计值，

$\qquad\qquad M_c = \phi_b M_n$；

$\quad \phi_t$、ϕ_b——分别为受拉、受弯时的抗力系数，$\phi_t = \phi_b = 0.90$。

对于双轴对称构件，受弯构件一章中的 C_b 由于拉力的存在可以乘以系数 $\sqrt{1 + \dfrac{P_u}{P_{Ey}}}$ 予

以提高，这里，$P_{Ey} = \dfrac{\pi^2 E I_y}{L_b^2}$，$P_u$ 的含义同 P_r，为依据 LRFD 荷载组合的拉力设计值。

（3）双轴对称构件承受单向压弯作用

当双轴对称构件承受压弯作用，主要在一个平面内受弯时，允许考虑两个独立的极限状态：平面内失稳和平面外屈曲（或称弯扭屈曲），用以代替前述方法。

①对于平面内失稳，采用公式（7-28），式中 P_c、M_r、M_c 按照弯曲平面内确定。

②对于平面外屈曲，应满足下式要求：

$$\frac{P_r}{P_{c0}} + \left(\frac{M_r}{M_{cx}}\right)^2 \leqslant 1.0 \qquad\qquad (7\text{-}29)$$

式中　P_{c0}——弯曲平面外的抗压承载力设计值；

$\qquad M_{cx}$——由按照强轴受弯确定的弯扭承载力设计值，依据受弯构件一章确定。

如果弯曲只是绕弱轴时，公式（7-29）中的弯矩比可以忽略不计。

当绕两个轴的弯矩显著大时（两个方向均有 $M_r/M_c \geqslant 0.05$），必须符合公式（7-28）的要求。

2. 国外钢结构规范中的二阶效应计算

（1）美国 ANSI/AISC 360—2005 的规定

在结构每层施加水平概念力，其大小为楼层重力荷载设计值的 0.002 倍。

采用 LRFD 时，弯矩设计值和轴力设计值按照下式计算：

$$M_r = B_1 M_{nt} + B_2 M_{lt}$$

$$P_r = P_{nt} + B_2 P_{lt}$$

式中　B_1——考虑"$P\text{-}\delta$"效应的放大系数，$B_1 = \dfrac{C_m}{1 - P_r/P_{e1}} \geqslant 1$，$B_1$ 计算时用的 P_r 可取

一阶值，即 $P_r = P_{nt} + P_{lt}$；

C_m——假定框架无侧移时的系数，对于无横向荷载作用的情况，$C_m = 0.6 - 0.4(M_1/M_2)$，有横向荷载作用时，C_m 由分析确定或者偏于保守地取为 1.0；

P_{e1}——按照无侧移考虑的弹性屈曲抗力，$P_{e1} = \dfrac{\pi^2 EI}{(K_1 L)^2}$，$K_1$ 可取为 1.0 或者按照无侧移框架理论分析取值；

B_2——考虑"P-Δ"效应的放大系数，$B_2 = \dfrac{1}{1 - \dfrac{\sum P_{nt}}{\sum P_{e2}}} \geqslant 1$，$\sum P_{e2} = \sum \dfrac{\pi^2 EI}{(K_2 L)^2}$ 或

$$\sum P_{e2} = R_M \frac{\sum HL}{\Delta_H}。$$

$\sum P_{e2}$ 公式中的 K_2，按有侧移框架分析得到；R_M 为系数，对支撑框架系统取 1.0；对于纯框架和组合系统，应取 0.85，除非分析表明可以取更大值；L 为层高，Δ_H 为由一阶分析得到的层间侧移，与 Δu 相当，$\sum H$ 为计算 Δ_H 的侧向力所产生的楼层剪力。

M_{nt} 相当于我国规范 GB 50017—2003 中的 M_{1b}，M_{lt} 则相当于 M_{1s}。P_{nt}、P_{lt} 为与 M_{nt}、M_{lt} 分别对应的轴力。

由于构件挠曲引起的最大弯矩与构件侧移引起的最大弯矩并不一定在同一个位置，所以，简单相加得到的值偏大，计算偏于保守。

当计算出的 $B_2 > 1.5$ 时，以上方法不再适用，应采用直接分析法。

（2）澳大利亚规范 AS 4100—1998 的规定

对于多层建筑结构，在每层施加水平概念力，其大小为楼层重力荷载设计值的 0.002 倍。

对于有支撑的构件，弯矩设计值按照下式计算：

$$M^* = \delta_b M_m^*$$

式中 M_m^*——沿构件或区段的一阶最大弯矩；

δ_b——弯矩放大系数，$\delta_b = \dfrac{c_m}{1 - \left(\dfrac{N^*}{N_{omb}}\right)} \geqslant 1$，$c_m$ 为系数，$c_m = 0.6 - 0.4\beta_m \leqslant 1.0$，

β_m 为与弯矩分布有关的系数，可以有 3 种确定方法：①取为 -1；②查表取值；③按照跨中挠度值的一个函数确定；

N^*——轴压力设计值；

N_{omb}——弹性屈曲荷载，$N_{omb} = \dfrac{\pi^2 EI}{(k_e l)^2}$。

对于无支撑的构件，弯矩设计值按照下式计算：

$$M^* = \delta_m M_m^*$$

式中，δ_m 应取 δ_b 和 δ_s 的较大者。δ_b 的计算公式同有支撑的构件。δ_s 为侧移构件的弯矩放大系数，对于矩形框架中位于同一层的所有侧移柱，δ_s 可取为：

$$\delta_s = \frac{1}{1 - \left(\dfrac{\Delta_s}{h_s} \dfrac{\sum N^*}{\sum V^*}\right)}$$

式中 Δ_s——该层柱子的层间侧移量；

N^*——层中一个柱子的轴向力设计值，求和时包括该层的所有柱子；

h_s——层高；

V^*——水平方向的层剪力设计值。

以上计算方法为简化方法，除非挠度线形与屈曲线形相同，否则会高估二阶效应。该规范的附录 F 给出了更精确的方法，其计算公式为：

$$M_e^* = M_{fb}^* + \delta_s M_{fs}^*$$

式中，M_e^*、M_{fb}^*、M_{fs}^* 分别与我国规范 GB 50017—2003 中的 M_{II}、M_{1b}、M_{1s} 对应，δ_s 也与我国规范 GB 50017—2003 中的 α_{2i} 十分类似。

由于 M_e^* 为端弯矩，因此，构件的最大弯矩 M_m^* 应取 M_e^* 与将构件作为简支梁时横向荷载引起的弯矩叠加后的值。显然，对于无横向荷载作用的情况，$M_m^* = M_e^*$。

（3）高等分析法（ANSI/AISC 360—2005 中的直接分析法）

传统上，考虑二阶效应是基于未变形的几何形状和名义构件特性和刚度的，在此基础上再放大。可是，有些情况是传统方法无法预测的，例如，结构的初始缺陷、残余应力、结构软化（刚度降低）等，这些因素和使结构动摇的竖向荷载组合在一起，会大量增大结构的荷载作用。计算长度法（effective length method）使用有效长度系数和柱子承载力曲线可以考虑以上影响。然而，这些作用导致的内力的增大并没有在其他构件和连接的设计公式中出现。

美国钢结构规范 ANSI/AISC 360—2005 附录 7 中提供的直接设计法（direct analysis method）能够克服计算长度法的缺点。

直接分析法可以用任何严格的二阶分析方法计算，或者用放大的一阶分析方法（前提是使用折减刚度计算出的 B_1 和 B_2），荷载组合应符合规范要求。

严格的二阶分析应同时考虑"$P\text{-}\delta$"效应和"$P\text{-}\Delta$"效应。但满足下式要求时，允许忽略"$P\text{-}\delta$"效应对侧移 Δ 的影响，但任何时候都不能忽略对弯矩的影响。

$$P_r \leqslant 0.15 P_{eL}$$

式中 P_r——柱轴压力设计值；$P_{eL} = \dfrac{\pi^2 EI}{L^2}$。

几何缺陷用概念水平力表示，概念水平力 $N_i = 0.002 Y_i$，Y_i 为按照 LRFD 荷载组合作用于 i 层的重力荷载。将 N_i 作为"横向荷载"用于所有的组合，如果有其他横向荷载，应叠加。概念荷载系数 0.002 的取值是基于楼层的初始倾斜率为 1/500 做出的，当初始倾斜率小于该值时，允许按照比例调整。当框架的二阶侧移与一阶偏移的比值小于等于 1.5 时（即 $B_2 \leqslant 1.5$），允许将 N_i 作为一个最小的横向荷载与仅有重力的荷载组合，而不与其他横向荷载组合。

在所有情况下，都允许在结构分析中直接考虑几何倾斜代替前述的概念荷载或最小横向荷载。

注意，前述的计算都是基于未折减的刚度做出的。

直接分析法使用时，非弹性用刚度折减考虑。对所有抗弯刚度对结构的侧向稳定性有贡献的构件，应采用折减抗弯刚度 EI^*，EI^* 按照下式计算：

$$EI^* = 0.8\tau_b EI$$

式中，τ_b 按照下面方法取值：

$P_r/P_y \leqslant 0.5$ 时，$\tau_b = 1.0$

$P_r/P_y > 0.5$ 时，$\tau_b = 4[P_r/P_y(1 - P_r/P_y)]$

式中，P_y 为构件的屈服承载力，$P_y = AF_y$。

对所有轴向刚度对结构的侧向稳定性有贡献的构件，应采用折减轴向刚度 EA^*，EA^* 按照下式计算：

$$EA^* = 0.8EA$$

规范的条文说明中建议，按照折减刚度计算出的 B_2 应不超过 2.5。因为，若放大系数太大，则由于大的几何非线性，很小的重力荷载或刚度变化就会导致一个大的侧移变形和二阶力的改变。

7.5 典 型 例 题

1. 某压弯构件，两端铰接，两端及跨度中点位置设置有侧向支承，截面为 I36a，无削弱，如图 7-9 所示。承受轴心压力荷载设计值 $N = 350\text{kN}$，M_x 沿构件长度变化，最大为 100kN·m。钢材为 Q235B。

要求：对此压弯构件进行验算。

解：查表得到 I36a 的截面特征：

$A = 76.48\text{cm}^2$，$W_{nx} = 875\text{cm}^3$，$i_x = 14.4\text{cm}$，$i_y = 2.69\text{cm}$

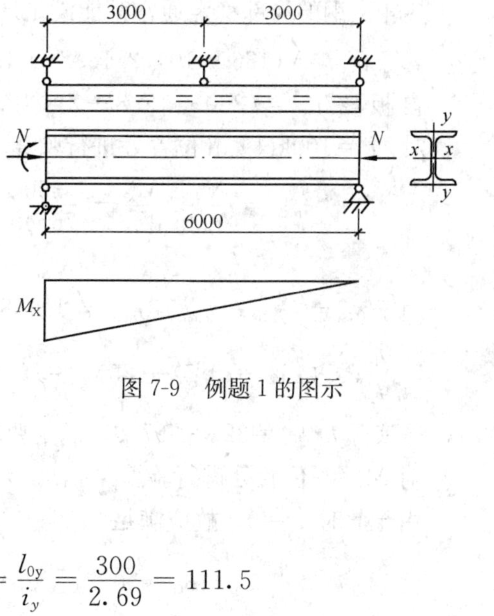

(1) 强度验算

查附表 1-12，得塑性发展系数 $\gamma_x = 1.05$

$$\frac{N}{A_n} + \frac{M_x}{\gamma_x W_{nx}} = \frac{350 \times 10^3}{76.48 \times 10^2} + \frac{100 \times 10^6}{1.05 \times 875 \times 10^3}$$

$$= 154.6\text{N/mm}^2 < f = 215\text{N/mm}^2$$

翼缘处应力最大，由于翼缘处厚度 $t = 15.8\text{mm} < 16\text{mm}$，故取 $f = 215\text{N/mm}^2$。

(2) 刚度验算

图 7-9 例题 1 的图示

$$\lambda_x = \frac{l_{0x}}{i_x} = \frac{600}{14.4} = 41.7, \lambda_y = \frac{l_{0y}}{i_y} = \frac{300}{2.69} = 111.5$$

均满足 $\lambda \leqslant [\lambda] = 150$ 的要求。

(3) 弯矩作用平面内的稳定验算

此时，弯矩应在 6m 区间内取值。$\beta_{mx} = 0.65 + 0.35\frac{M_2}{M_1} = 0.65$

按 a 类截面查表，得 $\varphi_x = 0.938$

$$N'_{Ex} = \frac{\pi^2 EA}{1.1\lambda_x^2} = \frac{\pi^2 \times 206 \times 10^3 \times 76.48 \times 10^2}{1.1 \times 41.7^2} = 8129 \times 10^3\text{N} = 8129\text{kN}$$

$$\frac{N}{\varphi_x A} + \frac{\beta_{mx} M_x}{\gamma_x W_{1x}(1 - 0.8 N/N'_{Ex})}$$

$$= \frac{350 \times 10^3}{0.938 \times 76.48 \times 10^2} + \frac{0.65 \times 100 \times 10^6}{1.05 \times 875 \times 10^3 \times \left(1 - 0.8 \times \dfrac{350}{8129}\right)}$$

$$= 122.1 \text{N/mm}^2 < f = 215 \text{N/mm}^2$$

（4）弯矩作用平面外的稳定验算

按 b 类截面查表，得 $\varphi_y = 0.484$。在侧向支承点范围内，由弯矩图可知，应取一端弯矩为 100kN·m，另一端为 50kN·m 考虑。于是，等效弯矩系数为

$$\beta_{tx} = 0.65 + 0.35 M_2/M_1 = 0.65 + 0.35 \times 0.5 = 0.825$$

$$\varphi_b = 1.07 - \lambda_y^2/44000 = 1.07 - 111.5^2/44000 = 0.787$$

开口截面，$\eta = 1.0$

$$\frac{N}{\varphi_y A} + \eta \frac{\beta_{tx} M_x}{\varphi_b W_x} = \frac{350 \times 10^3}{0.484 \times 76.48 \times 10^2} + 1.0 \times \frac{0.825 \times 100 \times 10^6}{0.787 \times 875 \times 10^3}$$

$$= 214.4 \text{N/mm}^2 < f = 215 \text{N/mm}^2$$

（5）局部稳定验算

热轧型钢的局部稳定通常都能满足局部稳定的要求，不必验算。也可验算如下：

翼缘 $b'/t = (136 - 10)/2/15.8 = 4.0 < 13\sqrt{235/f_y} = 13$，满足

腹板 $h_0/t_w = (360 - 15.8 - 2 \times 12.0)/10.0 = 32.0$

对 $M_x = 100$kN·m 位置处进行验算

$$\sigma_{max} = \frac{N}{A_n} + \frac{M_x}{W_{nx}} = \frac{350 \times 10^3}{76.48 \times 10^2} + \frac{100 \times 10^6}{875 \times 10^3} = 160.0 \text{N/mm}^2$$

$$\sigma_{min} = -68.5 \text{N/mm}^2$$

由于 $\alpha_0 = (\sigma_{max} - \sigma_{min})/\sigma_{max} = 1.428 < 1.6$，故应满足

$$\frac{h_0}{t_w} \leq (16\alpha_0 + 0.5\lambda + 25)\sqrt{\frac{235}{f_y}} = (16 \times 1.428 + 0.5 \times 100 + 25) = 97.8$$

今实际 $h_0/t_w = 32.0 < 97.8$，满足要求。

对 $M_x = 0$ 位置处进行验算

由于此时 $\alpha_0 = 0$，故应满足

$$\frac{h_0}{t_w} \leq (16\alpha_0 + 0.5\lambda + 25)\sqrt{\frac{235}{f_y}} = (0.5 \times 100 + 25) = 75$$

今实际 $h_0/t_w = 32.0 < 75$，满足要求。

点评：（1）由计算结果可知，尽管构件跨中侧向有一个支承点，弯矩作用平面外的稳定还是比平面内难满足。

（2）由 h_0/t_w 与 α_0 的关系曲线可以看出，α_0 较小时对 h_0/t_w 更严格，因此，以上局部稳定的验算只需要对 α_0 较小处验算即可。若压弯构件截面对称，此时 $\alpha_0 = \dfrac{\sigma_{max} - \sigma_{min}}{\sigma_{max}} = 2 - \dfrac{2N/A_n}{N/A_n + M_x/W_n}$，则可直接取 M_x 较小处计算 α_0 以及局部稳定。

2. 计算图 7-10 所示单层单跨框架柱的计算长度系数。

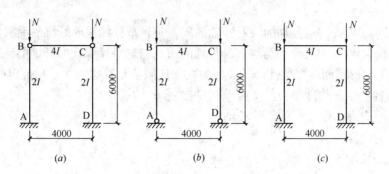

图 7-10 例题 2 的图示

解：对于图 7-10 (*a*) 中 AB 柱，柱顶铰接，$K_1=0$；柱底固接，$K_2=10$，按照有侧移框架查附表 1-18，计算长度系数 $\mu=2.03$。CD 柱与 AB 柱相同。

对于图 7-10 (*b*) 中 AB 柱，柱顶梁柱线刚度比 $K_1=\dfrac{\sum i_b}{\sum i_c}=\dfrac{4I/4}{2I/6}=3$；柱底铰接，$K_2=0$，按照有侧移框架查附表 1-18，计算长度系数 $\mu=2.11$。CD 柱与 AB 柱相同。

对于图 7-10 (*c*) 中 AB 柱，柱顶梁柱线刚度比 $K_1=\dfrac{\sum i_b}{\sum i_c}=\dfrac{4I/4}{2I/6}=3$；柱底固接，$K_2=10$，按照有侧移框架查附表 1-18，计算长度系数 $\mu=1.07$。CD 柱与 AB 柱相同。

点评：对于图 7-10 中各框架柱，若在柱顶施加水平力，会导致框架发生侧移，故均为有侧移框架柱。具有同样柱顶、柱底约束的框架柱，由于有侧移时会产生较大的位移变形，故较无侧移时计算长度大。试演如下：

对于图 7-10 (*a*) 的情况，$K_1=0$，$K_2=10$，按无侧移框架柱查附表 1-17，会得到 $\mu=0.732$。

7.6 习   题

7.6.1 选择题

1. 对焊接组合工字形截面，塑性发展系数 γ_x 取值为（   ）。

A.1.15　　　　　B.1.0　　　　　　C.1.05　　　　　　D. 不确定

2. 单轴对称截面压弯构件，弯矩作用在对称轴平面且使较宽翼缘受压时，验算弯矩作用平面内的稳定公式为

$$\frac{N}{\varphi_x A}+\frac{\beta_{mx}M_x}{\gamma_x W_{1x}(1-0.8N/N'_{Ex})}\leqslant f$$

和

$$\left|\frac{N}{A}-\frac{\beta_{mx}M_x}{\gamma_x W_{2x}(1-1.25N/N'_{Ex})}\right|\leqslant f$$

式中，W_{1x}、W_{2x}、γ_x 的取值为（   ）。

A. γ_x 取值不同，W_{1x}、W_{2x} 分别为绕对称轴的较宽与较窄翼缘最外纤维的毛截面模量

B. γ_x 取值不同，W_{1x}、W_{2x} 分别为绕非对称轴的较宽与较窄翼缘最外纤维的毛截面模量

C. γ_x 相同，W_{1x}、W_{2x} 分别为绕对称轴的较宽与较窄翼缘最外纤维的毛截面模量

D. γ_x 相同，W_{1x}、W_{2x} 分别为绕非对称轴的较宽与较窄翼缘最外纤维的毛截面模量

3. 对于工字形截面压弯构件，其腹板的高厚比限值是根据（　　）确定的。

A. 介于轴心受压构件腹板与梁腹板高厚比之间

B. 腹板的应力梯度 α_0、构件的长细比

C. 腹板的应变梯度

D. 构件的长细比

4. 实腹式压弯构件一般应计算的内容为（　　）。

A. 强度、弯矩作用平面内的整体稳定性、局部稳定、变形

B. 弯矩作用平面内的整体稳定性、局部稳定、变形、长细比

C. 强度、弯矩作用平面内及平面外的整体稳定性、局部稳定、变形

D. 强度、弯矩作用平面内及平面外的整体稳定性、局部稳定、长细比

5. 实腹式偏心受压构件弯矩作用平面内整体稳定验算公式中，γ_x 主要用以考虑（　　）。

A. 截面塑性发展对承载力的影响　　　B. 初偏心的影响

C. 初弯曲的影响　　　　　　　　　　D. 残余应力的影响

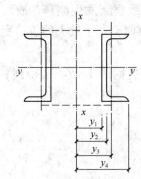

图 7-11　选择题 6 的图示

6. 格构式压弯构件，截面如图 7-11 所示，当计算绕虚轴的整体稳定时，$W_{1x}=I_x/y_0$。应取 y_0 为以下何项？（　　）。

A. y_1　　　　B. y_2　　　　C. y_3　　　　D. y_4

7. 双肢格构式压弯构件，当弯矩作用在实轴平面内时，设计中应验算的内容为缀材计算和（　　）。

A. 强度、弯矩作用平面内、外的稳定性

B. 弯矩作用平面内的稳定性、分肢稳定性

C. 弯矩作用平面外的稳定性、分肢稳定性

D. 弯矩作用平面内的稳定性、分肢稳定性、强度

8. 有侧移单层框架柱，采用等截面柱，柱与基础固接，与横梁铰接，框架平面内柱的计算长度系数为（　　）。

A. 2.03　　　　B. 1.5　　　　C. 1.03　　　　D. 0.5

9. 单轴对称截面的压弯构件，应使弯矩（　　）。

A. 绕非对称轴作用　　　　　　　B. 绕对称轴作用

C. 绕任一主轴作用　　　　　　　D. 视情况绕对称轴或非对称轴作用

10. 对于压弯构件，受压翼缘自由外伸宽度与厚度之比的限值是利用（　　）确定的。

A. 翼缘屈曲应力 $\sigma_{cr} \geqslant \varphi f_y$　　　　B. 翼缘屈曲应力 $\sigma_{cr} \geqslant f_y$

C. 翼缘屈曲应力 $\sigma_{cr} = f_y$　　　　　　D. 翼缘屈曲应力 $\sigma_{cr} = 0.85 f_y$

11. 对于压弯构件，腹板高厚比不满足限值要求时，采取以下何项措施无效（　　）。

A. 加大腹板厚度

B. 腹板两侧设纵向加劲肋

C. 按有效截面计算整体稳定能够满足要求

D. 设置横向加劲肋

12. 以下观点，正确的是（　　）。

A. 压弯构件在弯矩作用平面外的失稳为弯曲失稳

B. 对于工字形截面压弯构件，塑性发展系数 $\gamma_x = 1.05$

C. 摇摆柱的计算长度系数取为 1.0

D. 同样的一根柱子，按有侧移框架柱与无侧移框架柱分别计算，前者得到的计算长度系数小

13. 对于双等边角钢组成的 T 形截面拉弯构件，强度计算时最不利的点为（　　）。

A. 肢背处　　　　　B. 肢尖处　　　　　C. 中和轴处

D. 由于塑性发展系数不同，可能在肢背处也可能在肢尖处

14. 以下有关确定框架柱平面外计算长度的主张，其中何项是正确的？（　　）。

A. 取相邻侧向支承点之间的距离

B. 与梁、柱的连接情况有关

C. 与梁线刚度之和与柱线刚度之和的比值有关

D. 与框架柱在平面内有无侧移有关

15. 以下有关压弯构件的观点，其中何项是正确的？（　　）。

A. 实腹式压弯构件在弯矩作用平面的失稳为弯曲失稳

B. 等效弯矩系数 β_{mx} 的取值与柱子两端的梁柱线刚度比有关

C. 等效弯矩系数 β_{mx} 的取值最小为 1.0

D. 保证拉弯、压弯构件的刚度就是要满足 $\lambda \leqslant [\lambda]$

【答案】

1. D　　　2. B　　　3. B　　　4. D　　　5. A　　　6. C　　　7. D　　　8. A

9. A　　　10. C　　　11. D　　　12. C　　　13. B　　　14. A　　　15. D

7. D　理由：弯矩作用在实轴平面内，相当于弯矩绕虚轴作用。

13. B　理由：由于中和轴靠近肢背，弯矩引起的肢尖处拉应力大于肢背处压应力，而且，肢尖处的该拉应力与拉力引起的应力同号相加，故最不利。肢背与肢尖处塑性发展系数分别为 1.05 和 1.2，差别不大，即便拉力为零的情况下，也不会影响肢尖处最不利的结果。

7.6.2　简答题

1. 简述压弯构件的失稳形式及计算方法。

2. 实腹式压弯构件在弯矩作用平面内、弯矩作用平面外稳定计算中，所采用的弯矩是否为同一值？为什么？

3. 格构式压弯构件当弯矩绕虚轴作用时，如何验算其稳定性？

【答案】

1. 答：压弯构件的失稳形式有弯矩作用平面内失稳与弯矩作用平面外失稳。对于实腹式压弯构件，规范规定，验算弯矩作用平面内失稳时应满足下式

$$\frac{N}{\varphi_x A} + \frac{\beta_{mx} M_x}{\gamma_x W_{1x}(1 - 0.8N/N'_{Ex})} \leqslant f$$

对于单轴对称截面，还要验算下式

$$\left| \frac{N}{A} - \frac{\beta_{mx} M_x}{\gamma_x W_{2x}(1 - 1.25N/N'_{Ex})} \right| \leqslant f$$

对于弯矩作用平面外失稳，规范规定应满足下式要求

$$\frac{N}{\varphi_y A} + \eta \frac{\beta_{tx} M_x}{\varphi_b W_{1x}} \leqslant f$$

2. 答： 实腹式压弯构件在弯矩作用平面内、弯矩作用平面外稳定计算中，所采用的弯矩不一定为同一值。这是因为，在计算弯矩作用平面内稳定时取用的弯矩是构件支承区段内的最大弯矩，而在计算弯矩作用平面外稳定时取用的侧向支撑点区段内的最大弯矩。由于取用的区段可能不同，所以弯矩值也就不同。

3. 答： 需要验算构件弯矩作用平面内的稳定性，用下式表达：

$$\frac{N}{\varphi_x A} + \frac{\beta_{mx} M_x}{W_{1x}(1 - \varphi_x N/N'_{Ex})} \leqslant f$$

弯矩作用平面外的稳定性用分肢的稳定性代替，对于缀条柱，无论弯矩作用平面内、外均视为轴心受压柱，对于缀板柱，在弯矩作用平面内视为压弯构件，在弯矩作用平面外视为轴心受压构件验算。

第8章 桁架与屋盖

8.1 学 习 思 路

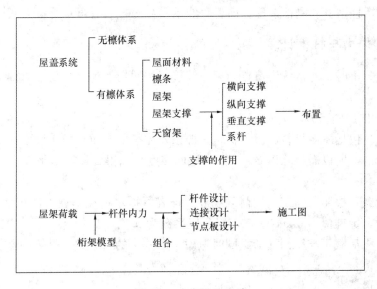

图 8-1　本章学习思路

8.2 主 要 内 容

8.2.1 屋架与屋架支撑

1. 屋架

屋架在受力形式上属于桁架,主要抵抗弯矩作用。

屋架依据外形分为三角形、梯形和平行弦。三角形屋架用于屋面坡度很陡的情况;梯形屋架坡度平缓,适合采用大型屋面板;平行弦屋架可以做成不同坡度。

2. 屋架支撑

屋架支撑的作用主要是:(1)保证屋架的几何形状不变;(2)保证屋架的空间刚度和空间整体性;(3)为屋架弦杆提供必要的侧向支承点;(4)承受并传递水平荷载;(5)保证结构安装时的稳定和方便。

屋架支撑包括以下四类:横向支撑、纵向支撑、垂直支撑和系杆。

横向支撑:分为上弦平面横向支撑和下弦平面横向支撑。通常,上弦平面横向支撑必须设置,以保证上弦杆的侧向稳定性。横向支撑一般布置在房屋两端(或温度伸缩缝区段两端)的第一个柱间内,且上、下弦平面支撑必须设在相同的两个屋架上。

纵向支撑：当房屋高度和跨度较大或对房屋整体刚度要求较高时设置。纵向支撑设置在屋架两端的节间处。梯形屋架时常设置在下弦平面，三角形屋架时常设在上弦平面。为保证托架稳定性而设置的纵向支撑，应在托架所在柱间两侧各延伸一个柱间。

垂直支撑：一般都需要设置。沿房屋纵向，只在有横向支撑的柱间设置。不设横向支撑的柱间设系杆。对于梯形屋架，垂直支撑在屋架的两端设置，还在跨中设置一道或两道。对于三角形屋架，由于没有端部竖杆，故只在跨中设置一道或两道。

系杆：未设置支撑的屋架，应在横向支撑或垂直支撑的节点处沿房屋纵向通长设置系杆。系杆分为柔性系杆和刚性系杆，前者只能承受拉力，后者可承受拉力和压力。

8.2.2 屋架内力与杆件计算

屋架内力分析时，通常认为节点为理想铰接，按照桁架计算，尺寸取杆件的轴线，荷载作用于节点上。

1. 屋架上作用的荷载

永久荷载：包括屋面材料、保温材料、檩条及屋架的自重。由于屋面材料和保温材料是沿斜面布置的，所以需要除以 $\cos\alpha$（α 为屋面坡度）以得到按照水平投影面积计算的自重值。

屋面活荷载：按照《建筑结构荷载规范》查表可得水平投影面上的屋面均布活荷载。不上人屋面时，标准值为 $0.5\mathrm{kN/m^2}$，组合值系数为 0.7。

雪荷载：雪荷载不与屋面活荷载同时考虑，取其中的较大者。具体的取值可参见《建筑结构荷载规范》。

风荷载：风荷载垂直作用于屋架表面。其标准值按照下式计算：

$$w_\mathrm{k} = \beta_\mathrm{z}\mu_\mathrm{s}\mu_\mathrm{z}w_0 \quad (\mathrm{kN/m^2}) \tag{8-1}$$

式中　w_0——基本风压，$\mathrm{kN/m^2}$；

　　　β_z——风振系数，一般钢屋架设计中取 $\beta_\mathrm{z}=1.0$；

　　　μ_s——体型系数，随房屋的体型、风向等而变化，正值表示压力，负值表示吸力；

　　　μ_z——风压高度变化系数，取值与地面粗糙度、距离地面高度有关。各参数具体取值可参见《建筑结构荷载规范》。

2. 屋架杆件的内力组合

通常，先利用各荷载标准值计算出杆件的内力标准值，然后再对内力进行组合。

对于三角形屋架，通常只取"永久荷载＋雪荷载或屋面荷载中的较大者"。当屋面较轻而风荷载很大时，还应取"永久荷载＋风荷载"，以考虑由于风的作用而使杆件内力发生"变号"。

对于梯形屋架，通常取两种组合：（1）"永久荷载＋雪荷载或屋面荷载中的较大者"；（2）"永久荷载＋半跨雪荷载或半跨屋面荷载中的较大者"。当采用大型屋面板时，还应考虑"全跨屋架重＋半跨屋面板和施工荷载"。

8.2.3 屋架杆件设计

1. 杆件的计算长度

桁架的弦杆和单系腹杆（即无中间节点的腹杆），其计算长度按照表 8-1 取值。

桁架弦杆和单系腹杆的计算长度系数 l_0 表 8-1

项 次	弯曲方向	弦 杆	腹 杆	
			支座斜杆和支座竖杆	其他腹杆
1	在桁架平面内	l	l	$0.8l$
2	在桁架平面外	l_1	l	l
3	斜平面	—	l	$0.9l$

注：1. l 为构件的几何长度（节点中心间距离）；l_1 为桁架弦杆侧向支承点之间的距离。

2. 斜平面系指与桁架平面斜交的平面，适用于构件截面两主轴均不在桁架平面内的单角钢腹杆和双角钢十字形截面腹杆。

3. 无节点板的腹杆计算长度在任意平面内均取其几何长度（钢管结构除外）。

当桁架弦杆侧向支承点之间的距离为节间长度的 2 倍，且两个节间的轴压力不相等时（见图 8-2（a）），取平面外计算长度

$$l_{0y} = l_1 \left(0.75 + 0.25 \frac{N_2}{N_1} \right) \qquad (8-2)$$

式中　N_1——较大压力；

　　　N_2——较小压力或拉力（以压为正拉为负）。

再分式腹杆体系中的受压主斜杆（见图 8-2（b））以及 K 形腹杆体系的竖杆（见图 8-2（c）），在桁架平面外的计算长度也采用上式计算（受拉主斜杆取为 l_1）；桁架平面内的计算长度取节点中心间距离。

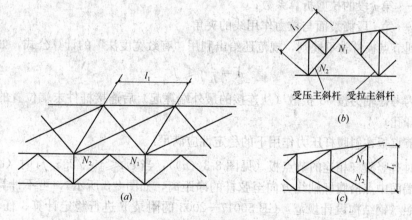

受压主斜杆　受拉主斜杆

(b)

(a)

(c)

图 8-2　弦杆轴压力在侧向支承点间有变化
和非单系腹杆在桁架平面外的计算长度

2. 截面形式

桁架中的杆件一般是轴心受力构件，设计时应尽量使桁架平面内和平面外稳定性接近（$\lambda_x \approx \lambda_y$），以节约钢材。

上、下弦杆，由于 l_{0y} 往往大于 $2l_{0x}$，故采用短边相并的双不等边角钢组成的 T 形截面；支座腹杆，$l_{0y} = l_{0x}$，采用长边相并的双不等边角钢组成的 T 形截面；一般腹杆，$l_{0y}/l_{0x} = 1.25$，采用双等边角钢组成的 T 形截面。

双角钢组成的十字形截面常用于桁架正中竖杆。单角钢用于桁架中受力小的次要构

件，以及支撑系统中的柔性系杆。

为保证双角钢能作为一个整体受力，应每隔一定间距在两角钢间放置填板。填板间距，对于压杆用 $l_d \leqslant 40i_1$，对于拉杆用 $l_d \leqslant 80i_1$，i_1 为一个角钢对 1-1 轴的回转半径（1-1轴，对于 T 形截面为平行于填板方向形心轴，对于十字形截面为斜向最小回转半径轴）。受压杆件两个侧向支承点之间的填板数不少于 2 个。

8.2.4 屋架节点板设计

屋架的节点板的平面尺寸取决于焊缝长度、杆件间隙等要求。由于节点板受力复杂，通常，节点板厚度由三角形屋架端节间的弦杆或者梯形屋架（包括平行弦屋架）支座斜杆的内力设计值依据经验选定。

《钢结构设计规范》GB 50017—2003 给出了节点板的强度计算规定，可供复核节点板厚度之用。

节点板在拉、剪作用下可能发生撕裂破坏，强度计算式为：

$$\frac{N}{\sum \eta_i A_i} \leqslant f \tag{8-3}$$

$$\eta_i = \frac{1}{\sqrt{1 + 2\cos^2 \alpha_i}} A_i \tag{8-4}$$

式中　N——作用于板件的拉力；

　　　A_i——第 i 段撕裂面的净截面面积；

　　　η_i——第 i 段的拉剪折算系数；

　　　α_i——第 i 段撕裂面与拉力作用线的夹角。

考虑到节点板常常不规则，规范还给出利用"有效宽度法"的计算公式，如下：

$$\sigma = \frac{N}{b_e t} \leqslant f \tag{8-5}$$

式中，b_e 为考虑轴力按 30°扩散（从连接的最外端算起）后连接杆件末端位置的节点板宽度（扣除开孔）。

桁架节点板在斜腹杆压力作用下的稳定性应满足：

（1）对有竖腹杆相连的节点板（见图 8-3（a）），当 $c/t \leqslant 15 \sqrt{235/f_y}$ 时（c 为受压腹杆连接肢端面中点沿腹杆轴线方向至弦杆的净距离，如图 8-3 所示），可不计算稳定。否则，应按照《钢结构设计规范》GB 50017—2003 的附录 F 进行稳定计算。任何情况下，c/t 不得大于 $22 \sqrt{235/f_y}$。

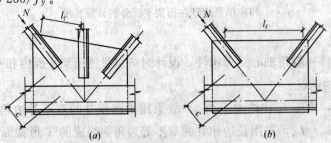

图 8-3　节点板稳定验算

(a) 有竖杆时；(b) 无竖杆时

（2）对无竖腹杆相连的节点板（见图 8-3（*b*）），当 $c/t \leqslant 10\sqrt{235/f_y}$ 时，节点板的稳定承载力可取为 $0.8b_e tf$。否则，应按照《钢结构设计规范》GB 50017—2003 的附录 F 进行稳定计算。任何情况下，c/t 不得大于 $17.5\sqrt{235/f_y}$。

节点板尚应符合下列构造要求：

（1）节点板边缘与腹杆轴线夹角不应小于 15°；

（2）斜腹杆与弦杆夹角应在 30°～60°之间；

（3）节点板的自由长度（见图 8-3 中的 l_f）与厚度之比不得大于 $60\sqrt{235/f_y}$，否则应沿自由边设加劲肋予以加强。

8.3 疑 问 解 答

1. 问：如何理解"屋面水平投影面上的荷载"？

答：屋面荷载为一种"面荷载"，单位为 kN/m^2。通常，屋架受力分析按照平面考虑，因此，需要将屋面荷载取垂直于屋架的单位宽度化成"线荷载"。如图 8-4 所示，若屋面与水平面夹角为 α，则屋面线荷载（单位：kN/m）有两种情况：一种是以水平投影面作为参照，即力沿长度 AB 分布，图中 q 的合力为 ql（单位：kN）；另一种是以倾斜的屋面作为参照，图中 q' 的合力为 $q'l'$（单位：kN），由于 $l' = l/\cos\alpha$，所以，该力可以等效为 $q'l/\cos\alpha$，实现了二者的转化。将荷载统一按照水平投影计算会为计算带来方便。

2. 问：如何从总体上理解"钢结构"这门课程？

答：本课程大体讲述了这样的基本内容：钢结构材料、设计方法、连接计算、构件计算（轴心受力、受弯、拉弯与压弯）、疲劳计算、屋架 6 大部分。

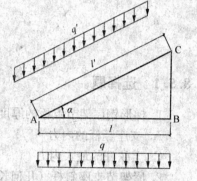

图 8-4 屋面荷载与水平投影面

和《混凝土结构》相比，基本构件中未包括受扭构件。笔者认为，并不是实际中不存在钢构件受扭，而是因为受扭的力学分析十分复杂，所以，通常的做法是，采用构造措施来防止构件发生扭转。

《钢结构设计规范》GB 50017—2003 采用概率极限状态设计法，但其中的疲劳计算由于其本身的复杂性，采用的是容许应力法。

钢结构中的计算，可以归结为 12 个字：强度、刚度、整体稳定、局部稳定。强度属于截面（section）计算，整体稳定属于构件（member）计算。通常，应在截面满足局部稳定要求之后，才能使用整体稳定公式计算。

从力学概念上讲，压弯构件居于梁和柱的中间状态，各种规定应该在二者之间有一个过渡，只不过，实际中压弯构件通常就是柱子，所以，压弯构件的刚度规定同受压构件一样用长细比 λ（梁的刚度用挠度表示）。

8.4 知 识 拓 展

美国规范 ANSI/AISC 360—2005 中的抗撕裂计算

该规范规定，连接时（无论螺栓连接或角焊缝连接），必须考虑撕裂破坏。对于螺栓连接，破坏路线由螺栓孔中心线确定；角焊缝连接时，与我国规范 GB 50017—2003 不同，破坏路线为焊缝周边。

沿剪切破坏路线和拉力破坏路线得到的抗力为 ϕR_n，抗力系数 $\phi = 0.75$，R_n 按下式计算：

$$R_n = 0.6 F_u A_{nv} + U_{bs} F_u A_{nt} \leqslant 0.6 F_y A_{gv} + U_{bs} F_u A_{nt}$$

式中 F_u——规范规定的最小抗拉强度；

       F_y——规范规定的最小屈服应力；

       A_{nv}——受剪净截面面积；

       A_{nt}——受拉净截面面积；

       A_{gv}——受剪毛截面面积；

       U_{bs}——系数，拉力均匀分布时取 1.0，不均匀时取 0.5。

8.5 习 题

8.5.1 选择题

1. 梯形钢屋架节点板的厚度，是根据（　　）选定的。

A. 支座竖杆的内力   B. 下弦杆的最大内力

C. 上弦杆的最大内力   D. 腹杆中的最大内力

2. 屋架节支座斜杆（几何长度为 l）在平面内的计算长度取为（　　）。

A. 1.0l B. 0.8l C. 0.9l D. 侧向不动点的距离

3. 屋架中内力较小的腹杆，其截面通常按（　　）要求确定。

A. 长细比   B. 构造   C. 变形   D. 局部稳定

4. 屋架下弦纵向水平支撑一般布置在屋架的（　　）。

A. 端竖杆处   B. 下弦中间   C. 下弦端节间   D. 斜腹杆处

5. 桁架弦杆在桁架平面外的计算长度应取（　　）。

A. 杆件的几何长度   B. 弦杆节间长度

C. 弦杆侧向支承点之间的距离   D. 檩条之间的距离

6. 梯形屋架采用再分式腹杆，主要是为了减小（　　）。

A. 上弦杆压力   B. 下弦杆拉力   C. 腹杆内力   D. 上弦杆局部弯矩

7. 以下叙述，正确的是（　　）。

A. 从满足经济性考虑，屋架图形应尽量与剪力图形相吻合

B. 屋架上弦节点承受节间内力差 ΔN 以及竖向节点荷载 P，肢背处的塞焊缝按承受 ΔN 计算

C. 屋架上弦节点承受节间内力差 ΔN 以及竖向节点荷载 P，肢尖处的两条角焊缝按承受偏心的 ΔN 计算

D. 普通钢屋架中的受压杆件，两个侧向支承点之间的填板数不少于 1 个

8. 以下叙述，正确的是(　　)。

A. 横向支撑布置在屋架两端的节间内，用以增加房屋的整体刚度

B. 对于中列柱，定位轴线为截面中线；对于边列柱，定位轴线为柱列外边缘

C. 荷载规范规定的雪荷载是相对于屋面实际面积而言的

D. 荷载规范中给出的荷载值都是设计值

9. 屋架中某腹杆平面内和平面外的计算长度相等，则优先选用(　　)。

A. 两等边角钢组成的十字形截面

B. 两等边角钢组成的 T 形截面

C. 两不等边角钢短肢相并的 T 形截面

D. 两不等边角钢长肢相并的 T 形截面

10. 以下有关屋架设计的主张，正确的是(　　)。

A. 节点板厚度一般根据所连接杆件的内力确定，但不得小于 6mm

B. 焊接桁架的杆件用节点相连时，弦杆与腹杆、腹杆与腹杆之间的间隙不应小于 15mm

C. 屋架正中的竖杆常和纵向支撑相连，做成十字形截面

D. 垂直于屋面坡度放置的檩条为单向受弯构件

【答案】

1. D　　2. A　　3. A　　4. C　　5. C　　6. D　　7. C　　8. B　　9. D　　10. A

第9章 疲劳计算与吊车梁设计

9.1 学 习 思 路

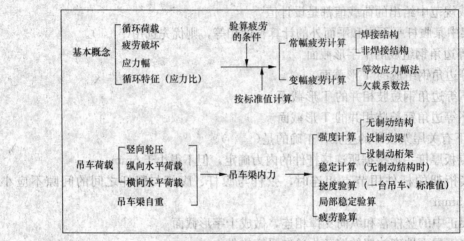

图 9-1 本章学习思路

9.2 主 要 内 容

9.2.1 基本概念

1. 循环荷载和应力循环

随时间而变化的荷载称作循环荷载。在循环荷载作用下，在构件中采用的应力从最小值到最大值再到最小值反复一周称作一个应力循环。

2. 疲劳破坏

钢结构构件或连接在循环荷载作用下，应力低于钢材抗拉强度也会突然断裂，称作疲劳破坏。规范规定，应力循环次数 $n \geq 5 \times 10^4$ 时应进行疲劳计算。由于疲劳破坏是一种拉坏，因此，应力循环中不出现拉应力的部位不必验算疲劳。

3. 应力幅

在应力循环中，最大拉应力与最小拉应力（或压应力）的代数差称作应力幅，即 $\Delta\sigma = \sigma_{max} - \sigma_{min}$（压应力取负号）。应力幅总为正值。在每一次应力循环中，若应力幅为常数，称常幅应力循环，若不是常数而是变量，则称变幅应力循环。

4. 应力循环特征值与应力循环形式

在应力循环中，绝对值最小的应力 σ_{min} 与绝对值最大的应力 σ_{max} 之比 $\rho = \sigma_{min}/\sigma_{max}$（应力以拉为正，压为负）称为应力循环特性或应力循环特征值。

9.2.2 常幅疲劳计算

规范规定，常幅疲劳按照下式计算

$$\Delta\sigma \leqslant [\Delta\sigma] \tag{9-1}$$

$$[\Delta\sigma] = \left(\frac{C}{n}\right)^{1/\beta} \tag{9-2}$$

式中 $\Delta\sigma$——对于焊接结构为应力幅，$\Delta\sigma = \sigma_{max} - \sigma_{min}$；对于非焊接结构为折算应力幅，$\Delta\sigma = \sigma_{max} - 0.7\sigma_{min}$；

σ_{max}、σ_{min}——分别为计算部位每次应力循环中的最大拉应力（取正值）和最小拉应力或压应力（压应力取负值）；

n——应力循环次数，即预期疲劳寿命，可由使用部门或工艺部门提出，一般按 $10^5 \sim 2 \times 10^6$ 次采用；

C、β——与构件和连接类型有关的系数，根据表 9-1 取用。

由于疲劳计算的本质是容许应力法，所以，应力 σ_{max}、σ_{min} 均按照荷载的标准值算出，且不考虑动力系数。

系数 C、β 值   表 9-1

系数	构件和连接类别							
	1	2	3	4	5	6	7	8
C	1.94×10^{15}	0.86×10^{15}	3.26×10^{12}	2.18×10^{12}	1.47×10^{12}	0.96×10^{12}	0.65×10^{12}	0.41×10^{12}
β	4	4	3	3	3	3	3	3

9.2.3 变幅疲劳计算

变幅疲劳计算的实质是，先将变幅应力谱按各应力幅出现的概率，根据线性积累损伤原理，将其折算成等效的常幅，然后按常幅疲劳计算。即采用下式：

$$\Delta\sigma_e \leqslant [\Delta\sigma] \tag{9-3}$$

$$\Delta\sigma_e = \left[\frac{\sum n_i (\Delta\sigma_i)^{\beta}}{\sum n_i}\right]^{1/\beta} \tag{9-4}$$

式中，n_i 为应力幅达到 $\Delta\sigma_i$ 的次数。

对于重级工作制吊车梁和重级、中级工作制吊车桁架，由于已积累了一定的实测数据，所以可改用下式计算：

$$\alpha_f \Delta\sigma \leqslant [\Delta\sigma]_{2 \times 10^6} \tag{9-5}$$

式中 $\Delta\sigma$——所验算部位的应力幅或折算应力幅；

α_f——欠载效应的等效系数，$\alpha_f = \Delta\sigma_e / \Delta\sigma$，对于重级工作制硬钩吊车取 1.0，软钩吊车取 0.8；对于中级工作制吊车取 0.5；

$[\Delta\sigma]_{2 \times 10^6}$——循环次数 $n = 2 \times 10^6$ 次的容许应力幅，可按表 9-2 得到。

循环次数为 $n = 2 \times 10^6$ 次的容许应力幅（N/mm²）   表 9-2

构件和连接类型	1	2	3	4	5	6	7	8
$[\Delta\sigma]_{2 \times 10^6}$	176	144	118	103	90	78	69	59

9.2.4 吊车梁的设计

吊车梁通常为简支梁。吊车梁设计的关键是荷载的计算，荷载确定之后，按照影响线加载得到梁的最不利内力，即可按照梁一章的内容进行设计。

1. 吊车梁的荷载

（1）吊车梁的竖向荷载

吊车最大轮压标准值 $P_{k,max}$、轮压间距和吊车最大宽度等技术数据，可由吊车规格表或有关设计手册查到。吊车的竖向荷载设计值为：

$$P_{max} = \alpha_d \gamma_Q P_{k,max} \tag{9-6}$$

式中，α_d 为动力系数，依据《建筑结构荷载规范》GB 50009—2001 的规定，对悬挂吊车（包括电动葫芦）及工作级别为 A1～A5 的软钩吊车，取 $\alpha_d = 1.05$；对工作级别为 A6～A8 的软钩吊车、硬钩吊车和其他特种吊车，取 $\alpha_d = 1.0$。γ_Q 为活荷载分项系数。

（2）吊车的横向水平荷载

吊车的横向水平荷载由横行的小车在启动或制动时的惯性力产生，其方向与吊车梁相垂直。横向水平荷载的方向应考虑横向小车在两个方向的刹车情况。每个吊车的横向水平荷载的设计值为：

$$T_k = （规定的百分数 \ \eta） \cdot \frac{(Q+Q_1)g}{2n_0} \tag{9-7}$$

式中的"规定的百分数 η"为

软钩吊车　　$Q \leqslant 10t$ 时，$\eta = 12\%$

　　　　　　$Q = 15 \sim 20t$ 时，$\eta = 10\%$

　　　　　　$Q \geqslant 75t$ 时，$\eta = 8\%$

硬钩吊车　　$\eta = 20\%$

Q 为吊车额定起重量（kg）；Q_1 为吊车上横行小车重量（kg）；n_0 为吊车一侧的车轮数。

《钢结构设计规范》规定，计算重级工作制吊车梁（或吊车桁架）及其制动结构的强度、稳定性以及连接（吊车梁或吊车桁架、制动结构、柱相互间的连接）的强度时，应考虑由吊车摆动引起的横向水平力（此水平力不与荷载规范规定的横向水平荷载同时考虑），作用于每个轮压处的此水平力设计值由下式计算：

$$H = \alpha \gamma_Q P_{k,max} \tag{9-8}$$

式中，$P_{k,max}$ 为吊车最大轮压标准值；α 为系数，对一般软钩吊车 $\alpha = 0.1$，抓斗或磁盘吊车宜采用 $\alpha = 0.15$，硬钩吊车宜采用 $\alpha = 0.2$。

（3）吊车梁上的永久荷载

吊车梁所受永久荷载包括：吊车轨道及其构件、吊车梁和制动梁的自重。在吊车梁和制动梁的截面尚未确定前，永久荷载对吊车梁内力（弯矩和剪力）的影响可用吊车梁的最大内力乘以一放大系数 β_w 来考虑。

2. 吊车梁截面组成与验算

吊车梁可采用加强受压翼缘的单轴对称工字形截面（适用于起重量较小的情况），或者设有制动装置的双轴对称工字形截面。

（1）单轴对称工字形截面时

此时，竖向荷载引起的弯矩 M_x 由全部截面承受，吊车水平荷载引起的 M_y 由上翼缘承受，据此验算梁的整体稳定和强度。

（2）设置制动梁时

制动梁用以承受吊车水平荷载产生的弯矩。制动梁截面包括：吊车梁上翼缘、水平腹板和专设的槽钢（图 9-2 (a)）。由于制动梁作为吊车梁的侧向支承阻止其侧移，故吊车梁的整体稳定不必验算。对吊车梁上翼缘强度的验算式为

$$\frac{M_x}{W_{nx}} + \frac{M_y}{W'_{ny}} \leqslant f \tag{9-9}$$

式中，W'_{ny} 为制动梁截面在吊车梁上翼缘外侧算得的截面模量。

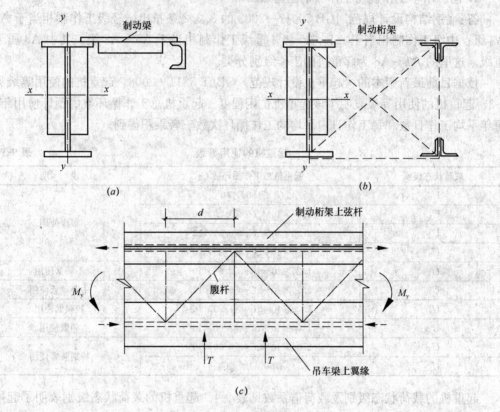

(a) (b)

(c)

图 9-2 制动梁与制动桁架

（3）设置制动桁架时

如图 9-2 (b)、(c) 所示，此时，吊车梁的上翼缘成为制动桁架的一个弦杆，承受节间局部弯矩 M'_y。另外，还承受轴向压力 N_T（该力由桁架承受的弯矩 M_y 等效为力偶得到）。故而吊车梁上翼缘强度的验算式为：

$$\frac{M_x}{W_{nx}} + \frac{M'_y}{W'_{ny}} + \frac{N_T}{A'_n} \leqslant f \tag{9-10}$$

式中，W_{ny} 为吊车梁上翼缘板对自身 y 轴算得的净截面模量；A'_n 为吊车梁上翼缘净截面积；$M'_y = \frac{1}{3} Td$，T 为吊车横向水平荷载设计值。

除上述计算，吊车梁还需要考虑挠度验算和疲劳验算。注意，计算挠度时，应取一台起重量最大的吊车荷载标准值，且不考虑动力系数。

另外，对于轻、中级工作制吊车梁，在计算腹板的稳定性时，吊车轮压设计值可乘以折减系数 0.9。

对吊车梁和吊车桁架的构造要求，在《钢结构设计规范》GB 50017—2003 的 8.5 节有规定。

9.3 疑 问 解 答

1. 问：吊车工作制与工作级别是怎么回事？

答：《钢结构设计规范》GB 50017—2003 的 3.2.2 条指出，轻级工作制相当于 A1～A3 级；中级工作制相当于 A4、A5 级；重级工作制相当于 A6～A8 级，其中 A8 属于特重级。这里的 A1～A8 为起重机的工作级别分类。

依据目前最新版本的《起重机设计规范》GB/T 3811—2008，起重机的使用等级见表 9-3。起重机的使用等级表明了该起重机忙闲程度。起重机总工作循环数由预计使用年数、每年平均工作日数和每工作日内平均的工作循环次数三者乘积得到。

起重机的使用等级　　　　　　　　　表 9-3

载荷状态级别	起重机总工作循环数 C_T	说　明
U_0	$C_T \leqslant 1.60 \times 10^4$	很少使用
U_1	$1.60 \times 10^4 < C_T \leqslant 3.20 \times 10^4$	
U_2	$3.20 \times 10^4 < C_T \leqslant 6.30 \times 10^4$	
U_3	$6.30 \times 10^4 < C_T \leqslant 1.25 \times 10^5$	
U_4	$1.25 \times 10^5 < C_T \leqslant 2.50 \times 10^5$	不频繁使用
U_5	$2.50 \times 10^5 < C_T \leqslant 5.00 \times 10^6$	中等频繁使用
U_6	$5.00 \times 10^5 < C_T \leqslant 1.00 \times 10^6$	较频繁使用
U_7	$1.00 \times 10^6 < C_T \leqslant 2.00 \times 10^6$	频繁使用
U_8	$2.00 \times 10^6 < C_T \leqslant 4.00 \times 10^6$	特别频繁使用
U_9	$4.00 \times 10^6 < C_T$	

起重机的载荷状态级别及载荷谱系数见表 9-4。起重机的载荷状态级别表明了起吊荷载的轻重程度。$K_p = \sum \left[\dfrac{C_i}{C_T} \left(\dfrac{P_{Qi}}{P_{Qmax}} \right)^3 \right]$，式中，$P_{Qi}$、$C_i$ 分别表示起重机有代表性的起升载荷和相应的循环次数；P_{Qmax} 为起重机的额定起升载荷。

起重机的载荷状态级别及载荷谱系数　　　　　　表 9-4

载荷状态级别	起重机的载荷谱系数 K_p	说　明
Q_1	$K_p \leqslant 0.125$	很少吊运额定载荷，经常吊运较轻载荷
Q_2	$0.125 < K_p \leqslant 0.250$	较少吊运额定载荷，经常吊运中等载荷
Q_3	$0.250 < K_p \leqslant 0.500$	有时吊运额定载荷，较多吊运较重载荷
Q_4	$0.500 < K_p \leqslant 1.000$	经常吊运额定载荷

起重机整机的工作级别见表 9-5。

起重机整机的工作级别 表 9-5

载荷状态级别	起重机的使用等级									
	U_0	U_1	U_2	U_3	U_4	U_5	U_6	U_7	U_8	U_9
Q_1	A1	A1	A1	A2	A3	A4	A5	A6	A7	A8
Q_2	A1	A1	A2	A3	A4	A5	A6	A7	A8	A8
Q_3	A1	A2	A3	A4	A5	A6	A7	A8	A8	A8
Q_4	A2	A3	A4	A5	A6	A7	A8	A8	A8	A8

2. 问：何种形式的吊车梁应该进行疲劳计算？

答：《钢结构设计规范》GB 50017—2003 第 6.2.3 条的条文说明指出："轻级工作制吊车梁和吊车桁架以及大多数中级工作制吊车梁，根据多年来使用的情况和设计经验，可不进行疲劳计算"。参考文献［10］指出，对重级工作制吊车梁和 $Q \geqslant 50t$ 的中级工作制吊车梁进行疲劳计算。

笔者认为，以上说法，并未与 2003 版《钢结构设计规范》中的"应力循环次数大于等于 5×10^4 次需要验算疲劳"联系起来。

依据《起重机设计规范》（无论是 GB/T 3811—1983 还是 GB/T 3811—2008）中吊车工作级别的划分，中级（A4～A5）、重级全部工作在 6.3×10^4 次以上，再考虑到《钢结构设计规范》GB 50017—2003 对应力循环次数大于等于 5×10^4 次的要求，因此，中级、重级工作制吊车梁都属于应计算疲劳的范畴。笔者认为，规范 6.2.3 条的条文说明似乎是沿用 88 版《钢结构设计规范》的做法（该规范规定疲劳验算条件是应力循环次数大于等于 10^5 次），并未适应 2003 版的变化。

3. 问：疲劳验算中，对于焊接结构，取 $\Delta\sigma = \sigma_{max} - \sigma_{min}$；对于非焊接结构，取 $\Delta\sigma = \sigma_{max} - 0.7\sigma_{min}$，这样，对于同样的受力，在 σ_{min} 为正值时，前者 $\Delta\sigma$ 小，后者 $\Delta\sigma$ 大，表明对于非焊接结构的要求更严格。这似乎不符合常理。如何解释？

答：上述观点实际上隐含了一个前提条件，就是两种情况的 $[\Delta\sigma]$ 相等。事实上，这一前提大多并不存在。

依据规范，容许应力幅 $[\Delta\sigma] = \left(\dfrac{C}{n}\right)^{1/\beta}$，$C$、$\beta$ 的取值与疲劳分类有关。计算疲劳时构件和连接分为 8 类，这 8 种类型在相同的应力循环次数下对应的 $[\Delta\sigma]$ 是逐渐降低的。疲劳分类相同，才会存在 $[\Delta\sigma]$ 相等。

查"疲劳计算的构件和连接分类"表（见本书附表 1-19），项次 17～19 为非焊缝连接（笔者认为，表中之所以没有列入普通螺栓的原因是，C 级普通螺栓连接抗剪性能较差而 A、B 级的则被高强度螺栓连接取代。另外，我国对承受动力荷载的高强度螺栓连接，通常按照摩擦型处理）。常用的"高强度螺栓摩擦型连接"为项次 19，需要计算的部位为"连接处的主体金属"且用毛截面积，对应的类别为 2。焊缝连接中能达到 2 类的只有对接焊缝且需达到一级焊缝要求，其他的角焊缝连接类别均较低。

可见，疑问中所提出的观点只是适用于对接焊缝且质量等级为一级的少数情况（对接焊缝本身承受动力荷载的性能就比较好），对于角焊缝并非如此。

4. 问：疲劳计算时用到的构件和连接分类表，有哪些需要改进之处？

答：邱鹤年在《钢结构设计禁忌与实例》（中国建筑工业出版社，2009年）一书中，对该表提了几点改进意见，如下：

（1）项次5，上、下两图应互换。因为上图对应的是双层翼缘板之间的连接焊缝，正好是表中的文字说明（2）。而且，双层翼缘板图中，腹板与翼缘间焊缝不必表示出来，因为此焊缝不宜为角焊缝，宜为熔透焊，不属本项次。

（2）项次6只适合承受正弯矩；同时，与翼缘腹板间焊缝无关，可删去。肋端断弧是不允许的。

（3）项次9，与翼缘腹板间焊缝无关，可删去。

（4）项次13，对于下图，1-1剖面的位置应是θ角与边线交点处，且无端焊缝。

在本书的附表1-19中，已经按照以上建议进行了修改。

9.4 知 识 拓 展

吊车梁的绝对最大弯矩

由于移动荷载的作用位置不同，对于每个截面而言，都存在一个最大弯矩。对所有截面的最大弯矩再取最大者，就是"绝对最大弯矩"。

由结构力学知识可知，具有P_1、P_2，…，P_n共n个集中荷载的移动荷载系作用于简支梁AB时，绝对最大弯矩的截面（记作C点）位于梁跨中附近，且必然有一个集中荷载P_k作用于该位置。理论分析还表明，该P_k与n个集中荷载的合力$\sum P_i$对称于梁的中点。因此，依次把每个荷载假定为P_k，就可经比较得到梁的绝对最大弯矩。

对于吊车梁，由于$P_i=P$（$i=1$，2，…，n），情况得到进一步简化。《钢结构设计手册》给出了2、3、4、6个轮压作用于梁上时吊车梁取得绝对最大弯矩的轮压位置，如图9-3（a）、（b）、（c）、（d）所示，相应的计算公式如下：

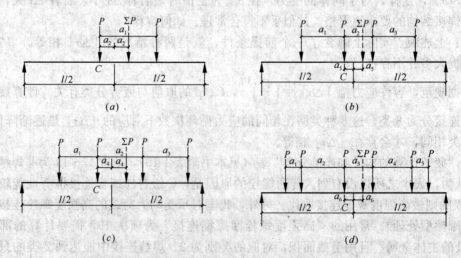

图9-3 吊车梁取得最大绝大弯矩时的轮压位置

2 个轮压时 C 点位置：$a_2 = \dfrac{a_1}{4}$，最大弯矩：$M_{max}^c = \dfrac{\sum P\left(\dfrac{l}{2} - a_2\right)^2}{l}$

3 个轮压时 C 点位置：$a_3 = \dfrac{a_2 - a_1}{6}$，最大弯矩：$M_{max}^c = \dfrac{\sum P\left(\dfrac{l}{2} - a_3\right)^2}{l} - Pa_1$

4 个轮压时 C 点位置：$a_4 = \dfrac{2a_2 + a_3 - a_1}{8}$，最大弯矩：$M_{max}^c = \dfrac{\sum P\left(\dfrac{l}{2} - a_4\right)^2}{l} - Pa_1$

6 个轮压时 C 点位置：$a_6 = \dfrac{3a_3 + 2a_4 + a_5 - a_1 - 2a_2}{12}$

最大弯矩：$M_{max}^c = \dfrac{\sum P\left(\dfrac{l}{2} - a_6\right)^2}{l} - P(a_1 + 2a_2)$

作者发现，对于 6 个轮压的情况，手册给出的公式只适用于 $a_4 \geqslant a_2$ 时。为此，若 $a_4 < a_2$，则需要将 a_5、a_4、a_3、a_2、a_1 分别记作 a_1、a_2、a_3、a_4、a_5，代入上式求算 a_6，进而算出 M_{max}^c。

读者可通过这样一个算例加深认识：两台吊车作用于简支梁上，共 6 个轮压，均为 $P = 611.6\text{kN}$，轮压间距 $a_1 = 840\text{mm}$，$a_2 = 3960\text{mm}$，$a_3 = 840\text{mm}$，$a_4 = 3560\text{mm}$，$a_5 = 840\text{mm}$。梁长 $l = 12\text{m}$。求绝对最大弯矩。

依据《钢结构设计手册》给出的公式，可得：

$$a_6 = \frac{3a_3 + 2a_4 + a_5 - a_1 - 2a_2}{12}$$

$$= \frac{3 \times 840 + 2 \times 3560 + 840 - 840 - 2 \times 3960}{12} = 143\text{mm}$$

$$M_{max}^3 = \frac{6 \times 611.6 \times (6 - 0.143)^2}{12} - 611.6 \times (0.81 + 2 \times 3.96) = 5133\text{kN} \cdot \text{m}$$

将 a_5、a_4、a_3、a_2、a_1 分别记作 a_1、a_2、a_3、a_4、a_5，相当于轮压队列反向，这时可以得到：

$$a_6 = \frac{3 \times 840 + 2 \times 3960 + 840 - 840 - 2 \times 3560}{12} = 27.7\text{mm}$$

$$M_{max}^4 = \frac{6 \times 611.6 \times (6 - 0.277)^2}{12} - 611.6 \times (0.81 + 2 \times 3.56) = 5147\text{kN} \cdot \text{m}$$

9.5 典 型 例 题

1. 某角钢与节点板的连接，如图 9-4 所示。钢材为 Q235B。拉杆承受重复荷载作用，预期寿命为循环次数 $n = 1.8 \times 10^6$ 次。最大荷载标准值为 $N_{kmax} = 450\text{kN}$，最小荷载标准值为 $N_{kmin} = 370\text{kN}$。要求：验算该连接的疲劳。

解： 查型钢表可知∟ 90×8 的截面积为 13.944cm^2。查附表 1-19，知需要验算的部位有 3 处。

(1) 两侧面角焊缝端部主体金属的疲劳

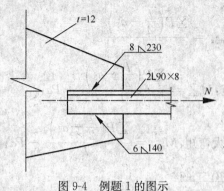

图 9-4　例题 1 的图示

依据附表 1-19，该情况为项次 11，疲劳计算时属第 8 类。查表 9-1，得 $C = 0.41 \times 10^{12}$，$\beta = 3$，于是

$$[\Delta\sigma] = \left(\frac{C}{n}\right)^{1/\beta} = \left(\frac{0.41 \times 10^{12}}{1.8 \times 10^6}\right)^{1/3} = 61.1 \text{N/mm}^2$$

$$\Delta\sigma = \sigma_{max} - \sigma_{min} = \frac{450 \times 10^3 / 2}{13.944 \times 10^2} - \frac{370 \times 10^3 / 2}{13.944 \times 10^2}$$

$$= 28.7 \text{N/mm}^2 < [\Delta\sigma] = 61.1 \text{N/mm}^2$$

(2) 角钢肢背处角焊缝的疲劳

依据附表 1-19，该情况为项次 16，疲劳计算时也属第 8 类，只不过这里应力符号记作 τ，即 $[\Delta\tau] = [\Delta\sigma] = 61.1 \text{N/mm}^2$。

$$\Delta\tau = \tau_{max} - \tau_{min}$$

$$= \frac{0.7 \times 450 \times 10^3 / 2}{0.7 \times 8 \times (230 - 2 \times 8)} - \frac{0.7 \times 370 \times 10^3 / 2}{0.7 \times 8 \times (230 - 2 \times 8)}$$

$$= 33.4 \text{N/mm}^2 < [\Delta\tau] = 61.1 \text{N/mm}^2$$

(3) 角钢肢尖处角焊缝的疲劳

$$[\Delta\tau] = [\Delta\sigma] = 61.1 \text{N/mm}^2$$

$$\Delta\tau = \tau_{max} - \tau_{min}$$

$$= \frac{0.3 \times 450 \times 10^3 / 2}{0.7 \times 6 \times (140 - 2 \times 6)} - \frac{0.3 \times 370 \times 10^3 / 2}{2 \times 0.7 \times 6 \times (140 - 2 \times 6)}$$

$$= 22.3 \text{N/mm}^2 < [\Delta\tau] = 61.1 \text{N/mm}^2$$

2. 某工业厂房中的吊车桁架，跨度 24m，吊车为 2 台 15/3t 中级工作制，每台吊车每侧的轮子数、轮距和最大轮压标准值如图 9-5 所示。吊车桁架及轨道自重按 5kN/m 计算（标准值）。今下弦杆截面选用 2∟160×14，与节点板采用侧面角焊缝连接。问：此截面是否满足疲劳要求？

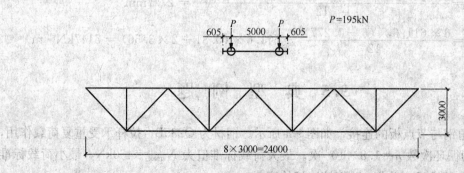

图 9-5　例题 2 的图示

解： 验算疲劳只考虑一台吊车。将桁架视为梁，在两个移动荷载作用下的最大弯矩为

$$M = \frac{\sum P \left(\dfrac{l}{2} - \dfrac{a_1}{4} \right)^2}{l} = \frac{195 \times 2 \times \left(\dfrac{24}{2} - \dfrac{5}{4} \right)^2}{24} = 1877.89\text{kN} \cdot \text{m}$$

将其等效为力偶，得到下弦杆的内力 $N = 1877.89/3 = 625.96\text{kN}$

由于自重荷载引起的轴力既包含在 N_{kmax} 中也包含在 N_{kmin} 中，计算拉力差 $\Delta N = N_{kmax} - N_{kmin}$ 时会消去，故 $\Delta N = 625.96\text{kN}$。

$$\Delta \sigma = \sigma_{max} - \sigma_{min} = \frac{\Delta N}{A} = \frac{625.96 \times 10^3}{2 \times 43.296 \times 10^2} = 72.3\text{N/mm}^2$$

查附表 1-19，两侧面角焊缝连接端部主体金属验算疲劳时为 8 类，查 9-2，对应 $n = 2 \times 10^6$ 次的容许应力幅为 59N/mm^2。中级工作制吊车桁架欠载效应的等效系数 $\alpha_f = 0.5$。于是

$$\alpha_f \Delta \sigma = 0.5 \times 72.3 = 36.15\text{N/mm}^2 < [\Delta \sigma]_{2 \times 10^6} = 59\text{N/mm}^2$$

所选用角钢截面满足要求。

9.6 习　　题

9.6.1　选择题

1. 以下有关疲劳的观点，正确的是（　　　）。

A. 计算应力幅时，应采用荷载的标准值，同时考虑动力系数

B. 对各种结构形式，应力幅 $\Delta \sigma = \sigma_{max} - \sigma_{min}$

C. 构件及其连接的共分为 6 个类别，主要划分依据为应力集中的程度

D. 对于重级工作制吊车梁，应进行疲劳计算

2. 对吊车梁的挠度进行验算时，（　　　）。

A. 应采用一台起重量最大的吊车进行计算　　　B. 按照实际布置的吊车进行计算

C. 不考虑吊车梁的自重　　　　　　　　　　　D. 不考虑轮压的布置

3. 关于吊车梁的强度计算，以下说法正确的是（　　　）。

A. 仅考虑竖向荷载作用，采用吊车梁截面计算

B. 当采用制动梁结构时，吊车水平荷载引起的 M_y，只考虑由受压翼缘承受

C. 当采用制动桁架时，只考虑竖向荷载作用

D. 按不多于两台吊车计算内力，并考虑动力系数

4. 以下有关疲劳的观点，正确的是（　　　）。

A. 对于非焊接构件，当应力比 ρ 为定值时，σ_{max} 小于疲劳强度极限则试件不会因重复荷载而破坏

B. 应力比 ρ 的变化范围为 $0 \leqslant \rho \leqslant 1$

C. 对于吊车梁进行疲劳计算时，验算部位为焊缝位置，主体金属不必验算

D. 用公式 $\alpha_f \Delta \sigma < [\Delta \sigma]_{2 \times 10^6}$ 验算吊车梁疲劳的前提是，吊车梁的寿命为 2×10^6 次

5. 关于吊车梁的设计，以下说法正确的是（　　　）。

A. 承受多台吊车的吊车梁，按起重量最大的两台考虑，进行强度和稳定性计算

B. 吊车梁设计时，吊车横向水平荷载标准值取为 $H=\alpha P_{kmax}$

C. 吊车梁上的永久荷载，在截面尚未确定前，可以通过将吊车荷载产生的最大内力乘以增大系数来考虑

D. 制动桁架的作用是使吊车能够在短时间内完成制动

【答案】1.D　　2.A　　3.D　　4.A　　5.C

9.6.2 填空题

1. 规范规定，直接承受动力荷载循环作用的钢结构构件及其连接，当应力循环次数_____时，应进行疲劳计算。_____部位可不计算疲劳。

2. 制动结构主要承受_____。

3. 重级工作制吊车梁腹板与上翼缘的连接，应采用_____焊缝且质量等级_____。与制动钢桁架传递水平力的连接应采用_____连接。

4. 对于重级工作制吊车梁，可采用公式 $\alpha_f \Delta\sigma < [\Delta\sigma]_{2\times10^6}$，这里，$\alpha_f$ 为_____。

5. 疲劳计算时的应力幅，对于焊接结构，取_____；对于非焊接结构，取_____。

【答案】

1. $n\geqslant5\times10^4$　　不出现拉应力的　　2. 横向水平力

3. T形对接与角接组合　　不低于二级　　高强螺栓摩擦型

4. 欠载效应的等效系数　5. $\Delta\sigma=\sigma_{max}-\sigma_{min}$　　$\Delta\sigma=\sigma_{max}-0.7\sigma_{min}$

9.6.3 简答题

1. 简述影响钢材疲劳强度的因素有哪些。

2. 试述疲劳计算的公式，为何计算中不采用设计值而采用标准值？应对哪些结构或连接计算疲劳？

【答案】

1. 答：影响钢材疲劳强度的因素主要有：（1）构件的构造和连接形式；（2）应力循环次数；（3）荷载引起的应力状况。

2. 答：计算公式为 $\Delta\sigma\leqslant[\Delta\sigma]$，$[\Delta\sigma]=\left(\dfrac{C}{n}\right)^{1/\beta}$，对于焊接结构，$\Delta\sigma=\sigma_{max}-\sigma_{min}$；对于非焊接结构，$\Delta\sigma=\sigma_{max}-0.7\sigma_{min}$。

疲劳问题十分复杂，目前所采用的计算方法不是极限状态设计法而是容许应力法，故在计算中采用荷载标准值且不计入动力系数

疲劳计算用于应力循环次数 $n\geqslant5\times10^4$ 次的结构构件和连接，不出现拉应力的部位，不需要计算疲劳。

自 测 题

自 测 题 1

问答题（前 **10** 个小题每题 **6** 分，后 **5** 个小题每题 **8** 分，共 **100** 分）

1. 钢材的抗剪强度设计值 f_v 与抗拉强度设计值 f 之间有什么关系？为什么？

2. 正面角焊缝与侧面角焊缝的受力有何区别？

3. 厚钢板在焊接时会出现什么问题？

4. 对单轴对称截面柱如何计算长细比？

5. 什么是压溃荷载？

6. 写出高强度螺栓摩擦型连接时的抗剪承载力计算公式，并说明符号含义。

7. 试述我国钢结构设计规范中轴心受压构件局部稳定的设计原则。

8. 钢结构的疲劳破坏主要与哪些因素有关？

9. 试述纵向焊接残余应力的成因。

10. 为什么要对屋架设置支撑？

11. 工字钢用于轴压柱和梁时，对截面的要求有何不同？

12. 和理想轴心受压柱相比，工程中实际的受压构件需要进一步考虑哪些问题才能使计算与实际相符？

13. 对于薄壁截面（例如槽形截面）梁，荷载通过剪心（或弯曲中心）和不通过剪心有何区别？画出槽钢的剪心位置。

14. 试述格构式柱与实腹式柱的区别。

15. 分析提高四边简支板稳定性的经济方法。

自测题 1 答案

问答题

1. 答：根据材料力学中的第四强度理论，$f_{vy} = \dfrac{\sqrt{3}}{3} f_y$，即受纯剪切时，剪应力达到 0.58 倍的屈服应力时钢材进入屈服，故取钢材的抗剪强度设计值 $f_v = 0.58 f$。

2. 答：正面角焊缝与侧面角焊缝相比，受力状态比较复杂，强度高，刚度较大，塑性差。

3. 答：厚钢板在作为焊件使用时，可能会因受力出现"分层"现象，因此，应注意避免力垂直作用于钢板平面。

4. 答：单轴对称截面绕非对称轴弯曲时，按 $\lambda_x = l_{0x}/i_x$ 计算长细比；绕对称轴弯曲时，应计及扭转的影响，采用换算长细比 λ_{yz}。

5. 答：受压构件当所受轴力达到某一数值时，弯曲变形会使构件丧失承载能力，可承受的最大的压力值就是压溃荷载。

6. 答：高强度螺栓摩擦型连接时，一个螺栓的抗剪承载力设计值为 $N_v^b = 0.9 n_f \mu P$，式中，n_f 为受力摩擦面的数目；0.9 为用来考虑受力不均匀的系数；μ 为构件接触面抗滑移系数；P 为螺栓预拉力设计值。

7. 答：《钢结构设计规范》GB 50017—2003 在规定轴心受压构件宽厚比限值时，采用了两种原则：（1）等稳定性原则，即板件的局部屈曲临界应力应大于或等于构件的整体稳定临界力，不允许板件的屈曲先于构件的整体屈曲。对工字形截面构件和 T 形截面构件采用此原则。（2）板件的局部屈曲临界应力应大于或等于钢材屈服点，对箱形截面构件采用此原则。

8. 答：（1）构件的构造和连接形式；（2）应力循环次数；（3）荷载引起的应力状况。

9. 答：沿焊缝的纵向，由于施焊过程中受热不均匀，距离焊缝近的温度高，距离远的温度低，导致距离焊缝近处的纤维产生塑性压缩变形。温度降低，距离焊缝近处的纤维有缩短至比原来更短的趋势，导致受拉，而远处则受压。

10. 答：屋架支撑的作用体现在：

（1）保证结构的空间几何形状不变；（2）保证结构的整体刚度，发挥结构的空间作用；（3）为桁架杆件提供侧向支承点；（4）承受并传递水平荷载；（5）保证结构安装时的稳定和方便。

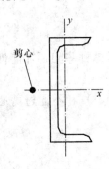

剪心

自测图 1-1

11. 答：工字钢用于轴心受压柱时，通常从经济性考虑，要求绕两个主轴的稳定性接近；工字钢用于梁时，从强度考虑，梁高较大，壁薄而开展，但翼缘的自由外伸宽度与厚度之比要满足限值要求，腹板的高厚比可大些，通过设置加劲肋保证其局部稳定。

12. 答：需要考虑的问题包括：（1）残余应力的大小与分布；（2）初变形，例如初弯曲；（3）初偏心；（4）杆端约束情况。

13. 答：对于薄壁截面（例如槽形截面）梁，荷载通过剪心时，梁不会发生扭转，若不通过剪心，则会发生扭转。槽钢的剪心位置如自测图 1-1。

14. 答：（1）整体稳定。格构式柱的整体稳定计算，绕实轴时与实腹式柱没有区别；绕虚轴时应考虑剪力会引起较大的附加变形，采用换算长细比计算。（2）局部稳定。格构式柱还要验算分肢的稳定性。

15. 答：四边简支板的弹性稳定应力 $\sigma_{cr} = \dfrac{\chi K \pi^2 E}{12(1-\mu^2)} \times \left(\dfrac{t}{b}\right)^2$，由此可见，增加临界应力的措施可以是：（1）对板件边缘增强约束，增大 χK；（2）减小板件的宽厚比。

自 测 题 2

一、填空题（每空格 1 分，共 15 分）

1. 温度升高时，钢材的屈服强度、抗拉强度和弹性模量变化的总趋势是_____。

2. 出现疲劳断裂时，截面上的应力_____钢材的抗拉强度，疲劳破坏属于_____破坏。

3. 在直接承受动力荷载的结构中，为改善受力性能，角焊缝表面可做成_____形。

4. 对于焊接组合梁，翼缘板的局部稳定采用_____方法保证，腹板的局部稳定采用_____方法保证。

5. 欧拉临界力公式只适用于两端铰接的笔直轴心压杆在_____状态_____的承载力。

6. 格构式压弯构件对虚轴的弯曲失稳是以截面_____开始_____作为设计准则。

7. 对于加强上翼缘的吊车梁，进行截面验算时，假定_____荷载由吊车梁承受，而_____荷载由吊车梁上翼缘承受。

8. 因脱氧程度不同，钢材分为_____、镇静钢和_____。

9. 根据钢材厚度不同，按规定的弯心直径将试样弯曲180°，其表面与侧面_____则视为冷弯试验合格。

二、判断题（表达正确的画"√"，错误的画"×"，要求给出答题理由。每小题 2 分，共 20 分）

1. 残余应力会降低构件的刚度。

2. 应力集中对构件的静力强度无影响。

3. 按照双模量理论确定的弹塑性屈曲应力比按照切线模量理论确定的高。

4. 在弹性阶段，侧面角焊缝沿焊缝长度方向的剪应力均匀分布。

5. 加宽梁的受压上翼缘，有利于梁的整体稳定性。

6. 普通螺栓连接是靠接触面之间的摩擦力传递外力的。

7. 梁的临界弯矩与跨度无关。

8. 对于四边简支板，减小板沿受力方向的长度可以提高板件的弹性屈曲临界力。

9.《钢结构设计规范》对直接承受动力荷载的受弯构件，允许考虑截面有一定程度的塑性发展。

10. 变截面阶形柱的上、下段柱的计算长度只取决于柱上、下段的线刚度比值。

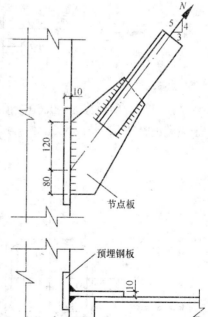

自测图 2-1

三、简答题（共 10 分）

（5 分）1. 简述钢结构的特点与应用。

（5 分）2. 简述承重钢结构选择钢材的目的以及应考虑的因素。

四、计算题（共 55 分）

（10 分）1. 验算自测图 2-1 中节点板与预埋钢板间的角焊缝。已知：角焊缝焊脚尺寸 $h_f=8mm$，偏心力设计值 $N=250kN$（静力荷载），钢材为 Q235 级，手工焊，焊条为 E43 型，角焊缝强度设计值 $f_f^w=160N/mm^2$。

（10 分）2. 如自测图 2-2 所示的双拼接板连接，采用 8.8 级的 M22 高强度螺栓（孔径 $d_0=23.5mm$），承受轴心拉力设计值 $N=1100kN$。钢材为 Q345A（厚度≤16mm 时 $f=310N/mm^2$，厚度>16mm 且≤35mm 时 $f=295N/mm^2$），构件接触面采用喷砂处理。要求：分别按摩擦型和承压型连接验算该拼接是否满足规范要求。

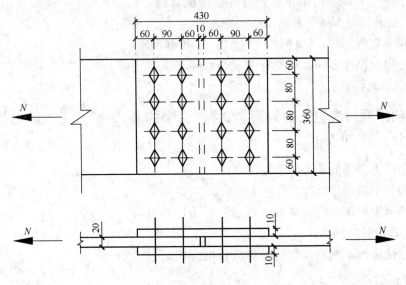

自测图 2-2

已知：抗滑移系数 $\mu=0.50$；预拉力 $P=150kN$；抗剪强度设计值 $f_v^b=250N/mm^2$；承压强度设计值 $f_c^b=590N/mm^2$。剪切面处没有螺纹。

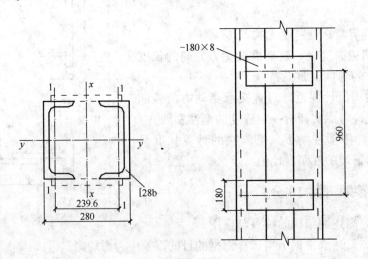

自测图 2-3

（15 分）3. 验算自测图 2-3 所示格构式轴心受压柱的整体稳定。柱高 7.2m，两端铰接，两个分肢为 [28b，钢材为 Q235（$f=215\text{N/mm}^2$）。缀板与分肢采用围焊缝，焊条为 E43 型。该柱承受轴心压力设计值为 $N=1450\text{kN}$。

已知：柱截面绕 x 轴和 y 轴屈曲时均为 b 类；[28b 的截面特性为：$A=45.6\text{cm}^2$，$i_y=10.6\text{cm}$，$I_1=242\text{cm}^4$，$i_1=2.3\text{cm}$，$x_0=2.02\text{cm}$。

（20 分）4. 焊接工字形截面压弯构件，两端铰接，跨中有一侧向支承点，如自测图 2-4 所示。钢材采用 Q235A（$f=215\text{N/mm}^2$），翼缘为火焰切割边。承受轴心压力设计值 $N=900\text{kN}$（静力荷载），在构件的跨中有一横向集中荷载，设计值为 $P=100\text{kN}$（静力荷载）。

要求验算：（1）构件的强度；（2）构件在弯矩作用平面内的整体稳定；（3）构件在弯矩作用平面外的整体稳定；（4）板件的局部稳定。

已知：工字形截面的截面特性：$A=16700\text{mm}^2$，$I_x=792.4\times10^6\text{mm}^4$，$I_y=160.0\times10^6\text{mm}^4$，$i_x=217.8\text{mm}$，$i_y=97.9\text{mm}$。$\gamma_x=1.05$。

整体稳定系数的近似计算公式：$\varphi_b=1.07-\dfrac{\lambda_y^2}{44000}$

等效弯矩系数 $\beta_{mx}=1.0$，$\beta_{tx}=0.65+0.35M_2/M_1$

截面绕 x 轴和 y 轴屈曲时均为 b 类。

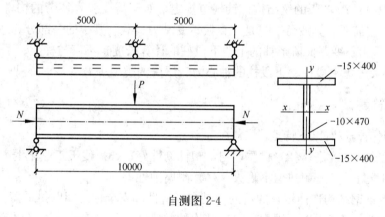

自测图 2-4

自测题 2 答案

一、填空题

1. 减小　　2. 小于　脆性　　3. 凹　　4. 限制宽厚比　设置加劲肋

5. 理想　弯曲屈曲　　6. 受压最大纤维　屈服　　7. 竖向　水平

8. 沸腾钢　特殊镇静钢　　9. 无肉眼可见裂纹

二、判断题

1. √　理由：残余应力有自相平衡的特点，有拉应力必然有压应力。对于受拉构件，已经存在的拉应力会使承受力的截面变小，变形变大，刚度降低。受压构件则是压应力的存在导致。

2. √ 理由：钢材具有较好的塑性，应力大的部位只是先达到塑性，最终整个净截面都会达到塑性，所以说，应力集中对构件的静力强度无影响。

3. √ 理由：香莱理论认为，双模量理论确定的是压杆弹塑性临界应力的上限，切线模量理论确定的是下限，所以，按照双模量理论确定的弹塑性屈曲应力比按照切线模量理论确定的高。

4. × 理由：试验表明，在弹性阶段，侧面角焊缝沿焊缝长度方向的剪应力分布不均匀，两端大中间小。

5. √ 理由：根据梁的弹性稳定理论，加宽梁的受压上翼缘，可以提高临界弯矩 M_{cr}，即有利于梁的整体稳定性。

6. × 理由：普通螺栓连接时，由于拧紧螺帽时的预拉力较小，接触面之间的摩擦力也较小。普通螺栓连接主要是靠螺栓杆抗剪和孔壁承压传递剪力。

7. × 理由：根据梁的弹性稳定理论，跨度越大，临界弯矩 M_{cr} 越小。

8. × 理由：根据板件弹性稳定理论，对于四边简支板，$N_{crx}=K\dfrac{\pi^2 D}{b^2}$，式中，屈曲系数 K 随 a/b 而变化，a 为沿受力方向的板长，b 为垂直于受力方向的板宽，通常取 $K=4$。由公式可见，N_{crx} 与 a 无关，与 b 的平方成反比。

9. √ 理由：2003 版的钢结构设计规范规定，对于需要验算疲劳的构件，取塑性发展系数为 1.0。"需要验算疲劳"只是"直接承受动力荷载"其中的一部分。

10. × 理由：变截面阶形柱的上、下段柱的计算长度，不仅与柱上、下段的线刚度比值有关，还要考虑上段柱、下段柱的轴心力、厂房的类型等。

三、简答题

1. 答： 钢结构具有以下特点：

（1）重量轻、强度高；（2）材质均匀，塑性韧性好；（3）便于工业化生产，施工周期短；（4）密闭性好；（5）耐热但不耐火；（6）耐腐蚀性差。

2. 答： 承重钢结构选择钢材的目的，是在经济性和安全性之间取得平衡。

选择钢材应主要考虑以下因素：（1）结构的重要性；（2）连接方法（焊接、非焊接）；（3）荷载的特征（静力荷载、动荷载）；（4）工作的温度。

四、计算题

1. 解： 角焊缝受剪力 $\dfrac{4}{5}N=200\text{kN}$，轴心拉力 $\dfrac{3}{5}N=150\text{kN}$，弯矩 $\dfrac{3}{5}N\times20=3.0\times10^3\text{kN}\cdot\text{mm}$。

$$A_e=0.7\times8\times(200-2\times8)\times2=2060.8\text{mm}^2$$

$$\tau_{fx}=\frac{V}{A_e}=\frac{200\times10^3}{2060.8}=97.0\text{N/mm}^2$$

$$\sigma_{fy}^{N}=\frac{N}{A_e}=\frac{150\times10^3}{2060.8}=72.8\text{N/mm}^2$$

$$\sigma_{fy}^M = \frac{M}{W} = \frac{3.0 \times 10^6}{2 \times 0.7 \times 8 \times (200 - 2 \times 8)^2 / 6} = 47.5 \text{N/mm}^2$$

$$\sqrt{\left(\frac{\sigma_{fy}^N + \sigma_{fy}^M}{\beta_f}\right)^2 + (\tau_{fx})^2} = \sqrt{\left(\frac{72.8 + 47.5}{1.22}\right)^2 + 97.0^2}$$

$$= 135 \text{N/mm}^2 < f_f^w = 160 \text{N/mm}^2$$

2. 解:

单个螺栓所受剪力:$N_v = \frac{N}{n} = \frac{1100}{8} = 137.5 \text{kN}$

(1) 按摩擦型连接计算

$$N_v^b = 0.9 n_f \mu P = 0.9 \times 2 \times 0.5 \times 150 = 135 \text{kN} < N_v = 137.5 \text{kN}$$

由于差别仅仅 (137.5−135) /135=1.8%<5%,可以认为螺栓满足要求。

对构件计算如下:

$$\sigma = \left(1 - 0.5 \frac{n_1}{n}\right) \frac{N}{A_n} = \left(1 - 0.5 \times \frac{4}{8}\right) \times \frac{1100 \times 10^3}{(360 - 4 \times 23.5) \times 20}$$

$$= 155 \text{N/mm}^2 < f = 295 \text{N/mm}^2$$

$$\sigma = \frac{N}{A} = \frac{1100 \times 10^3}{360 \times 20} = 153 \text{N/mm}^2 < f = 295 \text{N/mm}^2$$

构件强度满足要求。

(2) 按承压型连接计算

$$N_v^b = n_v \cdot \frac{\pi d^2}{4} \cdot f_v^b = 2 \times \frac{3.14 \times 22^2}{4} \times 310 \times 10^{-3} = 235.6 \text{kN}$$

$$N_c^b = d \cdot \sum t \cdot f_c^b = 22 \times 20 \times 590 \times 10^{-3} = 259.6 \text{kN}$$

故 $N_{vmin}^b = 235.6 \text{kN}$。由于 $N_{vmin}^b > N_v = 137.5 \text{kN}$,螺栓连接满足要求。

对构件计算如下:

$$\sigma = \frac{N}{A_n} = \frac{1100 \times 10^3}{(360 - 4 \times 23.5) \times 20} = 207 \text{N/mm}^2 < f = 295 \text{N/mm}^2$$

构件强度满足要求。

3. 解:

对实轴计算

$$\lambda_y = \frac{l_{0y}}{i_y} = \frac{7200}{106} = 68, \text{按 b 类截面查表}, \varphi_y = 0.763$$

$$\frac{N}{\varphi_y A} = \frac{1450 \times 10^3}{0.763 \times 2 \times 4560} = 208 \text{N/mm}^2 < f = 215 \text{N/mm}^2$$

对虚轴计算

$$I_x = 2 \times \left[242 + 45.6 \times \left(\frac{23.96}{2}\right)^2\right] = 13573 \text{cm}^4$$

$$i_x = \sqrt{I_x/A} = \sqrt{13573/91.2} = 17.3\text{cm}$$

$$\lambda_x = l_{0x}/i_x = 7200/173 = 41.6$$

$$\lambda_{0x} = \sqrt{\lambda_x^2 + \lambda_1^2} = \sqrt{41.6^2 + 33.9^2} = 54$$

按 b 类截面查表，得到 $\varphi_x = 0.838$，于是

$$\frac{N}{\varphi_x A} = \frac{1450 \times 10^3}{0.838 \times 2 \times 4560} = 190\text{N/mm}^2 < f = 215\text{N/mm}^2$$

4. 解： $M_x = \frac{1}{4}Pl = \frac{1}{4} \times 100 \times 10 = 250\text{kN·m}$，$W_x = \frac{792.4 \times 10^6}{500/2} = 3169600\text{mm}^3$

（1）构件的强度

$$\frac{N}{A_n} + \frac{M}{\gamma_x W_{nx}} = \frac{900 \times 10^3}{16700} + \frac{250 \times 10^6}{1.05 \times 3169600} = 129\text{N/mm}^2 < f = 215\text{N/mm}^2$$

（2）构件在弯矩作用平面内的整体稳定

$$\lambda_x = l_x/i_x = 10000/217.8 = 46，按 b 类截面查表，\varphi_x = 0.874$$

$$N'_{Ex} = \frac{\pi^2 EA}{1.1\lambda_x^2} = \frac{3.14^2 \times 206 \times 10^3 \times 16700}{1.1 \times 46^2} = 14573 \times 10^3\text{N}$$

$$\frac{N}{\varphi_x A} + \frac{\beta_{mx} M_x}{\gamma_x W_x (1 - 0.8N/N'_{Ex})}$$

$$= \frac{900 \times 10^3}{0.874 \times 16700} + \frac{1.0 \times 250 \times 10^6}{1.05 \times 3169600 \times (1 - 0.8 \times 900/14573)}$$

$$= 141\text{N/mm}^2 < 215\text{N/mm}^2$$

可见，弯矩作用平面内的整体稳定满足要求。

（3）构件在弯矩作用平面外的整体稳定

$$\lambda_y = \frac{l_{0y}}{i_y} = \frac{5000}{97.9} = 51，按 b 类截面查表，\varphi_y = 0.852$$

$$\varphi_b = 1.07 - \lambda_y^2/44000 = 1.07 - 51^2/44000 = 1.01 > 1.0，取 \varphi_b = 1.0$$

$$\beta_{tx} = 0.65 + 0.35M_2/M_1 = 0.65$$

$$\frac{N}{\varphi_y A} + \eta \frac{\beta_{tx} M_x}{\varphi_b W_x}$$

$$= \frac{900 \times 10^3}{0.852 \times 16700} + 1.0 \times \frac{0.65 \times 250 \times 10^6}{1.0 \times 3169600}$$

$$= 115\text{N/mm}^2 < 215\text{N/mm}^2$$

可见，弯矩作用平面外的整体稳定满足要求。

（4）板件的局部稳定

腹板计算高度处的 σ_{max}、σ_{min}（以压为正，拉为负）：

$$\sigma_{\max} = \frac{N}{A_n} + \frac{M}{W_{nx}} \times \frac{h_0}{h} = \frac{900 \times 10^3}{16700} + \frac{250 \times 10^6}{3169600} \times \frac{470}{500}$$

$$= 53.9 + 74.1 = 128\text{N/mm}^2$$

$$\sigma_{\max} = \frac{N}{A_n} - \frac{M}{W_{nx}} \times \frac{h_0}{h} = 53.9 - 74.1 = -20.2\text{N/mm}^2$$

$$\alpha_0 = \frac{\sigma_{\max} - \sigma_{\min}}{\sigma_{\max}} = \frac{128 + 20.2}{128} = 1.16$$

今 $0 \leqslant \alpha_0 \leqslant 1.6$，腹板高厚比应符合 $\frac{h_0}{t_w} \leqslant (16\alpha_0 + 0.5\lambda + 25)\sqrt{\frac{235}{f_y}}$。

$(16\alpha_0 + 0.5\lambda + 25)\sqrt{\frac{235}{f_y}} = 16 \times 1.16 + 0.5 \times 46 + 25 = 66.6 > \frac{h_0}{t_w} = \frac{470}{10} = 47$

腹板高厚比满足要求。

翼缘自由外伸宽度与厚度之比 $b'/t = (400-10)/2/15 = 13$，满足 $\leqslant 13\sqrt{235/f_y}$ 的要求。

自 测 题 3

一、名词解释（每小题 3 分，共 18 分）

1. 塑性发展系数　　2. 可靠指标　　3. 容许长细比

4. 冲击韧性　　5. 焊接残余应力　　6. 高强度螺栓摩擦型连接

二、简答题（每小题 6 分，共 48 分）

1. 格构式轴心受压构件与实腹式轴心受压构件相比，验算整体稳定性时有何不同？为什么？

2. 梁腹板横向加劲肋与纵向加劲肋的作用？设置条件？

3. 如自测图 3-1 所示梯形屋架，端斜杆 ab 采用了两个等边角钢组成的 T 形截面，此截面形式是否合理？为什么？

4. 公式 $\frac{N}{\varphi_x A} + \frac{\beta_{mx} M_x}{\gamma_x W_{1x}(1 - 0.8N/N'_{Ex})} \leqslant f$ 有何用途？解释公式中符号 φ_x、β_{mx}、W_{1x}、γ_x、N'_{Ex} 的物理意义。

5. 自测图 3-2 中焊缝连接是否合适，请指出错误和不妥之处。

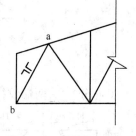

自测图 3-1

6. 轴心受压构件的稳定系数 φ 曲线为什么要根据截面形式和对应的轴分成四条？

7. Q235 钢材在单向拉伸试验中分为几个受力阶段？有何主要力学性能指标？从中得到什么重要结论？

8. 钢板厚度为 t，宽度为 b，强度设计值为 f，轴心拉力设计值为 N。用等宽的双盖板以及高强度螺栓拼接。双盖板总厚度大于 t，高强度螺栓按照摩擦型考虑，预拉力为 P，接触面抗滑移系数为 μ，孔径为 d_0，一排螺栓个数为 n_1，一侧螺栓个数为 n。问：当满足什么条件时，钢板的最大承载力 $N = btf$ 不受螺栓孔的影响？

三、计算题（共 34 分）

（10 分）1. 如自测图 3-3 所示的连接，钢材采用 Q235B，手工焊，焊条为 E43 型，$f_f^w = 160 \text{N/mm}^2$。拉力设计值 $P = 500 \text{kN}$，$l_1 = 150 \text{mm}$，$l_2 = 180 \text{mm}$。要求：验算连接板与端板间的角焊缝是否满足要求。

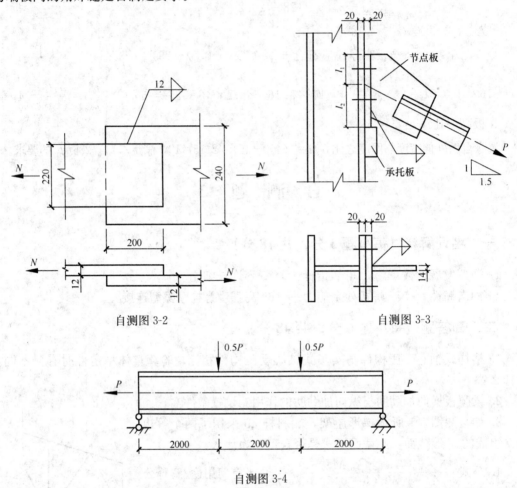

自测图 3-2   自测图 3-3

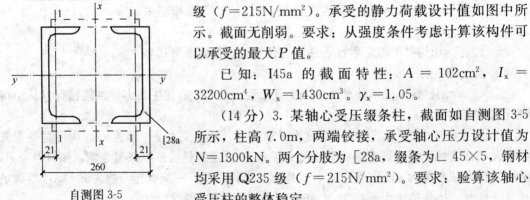

自测图 3-4

（10 分）2. 两端铰接的拉弯构件，如自测图 3-4 所示。截面采用 I45a，钢材为 Q235 级（$f = 215 \text{N/mm}^2$）。承受的静力荷载设计值如图中所示。截面无削弱。要求：从强度条件考虑计算该构件可以承受的最大 P 值。

已知：I45a 的截面特性：$A = 102 \text{cm}^2$，$I_x = 32200 \text{cm}^4$，$W_x = 1430 \text{cm}^3$，$\gamma_x = 1.05$。

（14 分）3. 某轴心受压缀条柱，截面如自测图 3-5 所示，柱高 7.0m，两端铰接，承受轴心压力设计值为 $N = 1300 \text{kN}$。两个分肢为 [28a，缀条为 ∟ 45×5，钢材均采用 Q235 级（$f = 215 \text{N/mm}^2$）。要求：验算该轴心受压柱的整体稳定。

自测图 3-5

已知：柱截面绕 x 轴和 y 轴屈曲时均为 b 类；$[28a$ 的截面特性为：$A=40cm^2$，$i_y=10.9cm$，$I_1=218cm^4$，$i_1=2.33cm$，$x_0=2.1cm$。$\llcorner$ 45×5 的截面积 $A=4.29cm^2$。

自测题 3 答案

一、名词解释

1. 塑性发展系数：《钢结构设计规范》考虑截面部分达到塑性，用塑性发展系数来表示。塑性发展系数 γ 小于截面系数 $F=\dfrac{M_p}{M_e}$。

2. 可靠指标：对于功能函数 $Z=R-S$，考虑 R、S 符合正态分布且相互独立，则 $\beta=\dfrac{\mu_z}{\sigma_Z}=\dfrac{\mu_R-\mu_S}{\sqrt{\sigma_R^2+\sigma_S^2}}$，$\beta$ 能够与可靠度 $P_s=P\{Z\geqslant0\}$ 同时变大或变小，且一一对应。β 称作可靠指标。

3. 容许长细比：构件的长细比过大，对受压构件会造成承载力低，对受拉构件也会造成运输、安装过程中产生过大挠曲，故需要限制。容许长细比就是规范对长细比规定的限值。

4. 冲击韧性：是钢材在冲击力作用下吸收冲击功的能力。试验测定用夏比试样。

5. 焊接残余应力：由于焊接是一个不均匀的热过程，焊接完成之后在焊件中会残留应力，这就是焊接残余应力。

6. 高强度螺栓摩擦型连接：高强度螺栓连接若以板件接触面之间的摩擦阻力被克服作为承载能力极限状态，就称作高强度螺栓摩擦型连接。

二、简答题

1. 答：格构式轴心受压构件绕实轴发生弯曲失稳时，和实腹式轴心受压构件没有区别，所以，整体稳定验算也相同。当绕虚轴发生弯曲失稳时，由于剪力要由比较柔弱的缀材承担，所以，会产生比较大的附加变形，对稳定承载力的降低不容忽视。

2. 答：梁腹板横向加劲肋主要用以抗剪，纵向加劲肋主要用以抗弯。

规范规定，当 $h_0/t_w\leqslant80\sqrt{235/f_y}$ 时，对有局部压应力（$\sigma_c\neq0$）的梁，应按构造要求配置横向加劲肋；当 $h_0/t_w>80\sqrt{235/f_y}$ 时，应配置横向加劲肋。其中，当 $h_0/t_w>170\sqrt{235/f_y}$（受压翼缘扭转受到约束，如连有刚性铺板、制动板或焊有钢轨时）或 $h_0/t_w>150\sqrt{235/f_y}$（受压翼缘扭转未受到约束），或按计算需要时，应在弯曲应力较大区格的受压区配置纵向加劲肋。

3. 答：对于屋架的端斜杆，由于 $l_{0x}=l_{0y}$，所以，从经济性考虑，通常采用长边相并的不等边双角钢组成的 T 形截面。等边角钢组成的 T 形截面，由于回转半径 i_x、i_y 相差比较大，承载力将由回转半径小的轴控制。所以，图中端斜杆所采用截面不够合理。

4. 答：φ_x——在弯矩作用平面内，不计弯矩作用时轴心压杆的稳定系数；

β_{mx}——等效弯矩系数；

W_{1x}——弯矩作用平面内受压最大纤维的毛截面模量;

γ_x——受压边缘的截面塑性发展系数;

N'_{Ex}——参数,$N'_{Ex} = \pi^2 EA / (1.1\lambda_x^2)$。

5. 答: 两侧焊缝长度不宜小于两侧角焊缝之间的距离,今图中 200mm<220mm,不妥;两侧角焊缝之间的距离当 $t \leq 12$mm 时不宜大于 190mm,今图中为 220mm,不妥;最大焊脚尺寸,当贴边焊且 $t > 6$mm 时,为 $t - (1 \sim 2)$ mm,今 $h_f = 12$mm$= t$,不妥。

6. 答: 根据试验结果和计算,当正则化长细比相同时,稳定系数 φ 分布在一个带状的宽度范围内,因此,采用一条曲线是不合适的。通过分析、归纳,认为取四条比较合理。

7. 答: 分为:弹性阶段、弹塑性阶段、塑性阶段、强化阶段、颈缩阶段。

主要力学性能指标有:比例极限、屈服点、抗拉强度、弹性模量、伸长率。

从单向拉伸试验得到的结论:钢材是一种比较理想的弹塑性材料,在破坏前会有比较大的变形。可以取屈服点作为静力强度的标准。

8. 答: 高强度螺栓按照摩擦型设计时,对于构件,需要满足

$$\sigma = \frac{N'}{A_n} = \left(1 - 0.5\frac{n_1}{n}\right)\frac{N}{A_n} \leq f$$

$$\sigma = \frac{N}{A} \leq f$$

欲使钢板的最大承载力 $N = btf$ 不受螺栓孔的影响,则应使第二式起控制作用,即

$$\left(1 - 0.5\frac{n_1}{n}\right)\frac{N}{A_n} \leq \frac{N}{A}$$

$$\left(1 - 0.5\frac{n_1}{n}\right)\frac{N}{(b - n_1 d_0)t} \leq \frac{N}{bt}$$

化简上式,成为

$$d_0 \leq \frac{0.5b}{n}$$

另外,螺栓的承载力尚应满足 $nN_v^b \geq btf$,即 $n \times 0.9 \times 2\mu P \geq btf$,化简后成为

$$n \geq \frac{btf}{1.8\mu P}$$

计算表明,当孔径满足 $d_0 \leq \dfrac{0.5b}{n}$ 且螺栓个数满足 $n \geq \dfrac{btf}{1.8\mu P}$ 时,钢板的最大承载力 $N = btf$。

三、计算题

1. 解: 焊缝所受的剪力 $V = \dfrac{500}{\sqrt{1^2 + 1.5^2}} = 277.4$kN

所受轴心拉力 $N = \dfrac{1.5 \times 500}{\sqrt{1^2 + 1.5^2}} = 416.0$kN

所受弯矩 $M = 416.0 \times \left(180 - \dfrac{180 + 150}{2}\right) = 6240$kN·mm

$A_e = 2 \times 0.7 \times 8 \times (150 + 180 - 2 \times 8) = 3516.8$mm²

$$\tau_{fy}^{V}=\frac{277.4\times10^{3}}{3516.8}=78.9\text{N/mm}^{2}$$

$$\sigma_{fx}^{N}=\frac{416.0\times10^{3}}{3516.8}=118.3\text{N/mm}^{2}$$

$$\sigma_{fx}^{M}=\frac{6240\times10^{3}}{2\times0.7\times8\times(330-2\times8)^{2}/6}=33.9\text{N/mm}^{2}$$

$$\sqrt{\left(\frac{118.3+33.9}{1.22}\right)^{2}+78.9^{2}}=147.6\text{N/mm}^{2}<f_{f}^{w}=160\text{N/mm}^{2}$$

2. 解： 构件的最大弯矩设计值 $M_x=0.5P\times2=P$（kN·m），拉弯构件的强度应满足

$$\frac{P}{10200}+\frac{P\times10^{6}}{1.05\times1430\times10^{3}}\leqslant215$$

解得 $P\leqslant323\text{kN}$

3. 解： 对实轴计算

$$\lambda_{y}=\frac{l_{0y}}{i_{y}}=\frac{7000}{109}=64,\text{查表},\varphi_{y}=0.786$$

$$\frac{N}{\varphi_{y}A}=\frac{1300\times10^{3}}{0.786\times2\times4000}=207\text{N/mm}^{2}<f=215\text{N/mm}^{2}$$

对虚轴计算

$$I_{x}=2\times\left[218+40\times\left(\frac{26}{2}-2.1\right)^{2}\right]=9940.8\text{cm}^{4}$$

$$i_{x}=\sqrt{I_{x}/A}=\sqrt{9940.8/80}=11.1\text{cm}$$

$$\lambda_{x}=l_{0x}/i_{x}=7000/111=63.1$$

$$\lambda_{0x}=\sqrt{\lambda_{x}^{2}+27A/A_{1x}}=\sqrt{63.1^{2}+27\times80/8.58}=65$$

查表得到 $\varphi_{x}=0.780$，于是

$$\frac{N}{\varphi_{x}A}=\frac{1300\times10^{3}}{0.780\times8000}=208\text{N/mm}^{2}<f=215\text{N/mm}^{2}$$

自 测 题 4

一、填空题（每空 1 分，共 20 分）

1. 螺栓的强度等级为 10.9 级，10 表示＿＿＿＿＿，9 表示＿＿＿＿＿。

2. 防止梁腹板发生弯曲失稳的有效方法是设置＿＿＿＿＿加劲肋。

3. 实腹式压弯构件在弯矩作用平面外的失稳属于＿＿＿＿＿失稳。

4. 焊接搭接连接中，搭接长度不得小于焊件较小厚度的 5 倍，且不小于 25mm，其目的是为了＿＿＿＿＿。

5. 当考虑截面的塑性发展时，工字形截面受压翼缘板的宽厚比限值，要比 $b/t\leqslant15\sqrt{235/f_{y}}$ 更＿＿＿＿＿。

6. 长细比较小的十字形截面轴心压杆不同于一般的双轴对称压杆，表现为容易发生＿＿＿＿＿失稳。

7. 残余应力对轴心受压构件临界应力的影响随截面上残余应力分布的不同而不同，对不同截面和不同_____也不同。

8. 简支梁在外力作用下出现塑性铰时的弯矩 $M_p=$_____。

9. 对于钢框架结构，当_____时，应采用二阶弹性分析，此时，框架柱的计算长度系数取为_____。

10. 螺栓连接要求端距$\geq 2d_0$是为了防止_____。

11. 一柱子绕 x 轴弯曲，其平面外稳定的验算公式为_____。

12. 对梁的挠度验算时，应采用荷载的_____值，_____动力系数。

13. 对于格构式压弯构件，当弯矩绕虚轴时，弯矩作用平面内稳定验算以_____作为准则，计算公式为_____；弯矩作用平面外要求_____。

14. 框架分为_____、_____和无支撑框架。

二、判断题（表达正确的画"√"，错误的画"×"，要求给出答题理由。每小题 2 分，共 10 分）

1. 正面角焊缝的塑性变形能力比侧面角焊缝的差。

2. 板件的弹性屈曲应力与板的宽度与厚度的比值无关。

3. 具有相同截面尺寸和连接条件的框架柱，其在无侧移和有侧移两种情况下失稳时的承载力相等。

4. 对于同样的钢材牌号，厚钢板的屈服点要比薄钢板低。

5. 梁腹板配置加劲肋是为了防止腹板丧失局部稳定。

三、画图题（每小题 8 分，共 16 分）

1. 画出表示时效和冷作硬化现象的 σ-ϵ 曲线。

2. 画出梁柱刚性连接与柔性连接各一例。

四、计算题（共 54 分）

（12 分）1. 如自测图 4-1 所示钢板的对接连接，承受扭矩 $T=48kN\cdot m$，剪力 $V=250kN$，轴力 $N=320kN$，普通螺栓 4.6 级，M20（孔径 21.5mm）。要求：验算连接的强度是否满足要求。

已知：4.6 级普通螺栓，抗剪强度设计值 $f_v^b=140N/mm^2$；承压强度设计值 $f_c^b=305N/mm^2$。

（12 分）2. 计算自测图 4-2 中高强度螺栓摩擦型连接的承载力设计值 F，并设计角焊缝 1。

已知：Q235 钢材，手工焊，焊条 E43 型，强度设计值 $f_f^w=160N/mm^2$。螺栓为 10.9 级，M20，预拉力 $P=155kN$，抗滑移系数 $\mu=0.45$。

（15 分）3. 一焊接工字形截面轴心受压柱，截面如自测图 4-3 所示，钢材为 Q235B，高度 7m，$l_{0x}=l_{0y}=7m$，板件为火焰切割边。原承受轴心压力设计值 $N=1050kN$。现要求在不改变柱子截面尺寸的前提下，将柱子的承载能力设计值提高到 1500kN，可采用什么可行、合理的措施并说明。

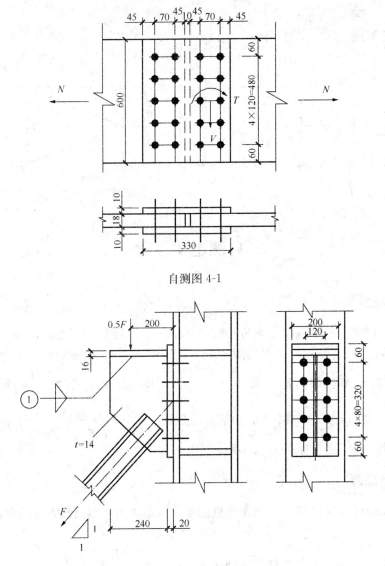

自测图 4-1

自测图 4-2

已知：截面对 x 轴和 y 轴屈曲均属于 b 类

（15 分）4. 一刚架如自测图 4-4 所示，两柱肢均采用 I20a，钢材为 Q235 级。试求刚架的最大承载力设计值 N。

已知：I20a 的截面特性：$A=3550\mathrm{mm}^2$，$I_x=2370\times10^4\mathrm{mm}^4$，$I_y=158\times10^4\mathrm{mm}^4$。截面对于 x 轴属于 a 类，对 y 轴属于 b 类。稳定系数 φ 依据下表确定。

$\lambda\sqrt{f_y/235}$		90	100	110	120	130	140	150
φ	a 类	0.714	0.638	0.563	0.494	0.434	0.383	0.339
	b 类	0.612	0.555	0.493	0.437	0.387	0.345	0.308

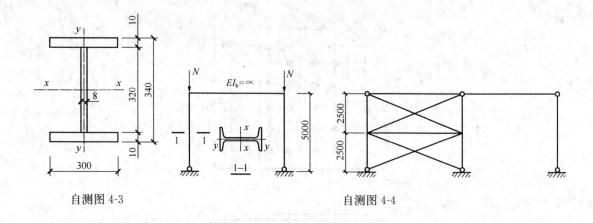

自测图 4-3   自测图 4-4

自测题 4 答案

一、填空题

1. 螺杆材料的抗拉强度不低于 1000N/mm^2 屈强比为 0.9；2. 纵向；3. 弯扭；4. 减小收缩应力以及偏心力引起的附加应力；5. 严格；6. 扭转；7. 弯曲轴；8. $W_{pn} f_y$；9. 压力附加弯矩与初始弯矩之比大于 0.1   1.0；10. 构件端部被剪坏；11. $\dfrac{N}{\varphi_y A} + \eta \dfrac{\beta_{tx} M_x}{\varphi_b W_{1x}} \leqslant f$；12. 标准   不乘；13. 边缘纤维屈服 $\dfrac{N}{\varphi_x A} + \dfrac{\beta_{mx} M_x}{W_{1x}(1 - \varphi_x N/N'_{Ex})} \leqslant f$ 保证分肢的稳定性；14. 强支撑框架   弱支撑框架

二、判断题

1. √   理由：试验表明，正面角焊缝的塑性变形能力比侧面角焊缝的差，刚度大，强度高。

2. ×   理由：根据板的弹性稳定理论，$\sigma_{crx} = \dfrac{\chi K \pi^2 E}{12(1-\mu^2)} \left(\dfrac{t}{b}\right)^2$，可见，板件的弹性屈曲应力与板的宽度与厚度的比值有关。

3. ×   理由：由于在无侧移框架中框架柱的计算长度要比有侧移框架中数值小，所以，无侧移情况下承载力高。

4. √   理由：钢材牌号中的屈服点是指厚度≤16mm 钢材的屈服点，厚度大的钢材屈服点要低。

5. √   理由：保证腹板局部失稳的方法通常是设置加劲肋，然后验算由加劲肋所围成的区格范围内腹板的稳定性。

三、画图题

1. 答：冷作硬化的应力-应变曲线如自测图 4-5（a）所示，卸载后再加载将沿 O' 向上的实线发展。时效硬化的应力-应变曲线如自测图 4-5（b）所示。

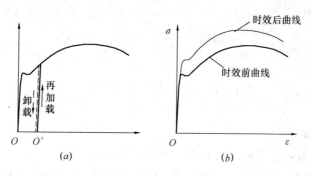

自测图 4-5　σ-ε 曲线

2. 答：梁柱铰接连接、刚接连接分别如自测图 4-6（a）、（b）所示。

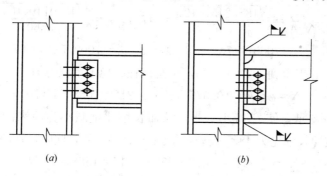

自测图 4-6　梁柱节点连接

四、计算题

1. 解：一个螺栓的抗剪承载力设计值

$$N_v^b = n_v \cdot \frac{\pi d^2}{4} \cdot f_v^b = 2 \times \frac{3.14 \times 20^2}{4} \times 140 \times 10^{-3} = 87.92\text{kN}$$

$$N_c^b = d \cdot \Sigma t \cdot f_c^b = 20 \times 18 \times 305 \times 10^{-3} = 109.8\text{kN}$$

故 $N_{v\min}^b = 87.92\text{kN}$

一个螺栓受到的最大力：

$$N_{1y}^V = \frac{250}{10} = 25\text{kN}, N_{1x}^N = \frac{320}{10} = 32\text{kN}$$

$$N_{1y}^T = \frac{48 \times 10^3 \times 35}{(120^2 + 240^2) \times 4} = 5.8\text{kN}, N_{1x}^T = \frac{48 \times 10^3 \times 240}{(120^2 + 240^2) \times 4} = 40\text{kN}$$

$$N_1 = \sqrt{(40 + 32)^2 + (5.8 + 25)^2} = 78.3\text{kN} < N_{v\min}^b = 87.92\text{kN}$$

2. 解：螺栓群受轴心拉力 $\frac{\sqrt{2}}{2}F$，剪力 $\frac{\sqrt{2}}{2}F + 0.5F$，弯矩 $0.5F \times 200 = 100F$。

$$N_{1x}^N = \frac{\sqrt{2}/2F}{10} = 0.071F$$

$$N_{1y}^V = \frac{\sqrt{2}/2F + 0.5F}{10} = 0.121F$$

$$N_{1x}^M = \frac{100F \times 160}{(80^2 + 160^2) \times 4} = 0.125F$$

$$N_v^b = 0.9n_f\mu P = 0.9 \times 1 \times 0.45 \times 155 = 62.775\text{kN}$$

$$N_t^b = 0.8P = 0.8 \times 155 = 124\text{kN}$$

于是，应满足

$$\frac{0.121F}{62.775} + \frac{0.071F + 0.125F}{124} \leqslant 1$$

解得 $F \leqslant 285\text{kN}$

3. 解： 截面积 $A = 2 \times 300 \times 10 + 320 \times 8 = 8560\text{mm}^2$

惯性矩 $I_x = 300 \times 340^3/12 - 292 \times 320^3/12 = 185.245 \times 10^6 \text{mm}^4$

$$I_y = 2 \times 10 \times 300^3/12 + 320 \times 8^3/12 = 45.014 \times 10^6 \text{mm}^4$$

回转半径 $i_x = \sqrt{\dfrac{I_x}{A}} = \sqrt{\dfrac{185.245 \times 10^6}{8560}} = 147.1$, $i_y = \sqrt{\dfrac{45.014 \times 10^6}{8560}} = 72.5$

长细比 $\lambda_x = l_{0x}/i_x = 7000/147.1 = 48$, $\lambda_y = l_{0y}/i_y = 7000/72.5 = 97$

依据 $\lambda_y = 97$ 查表得到 $\varphi_{\min} = 0.575$，于是该柱的稳定承载力为

$$N = \varphi_{\min}Af = 0.575 \times 8560 \times 215 = 1058 \times 10^3 \text{N}$$

今在侧向加一支承，使 l_{0y} 减小一半，从而长细比也减小为原来的一半，为 $97/2 = 48.5 > \lambda_x = 48$，按照长细比为 48.5 查表，得到 $\varphi_{\min} = 0.863$，此时，柱的稳定承载力成为

$$N = \varphi_{\min}Af = 0.863 \times 8560 \times 215 = 1588 \times 10^3 \text{N}$$

注意到，在采用 Q235 钢材时，截面的局部稳定是满足的：

$\dfrac{h_0}{t_w} = \dfrac{320}{8} = 40$，必然满足要求。

$\dfrac{b'}{t} = \dfrac{(300-8)/2}{10} = 14.6 < 10 + 0.1 \times 48.5 = 14.9$，也满足要求。

将钢号从 Q235 提高到 Q345，可使 f 由 215N/mm² 提高至 310N/mm²，却并不能提高多少承载力，试演如下：

$\lambda_y \sqrt{f_y/235} = 97\sqrt{345/235} = 117.5$，查表得到 $\varphi_{\min} = 0.450$，于是该柱的稳定承载力为

$$N = \varphi_{\min}Af = 0.450 \times 8560 \times 310 = 1194 \times 10^3 \text{N}$$

4. 解： 回转半径 $i_x = \sqrt{\dfrac{I_x}{A}} = \sqrt{\dfrac{2370 \times 10^4}{3550}} = 81.7$, $i_y = \sqrt{\dfrac{158 \times 10^4}{3550}} = 21.1$

由于为有侧移框架，横梁刚度无穷大，而柱底端铰接，故 $l_{0x} = 2l = 10\text{m}$；l_{0y} 取侧向支承点之间的距离为 2.5m。

长细比 $\lambda_x = l_{0x}/i_x = 10000/81.7 = 122$, $\lambda_y = l_{0y}/i_y = 2500/21.1 = 118$

查表，$\varphi_x = 0.494 - \dfrac{0.494 - 0.434}{130-120} \times (122-120) = 0.482$

$$\varphi_y = 0.493 - \frac{0.493 - 0.437}{120-110} \times (118-110) = 0.448$$

所以，一个柱子的稳定承载力为

$$\varphi_{\min}Af = 0.448 \times 3550 \times 215 \times 10^{-3} = 341.9\text{kN}$$

自 测 题 5

一、叙述题（每小题 5 分，共 50 分）

1. 简述钢材的各项强度指标及对结构设计的意义。

2. 作出表示时效和冷作硬化现象的 $\sigma\varepsilon$ 曲线，并说明这两种现象对钢材性能有何影响。

3. 轴心受力构件的强度校核公式 $\sigma=\dfrac{N}{A_n}\leqslant f$ 没有考虑截面开孔时的应力集中影响，说明如此做法的理由。

4. 某钢柱的截面、长度、与其相连的梁构件及节点连接方式一定，该柱在有侧移与无侧移框架中的计算长度系数何者较大？说明理由。

5. 说明应力比 $\rho=\dfrac{\rho_{min}}{\rho_{max}}$ 中等号右边两因子的定义，并说明为什么焊接结构的疲劳性能与应力比关系不密切。

6. 钢屋架在什么条件下可作为铰接体系计算内力？举例说明哪些情况下应考虑节点非理想铰接的影响。

7. 分析钢结构中"轴心压杆的承载力不依赖于材料的强度"这一命题的适用范围。

8. 列举外露式柱脚底部剪力传递的两种方式，分别说明这两种传力方式的适用范围或优缺点。

9. 试述钢桁架节点设计的基本要求。

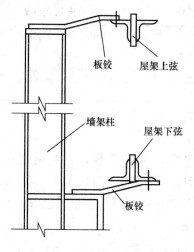

自测图 5-1

10. 单层厂房端墙墙架柱与屋架上下弦的连接如自测图 5-1 所示，说明图中的"板铰"起何作用，为什么能起这种作用？

二、计算题（共 50 分）

1. 某一平台，钢梁格布置如自测图 5-2（*a*）。铺板为预制钢筋混凝土单向板，焊接于次梁上。次梁选用 I32a，自重为 0.52kN/m。次梁与主梁的连接如自测图 5-2（*b*）。主梁为焊接工字形截面，立面如自测图 5-2（*c*），截面如自测图 5-2（*d*），主梁自重（含附件重量）为 2.1kN/m。平台永久荷载（包括铺板重量）标准值为 5.6kN/m²，可变荷载标准值为 6.5kN/m²。钢材为 Q235 级，$f=215$N/mm²，$f_v=125$N/mm²。

要求：（1）验算主梁的强度；

（2）判断是否需要验算主梁的整体稳定性；

（3）可变荷载标准值最大可达到多少（为简化起见，不考虑刚度条件）？

已知：永久荷载分项系数 1.2，可变荷载分项系数 1.4。

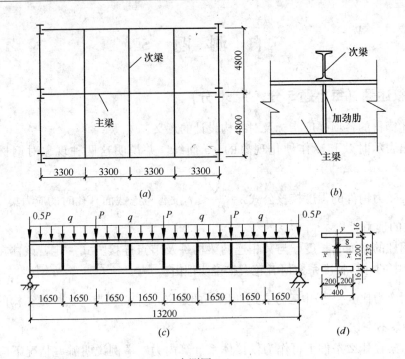

自测图 5-2

(*a*) 梁格布置图；(*b*) 主梁与次梁的连接；(*c*) 主梁立面图；(*d*) 主梁截面图

次梁截面特性：$I_x = 11076\text{cm}^4$，$W_x = 692.2\text{cm}^3$，$I_x/S_x = 27.5\text{cm}$，$t_w = 0.95\text{cm}$，$\gamma_x = 1.05$。

主梁截面特性：$I_x = 5.884 \times 10^5\text{cm}^4$，$S_x = 5.331 \times 10^3\text{cm}^3$，$\gamma_x = 1.05$。

不必计算梁整体稳定性的 l_1/b_1 限值　　　　　　**自测表 5-1**

钢　号	跨中无侧向支承点的梁		跨中受压翼缘有侧向支承点的梁，不论荷载作用于何处
	荷载作用在上翼缘	荷载作用在下翼缘	
Q235	13.0	20.0	16.0

注：对跨中无侧向支承点的梁，l_1 为其跨度；对跨中有侧向支承点的梁，l_1 为受压翼缘侧向支承点间的距离（梁的支座处视为有侧向支承）。

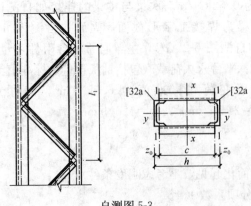

自测图 5-3

2. 自测图 5-3 所示一压弯双肢缀条柱，承受压力设计值 N，弯矩设计值 $M_x = Ne_y$，其中 e_y 为压力偏心距，偏向左肢。已知 $l_{0x} = 10\text{m}$，$l_{0y} = 5\text{m}$，$h = 50\text{cm}$，$z_0 = 2.24\text{cm}$，$l_1 = 80\text{cm}$。采用 Q235 钢材，$f = 215\text{N/mm}^2$，$E = 206 \times 10^3\text{N/mm}^2$。

单个 [32a 的截面特性：截面积 48.7cm^2，强轴惯性矩 7598.1cm^4，弱轴惯性矩 304.8cm^4，强轴回转半径 12.49cm，弱轴回转半径 2.50cm。

已知：格构柱截面对 x 轴、y 轴，槽钢对自身形心轴，均属于 b 类。

缀条∟ 63×6，截面积 7.288cm²。

试问：（1）$N=1000$kN 时，弯矩设计值最大可达多少？

（2）$M_x=400$kN·m 时，压力设计值最大可达多少？

（3）弯矩作用平面内整体稳定和单肢平面外稳定是否可能同时丧失？若可能，此时压力设计值 N 和弯矩设计值 M_x 分别取值是多少？

b 类截面轴心受压构件的稳定系数　　　　　　　　　　**自测表 5-2**

$\lambda \sqrt{f_y/235}$	0	1	2	3	4	5	6	7	8	9
30	0.936	0.932	0.929	0.925	0.922	0.918	0.914	0.910	0.906	0.903
40	0.899	0.895	0.891	0.887	0.882	0.878	0.874	0.870	0.865	0.861
50	0.856	0.852	0.847	0.842	0.838	0.833	0.828	0.823	0.818	0.813

$$\lambda_{0x}=\sqrt{\lambda_x^2+27A/A_{1x}}, \quad \frac{N}{\varphi_x A}+\frac{\beta_{mx}M_x}{W_{1x}(1-\varphi_x N/N'_{Ex})}\leqslant f$$

自测题 5 答案

一、叙述题

1. 答： 比例极限 f_p：$\sigma\leqslant f_p$ 时处于弹性状态，$\sigma>f_p$ 时处于弹塑性状态；屈服点 f_y：确定静力强度的依据；抗拉强度 f_u：作为强度储备。

2. 答： 如自测图 5-4 所示。时效硬化和冷作硬化均能提高钢材的强度，但同时使塑性、韧性降低。

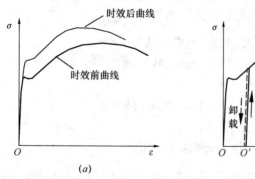
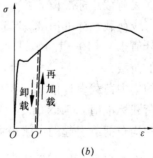

自测图 5-4

（a）时效硬化；（b）冷作硬化

3. 答： 尽管在开孔附近有应力集中，但由于钢材具有较好的塑性，随着应力增大，塑性区会由高应力区向低应力区扩展，最终整个净截面都达到屈服。故采用 $\sigma=\dfrac{N}{A_n}\leqslant f$ 计算构件的强度。

4. 答： 有侧移时计算长度系数大。理由：有侧移框架在失稳时节点发生显著位移，所以，表现为有侧移框架中的框架柱计算长度系数大，稳定承载力低。

5. 答：σ_{max}、σ_{min}分别表示荷载标准值作用下（不计入动力系数）构件的最大、最小应力，以拉为正，压为负。

对于焊接结构，由于存在较大的焊接残余应力，导致在反复荷载作用下应力的变化范围是（$f_y - \Delta\sigma$）$\sim f_y$，所以，此时影响疲劳的因素是$\Delta\sigma$。

6. 答：对于钢屋架，截面高度较小，抗弯刚度较小，按照节点刚性算出的弯矩常常较小，弯曲次应力相对于轴压力引起的主应力较小，故可以忽略，按铰接体系计算。

对于重型钢桁架，例如铁路钢桁架桥，由于截面尺寸较大，则应按节点刚性考虑。

7. 答：对于理想的（无缺陷的、笔直的）轴心受压构件，可按照欧拉公式或者切线模量理论求得临界应力，该临界应力与钢材强度无关。

对于实际的压杆，其在轴力作用下产生弯曲变形，荷载-挠度曲线的极值点对应临界荷载，这时，承载力与材料强度有关。

8. 答：水平剪力由底板与基础间的摩擦力传递，或者通过设置抗剪键传递。当水平力超过摩擦力（摩擦系数取 0.4）时，应在底板下设置抗剪键。

9. 答：钢桁架节点设计的基本要求：

（1）杆件轴线在节点处交于一点；

（2）节点处各杆件边缘应留有一定间隙以便于施工；

（3）保证焊缝或螺栓布置的前提下，尺寸应紧凑；

（4）节点板边线对杆件边线间应有一定的扩散角，比如，大于 $15°$。

10. 答：板铰的作用是防止屋架在支座处的扭转，从构造上保证屋架的整体稳定性。

二、计算题

1. 解：（1）主梁的强度验算

次梁承受的荷载：

永久荷载（线荷载）标准值 $5.6 \times 3.3 + 0.52 = 19$kN/m

可变荷载（线荷载）标准值 $6.5 \times 3.3 = 21.45$kN/m

线荷载设计值 $1.2 \times 19 + 1.4 \times 21.45 = 52.83$kN/m

主梁承受的荷载：

次梁传来的集中荷载设计值 $52.83 \times 4.8 = 253.58$kN

自重均布荷载标准值 2.1kN/m

集中荷载和均布荷载引起的主梁最大弯矩设计值

$$M_x = \frac{1}{2} \times 253.58 \times 13.2 + 1.2 \times \frac{1}{8} \times 2.1 \times 13.2^2 = 1728.52 \text{kN} \cdot \text{m}$$

主梁支座处的剪力

$$V = \frac{3}{2} \times 253.58 + 1.2 \times \frac{1}{2} \times 2.1 \times 13.2 = 397.00 \text{kN}$$

正应力　$\dfrac{M_x}{\gamma_x W_{nx}} = \dfrac{1728.52 \times 10^6}{1.05 \times 5.884 \times 10^9 / 616} = 172.5 \text{N/mm}^2 < f = 215 \text{N/mm}^2$

剪应力　$\dfrac{V S_x}{I_x t_w} = \dfrac{397 \times 10^3 \times 5.331 \times 10^6}{5.884 \times 10^9 \times 8} = 45.0 \text{N/mm}^2 < f_v = 125 \text{N/mm}^2$

（2）判断是否需要验算主梁的整体稳定性

主梁侧向支承点之间的距离 $l_1=3300\text{mm}$，$b_1=400\text{mm}$，$l_1/b_1=8.25<16.0$，依据规范要求，可以不必验算主梁的整体稳定性。

（3）对次梁进行计算。由于剪应力不控制设计，故只考虑正应力。

$$\frac{q\times 4800^2/8}{1.05\times 692.2\times 10^3}=215$$

解得 $q=54.3\text{N/mm}=54.3\text{kN/m}$

由次梁确定的可承受最大线荷载设计值为 54.3kN/m。

此时，次梁传给主梁的集中力设计值为 $54.3\times 4.8=260.64\text{kN}$

主梁承受的最大弯矩为

$$M_x=\frac{1}{2}\times 260.64\times 13.2+1.2\times \frac{1}{8}\times 2.1\times 13.2^2=1775.11\text{kN}\cdot\text{m}$$

于是对应的最大正应力为 $\dfrac{1775.11}{1728.52}\times 172.5=177.1\text{N/mm}^2<f=215\text{N/mm}^2$

表明主梁可以承受此最大线荷载。

故对应的可变荷载标准值（面荷载）为 $\dfrac{54.3-1.2\times 19}{1.4\times 3.3}=6.8\text{kN/m}^2$

2. 解：（1）对各参数计算如下：

$$I_x=2\times\left[304.8+48.7\times\left(\frac{50}{2}-2.24\right)^2\right]=51064.5\text{cm}^4$$

$$i_x=\sqrt{I_x/A}=\sqrt{51064.5/97.4}=22.9\text{cm}$$

$$\lambda_x=l_{0x}/i_x=10000/229=43.7$$

$$\lambda_{0x}=\sqrt{\lambda_x^2+27A/A_{1x}}=\sqrt{43.7^2+27\times 97.4/14.576}=46$$

查表，得到 $\varphi_x=0.874$。

$$W_{1x}=I_x/y_1=50454.9/25=2018.2\text{cm}^3$$

$$N'_{Ex}=\frac{\pi^2 EA}{1.1\lambda_x^2}=\frac{3.14^2\times 206\times 10^3\times 97.4\times 10^2}{1.1\times 46^2}=8499.2\times 10^3\text{N}$$

$$\frac{N}{\varphi_x A}+\frac{\beta_{mx}M_x}{W_{1x}\;(1-\varphi_x N/N'_{Ex})}=f$$

$$\frac{1000\times 10^3}{0.874\times 97.4\times 10^2}+\frac{1.0\times M_x\times 10^6}{2018.2\times 10^3\times\;(1-0.874\times 1000/8499.2)}=215$$

解方程 $M_x=177.3\text{kN}\cdot\text{m}$

可见，$N=1000\text{kN}$ 时，弯矩设计值最大可达 $177.3\text{kN}\cdot\text{m}$。

（2）先按分肢计算

弯矩平面内长细比 $\lambda_x=80/2.5=32$，弯矩平面外长细比 $\lambda_y=500/12.49=40$。依据 $\lambda_y=40$ 查表，得到 $\varphi_{min}=0.899$。分肢可承受的最大轴压力设计值：

$$N=0.899\times 48.7\times 10^2\times 215=941.3\times 10^3\text{N}$$

再按平面内整体稳定计算。

将数据代入稳定计算公式，得到

$$0.117N+\frac{198.196}{(1-1.028\times10^{-4}N)}=215$$

解方程得到 $N=122.2\text{kN}$，此时，受力最大的分肢所受轴压力设计值为

$$\frac{122.2}{2}+\frac{400\times10^3}{500-2\times22.4}=939.8\text{kN}<941.3\text{kN}$$

可见，$M_x=400\text{kN}\cdot\text{m}$ 时，压力设计值最大可达 122.2kN。

（3）建立方程组如下：

$$\frac{N}{2}+\frac{M_x\times10^3}{455.2}=941.3$$

$$0.117N+\frac{1.0\times M_x\times10^6}{2018.2\times10^3\times(1-1.028\times10^{-4}N)}=215$$

解得 $N=122.1\text{kN}$，$M_x=400.5\text{kN}\cdot\text{m}$。

自 测 题 6

一、填空题（每空格 1 分，共 25 分）

1. 影响钢材脆性破坏的主要因素是_____；_____；_____。

2. 我国钢结构设计规范中，确定轴心受压构件的稳定系数 φ 时，考虑了_____、_____以及初始缺陷的影响。

3. 梁的整体失稳属于_____失稳破坏，主要原因是_____。

4. 格构式轴心受压构件的缀材主要承受_____，其大小与_____有关。

5. 工字形截面偏心受压柱腹板的应力梯度 α_0 的表达式为_____，$\alpha_0=0$ 就是_____腹板的受力状态；$\alpha_0=2$ 就是_____腹板的受力状态。

6. 钢屋架的杆件一般由两个角钢组成，在两个角钢之间设置填板，其作用是_____，其间距，对于拉杆为_____，对于压杆为_____。

7. 梯形钢屋架的节点板厚度是根据_____确定的。

8. 由于钢材尺寸和运输条件的限制，构件的拼接通常有_____和_____。

9. 对接焊缝施焊时开坡口是为了_____。

10. 验算疲劳的条件是应力循环次数_____，_____部位不需要验算疲劳。

11. 理想轴心受压构件，由于截面形式不同，可能发生_____、_____、_____三种形式的失稳。

12. 公式 $\dfrac{M_x}{\varphi_b W_x}+\dfrac{M_y}{\gamma_y W_y}\leqslant f$ 用以验算梁的_____。

二、简答题（每小题 5 分，共 30 分）

1. 常温、动荷载条件下的焊接结构，选用钢材时对性能有哪些要求？各用哪些指标来表示？

2. 为保证焊接组合梁腹板的局部稳定，腹板上配置加劲肋有什么要求？

3. 格构式轴心受压构件计算整体稳定时，对虚轴采用换算长细比表示什么意义？

4. 高强螺栓连接与普通螺栓连接有何区别？

5. 工字形截面轴心受压构件的局部稳定验算时，为什么采用两方向长细比的较大者而不是较小者？

6. 实腹式压弯构件在计算平面内稳定时，为什么要采用等效弯矩系数？其值是怎样确定的？

三、计算题（共 30 分）

（15 分）1. 设计一工字形截面受压柱。已知钢材为 Q235 级（$f=215\text{N/mm}^2$），$l_{0x}=l_{0x}=6\text{m}$，承受轴心压力设计值 1400kN。设计截面时要求 $h=b$，$i_x=0.43h$，$i_y=0.24b$。稳定系数 φ 按照自测表 6-1 取用。

自测表 6-1

$\lambda\sqrt{f_y/235}$	40	50	60	70	80	90	100
φ	0.899	0.856	0.807	0.751	0.688	0.612	0.555

（15 分）2. 一焊接工字形截面梁，荷载作用于梁的上翼缘，如自测图 6-1 所示。梁的两端和跨中有次梁与其连接，次梁可作为梁的侧向支承。要求：验算该主梁的整体稳定是否满足。

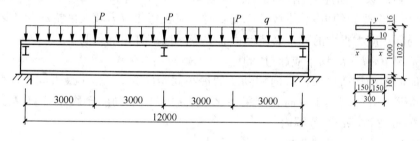

自测图 6-1

钢材为 Q235 级，$f=215\text{N/mm}^2$。$P=138\text{kN}$，为活荷载；$q=2\text{kN/m}$，为恒载，均为标准值。$\beta_b=1.15$。

$$\varphi_b = \beta_b \frac{4320}{\lambda_y^2} \cdot \frac{Ah}{W_x}\left(\sqrt{1+\left(\frac{\lambda_y t_1}{4.4h}\right)^2}+\eta_b\right)\frac{235}{f_y}$$

$$\varphi_b' = 1.07 - \frac{0.282}{\varphi_b}$$

四、画图题（15 分）

绘图说明吊车梁制动结构的布置及强度计算。

自测题 6 答案

一、填空题

1. 钢材的质量　应力集中程度　低温环境；2. 截面形式　绕哪个轴屈曲；3. 弯扭　受压翼缘产生侧向位移；4. 剪力　柱的截面积和钢材牌号；5. $\alpha_0 = \dfrac{\sigma_{max} - \sigma_{min}}{\sigma_{max}}$　承受均匀压应力　承受纯弯曲应力；6. 保证作为整体共同受力　$40i$　$80i$；7. 杆件最大内力；8. 工厂拼接　工地拼接；9. 焊透；10. $n \geqslant 5 \times 10^4$　不出现拉应力；11. 弯曲屈曲　扭转屈曲　弯扭屈曲；12. 整体稳定

二、简答题

1. 答：要求应具有抗拉强度、屈服强度、冷弯试验以及冲击韧性合格，还具有碳、硫、磷含量的合格保证。

2. 答：加劲肋配置的原则如下：

当 $h_0/t_w \leqslant 80 \sqrt{235/f_y}$ 时，对有局部压应力（$\sigma_c \neq 0$）的梁，应按构造要求配置横向加劲肋；对 $\sigma_c = 0$ 的梁，可不配置加劲肋。

当 $h_0/t_w > 80 \sqrt{235/f_y}$ 时，应配置横向加劲肋。其中，当 $h_0/t_w > 170 \sqrt{235/f_y}$（受压翼缘扭转受到约束，如连有刚性铺板、制动板或焊有钢轨时）或 $h_0/t_w > 150 \sqrt{235/f_y}$（受压翼缘扭转未受到约束），或按计算需要时，应在弯曲应力较大区格的受压区配置纵向加劲肋。局部压应力很大的梁，必要时尚宜在受压区配置短加劲肋。

任何情况下，h_0/t_w 均不应超过 250。

加劲肋间距的构造要求：横向加劲肋的最小间距应为 $0.5h_0$，最大间距应为 $2h_0$（对于 $\sigma_c = 0$ 的梁，当 $h_0/t_w \leqslant 100$ 时，可采用 $2.5h_0$）。纵向加劲肋至腹板计算高度受压边缘的距离应在 $h_c/2.5 \sim h_c/2$ 范围内。

加劲肋尺寸也要满足规范规定的构造要求。

3. 答：格构式轴心受压柱绕虚轴失稳时，由于剪力要由比较柔弱的缀材承受，产生较大的附加变形，导致的承载力降低不容忽略。故采用放大了的换算长细比计算绕虚轴的稳定。

4. 答：二者区别主要表现在：（1）所用材料不同，高强度螺栓所用材料强度更高；（2）外形不同，普通螺栓为六角头型，高强螺栓为大六角头型或扭剪型；（3）施工方法不同，高强螺栓要用专门的扳手施加较大的预加力；（4）螺栓承载力计算方法有差别，高强度螺栓摩擦型连接时，单个螺栓的承载力计算公式与普通螺栓的不同；（5）螺栓群受弯矩作用时计算方法不同，高强螺栓连接时认为绕形心轴转动，普通螺栓连接则区分大、小偏心。

5. 答：对于工字形截面轴心受压柱，保证局部稳定的准则是：局部失稳临界应力不小于整体失稳的临界应力。由于两个方向长细比的较大者控制整体失稳的临界应力，故宽厚比限值与长细比的较大者有关。

6. 答： 采用等效弯矩系数，相当于把各种受力情况等效为均匀弯矩的情况。$\beta_{mx}=\dfrac{M_{max}}{\alpha M}$，$M_{max}$ 为考虑 $P\text{-}\delta$ 效应得到的构件最大弯矩；M（或 M_1）为一阶最大弯矩；α 为均匀弯矩压弯构件考虑 $P\text{-}\delta$ 效应的弯矩放大系数。

三、计算题

1. 解： 假设 $\lambda=60$，查表得到 $\varphi=0.807$。所需截面积

$$A=\frac{N}{\varphi f}=\frac{1400\times10^3}{0.807\times215}=8069\text{mm}^2$$

所需回转半径　$i_x=i_y=6000/60=100\text{mm}$

于是，所需轮廓宽度 $b=i_y/0.24=100/0.24=417\text{mm}$

今取截面尺寸如自测图 6-2 所示。

其截面特征计算如下（由于稳定承载力由弱轴控制，故仅计算绕 y 轴的截面特征）：

截面积　$A=2\times420\times16+388\times10=17320\text{mm}^2$

惯性矩　$I_y=2\times16\times420^3/12+388\times10^3/12=197.60\times10^6\text{mm}^4$

自测图 6-2

回转半径　$i_y=\sqrt{\dfrac{197.60\times10^6}{17320}}=106.8$

长细比　$\lambda_{max}=\lambda_y=l_{0y}/i_y=6000/106.8=56$

查表　$\varphi_{min}=0.856-\dfrac{0.856-0.807}{60-50}\times(56-50)=0.827$

$$\frac{N}{\varphi_{min}A}=\frac{1400\times10^3}{0.827\times17320}=97.7\text{N/mm}^2<f=215\text{N/mm}^2$$

验算局部稳定性：

$\dfrac{h_0}{t_w}=\dfrac{388}{10}=38.8$，必然满足要求。

$\dfrac{b'}{t}=\dfrac{(420-10)/2}{16}=12.8<10+0.1\times56=15.6$，也满足要求。

2. 解：（1）计算主梁承受的弯矩

恒载引起的弯矩标准值　$M_{Gk}=\dfrac{1}{8}ql^2=\dfrac{1}{8}\times2\times12^2=36\text{kN}\cdot\text{m}$

活载引起的弯矩标准值　$M_{Qk}=\dfrac{1}{2}Pl=\dfrac{1}{2}\times138\times12=828\text{kN}\cdot\text{m}$

主梁承受的弯矩设计值　$M_x=1.2\times36+1.4\times828=1202.4\text{kN}\cdot\text{m}$

（2）计算主梁截面特征

截面积　$A=2\times300\times16+1000\times10=19600\text{mm}^2$

惯性矩　$I_x=(300\times1032^3-290\times1000^3)/12=3310.95\times10^6\text{mm}^4$

$I_y=2\times16\times300^3/12+1000\times10^3/12=72.08\times10^6\text{mm}^4$

截面模量　$W_x=\dfrac{I_x}{h/2}=\dfrac{3310.95\times10^6}{1032/2}=6.417\times10^6\text{mm}^3$

回转半径 $i_y = \sqrt{\dfrac{72.08 \times 10^6}{19600}} = 60.6\text{mm}$

长细比 $\lambda_y = l_{0y}/i_y = 3000/60.6 = 50$

于是，梁的整体稳定系数为：

$$\varphi_b = \beta_b \frac{4320}{\lambda_y^2} \cdot \frac{Ah}{W_x}\left[\sqrt{1 + \left(\frac{\lambda_y t_1}{4.4h}\right)^2} + \eta_b\right]\frac{235}{f_y}$$

$$= 1.15 \times \frac{4320}{50^2} \times \frac{19600 \times 1032}{6.417 \times 10^6}\sqrt{1 + \left(\frac{50 \times 16}{4.4 \times 1032}\right)^2}$$

$$= 6.360$$

$$\varphi'_b = 1.07 - \frac{0.282}{\varphi_b} = 1.07 - \frac{0.282}{6.36} = 1.03 > 1，取稳定系数为 1.0。$$

主梁的整体稳定：

$$\frac{M_x}{\varphi_b W_x} = \frac{1202.4 \times 10^6}{1.0 \times 6.417 \times 10^6} = 187.4\text{N/mm}^2 < f = 215\text{N/mm}^2$$

四、画图题

解： 自测图 6-3 (a)、(b) 分别表示吊车梁设制动梁和制动桁架时的截面。

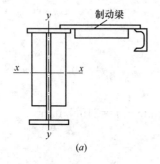
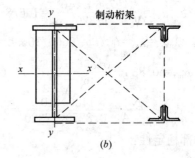

自测图 6-3

强度计算公式：

设制动梁时 $\dfrac{M_x}{W_{nx}} + \dfrac{M_y}{W_{ny1}} \leqslant f$

式中，M_y 为吊车横向水平力引起的弯矩；W_{ny1} 为制动梁截面在吊车梁上翼缘外侧算得的抵抗矩。

设制动桁架时 $\dfrac{M_x}{W_{nx}} + \dfrac{M'_y}{W_{ny}} + \dfrac{N_T}{A'_n} \leqslant f$

式中，M'_y 为制动桁架节间局部弯矩，由吊车横向水平力引起；N_T 为沿吊车梁纵向的水平力；W_{ny} 为吊车梁上翼缘板对自身 y 轴算得的抵抗矩；A'_n 为吊车梁上翼缘净截面积。

附录 1 《钢结构设计规范》
GB 50017—2003 表格摘录

钢材的强度设计值（N/mm²）　　　　　　　　　　　　　　　附表 1-1

钢 材		抗拉、抗压和抗弯 f	抗 剪 f_v	端面承压（刨平顶紧）f_{ce}
牌 号	厚度或直径（mm）			
Q235 钢	≤16	215	125	325
	>16～40	205	120	
	>40～60	200	115	
	>60～100	190	110	
Q345 钢	≤16	310	180	400
	>16～35	295	170	
	>35～50	265	155	
	>50～100	250	145	
Q390 钢	≤16	350	205	415
	>16～35	335	190	
	>35～50	315	180	
	>50～100	295	170	
Q420 钢	≤16	380	220	440
	>16～35	360	210	
	>35～50	340	195	
	>50～100	325	185	

注：表中厚度系指计算点的钢材厚度，对轴心受拉和轴心受压构件系指截面中较厚板件的厚度。

焊缝的强度设计值（N/mm²）　　　　　　　　　　　　　　　附表 1-2

焊接方法和焊条型号	构件钢材		对接焊缝				角焊缝
	牌 号	厚度或直径（mm）	抗压 f_c^w	焊缝质量为下列等级时，抗拉 f_t^w		抗剪 f_v^w	抗拉、抗压和抗剪 f_f^w
				一级、二级	三级		
自动焊、半自动焊和 E43 型焊条的手工焊	Q235 钢	≤16	215	215	185	125	160
		>16～40	205	205	175	120	
		>40～60	200	200	170	115	
		>60～100	190	190	160	110	
自动焊、半自动焊和 E50 型焊条的手工焊	Q345 钢	≤16	310	310	265	180	200
		>16～35	295	295	250	170	
		>35～50	265	265	225	155	
		>50～100	250	250	210	145	

续表

焊接方法和焊条型号	构件钢材		对接焊缝				角焊缝
	牌号	厚度或直径 (mm)	抗压 f_c^w	焊缝质量为下列等级时，抗拉 f_t^w		抗剪 f_v^w	抗拉、抗压和抗剪 f_f^w
				一级、二级	三级		
自动焊、半自动焊和 E55 型焊条的手工焊	Q390 钢	≤16	350	350	300	205	220
		>16～35	335	335	285	190	
		>35～50	315	315	270	180	
		>50～100	295	295	250	170	
自动焊、半自动焊和 E55 型焊条的手工焊	Q420 钢	≤16	380	380	320	220	220
		>16～35	360	360	305	210	
		>35～50	340	340	290	195	
		>50～100	325	325	275	185	

注：1. 自动焊和半自动焊所采用的焊丝和焊剂，应保证其熔敷金属的力学性能不低于现行国家标准《埋弧焊用碳钢焊丝和焊剂》GB/T 5293 和《低合金钢埋弧焊用焊剂》GB/T 12470 中相关的规定。

2. 焊缝质量等级应符合现行国家标准《钢结构工程施工质量验收规范》GB 50205 的规定。其中厚度小于 8mm 钢材的对接焊缝，不应采用超声波探伤确定焊缝质量等级。

3. 对接焊缝在受压区的抗弯强度设计值取 f_c^w，在受拉区的抗弯强度设计值取 f_t^w。

4. 同附表 1-1 注。

螺栓连接的强度设计值（N/mm²） 附表 1-3

螺栓的性能等级、锚栓和构件钢材的牌号		普通螺栓						锚栓	承压型连接高强度螺栓		
		C 级螺栓			A 级、B 级螺栓						
		抗拉 f_t^b	抗剪 f_v^b	承压 f_c^b	抗拉 f_t^b	抗剪 f_v^b	承压 f_c^b	抗拉 f_t^a	抗拉 f_t^b	抗剪 f_v^b	承压 f_c^b
普通螺栓	4.6级、4.8级	170	140	—	—	—	—	—	—	—	—
	5.6级	—	—	—	210	190	—	—	—	—	—
	8.8级	—	—	—	400	320	—	—	—	—	—
锚栓	Q235	—	—	—	—	—	—	140	—	—	—
	Q345	—	—	—	—	—	—	180	—	—	—
承压型连接高强度螺栓	8.8级	—	—	—	—	—	—	—	400	250	—
	10.9级	—	—	—	—	—	—	—	500	310	—
构件	Q235 钢	—	—	305	—	—	405	—	—	—	470
	Q345 钢	—	—	385	—	—	510	—	—	—	590
	Q390 钢	—	—	400	—	—	530	—	—	—	615
	Q420 钢	—	—	425	—	—	560	—	—	—	655

注：1. A 级螺栓用于 $d \leqslant 24mm$ 和 $l \leqslant 10d$ 或 $l \leqslant 150mm$（按较小值）的螺栓；B 级螺栓用于 $d > 24mm$ 和 $l > 10d$ 或 $l > 150mm$（按较小值）的螺栓。d 为公称直径，l 为螺杆公称长度。

2. A、B 级螺栓孔的精度和孔壁表面粗糙度，C 级螺栓孔的允许偏差和孔壁表面粗糙度，均应符合现行国家标准《钢结构工程施工质量验收规范》GB 50205 的要求。

3. 属于下列情况者为 I 类孔；

    1）在装配好的构件上按设计孔径钻成的孔；

    2）在单个零件和构件上按设计孔径分别用钻模钻成的孔；

    3）在单个零件上先钻成或冲成较小的孔径，然后在装配好的构件上再扩钻至设计孔径的孔。

4. 在单个零件上一次冲成和不用钻模钻成设计孔径的孔属于 II 类孔。（注 3 和 4 摘自规范表 3.4.1-5 下的注）

结构构件和连接设计强度的折减系数　附表 1-4

项　次	情　　况	折减系数
1	单面连接的单角钢 （1）按轴心受力计算强度和连接 （2）按轴心受压计算稳定性 　　等边角钢 　　短边相连的不等边角钢 　　长边相连的不等边角钢	0.85 $0.6+0.0015\lambda$ 但不大于 1.0 $0.5+0.0025\lambda$，但不大于 1.0 0.70
2	无垫板的单面施焊对接焊缝	0.85
3	施工条件较差的高空安装焊缝和铆钉连接	0.90
4	沉头和半沉头铆钉连接	0.70

注：1. λ 为长细比，对中间无连系的单角钢压杆，应按最小回转半径计算，当 $\lambda<20$ 时，取 $\lambda=20$。

　　2. 当几种情况同时存在时，其折减系数应连乘。

钢材和钢铸件的物理性能指标　附表 1-5

弹性模量 E （N/mm²）	剪变模量 G （N/mm²）	线膨胀系数 （以每℃计）	质量密度 （kg/m³）
206×10^3	79×10^3	12×10^{-6}	7850

轴心受压构件的截面分类（板厚 $t<40$mm）　附表 1-6

截　面　形　式	对 x 轴	对 y 轴
轧制	a 类	a 类
轧制,$b/h\leqslant0.8$	a 类	b 类
轧制,$b/h>0.8$　焊接,翼缘为焰切边　焊接 轧制　轧制等边角钢	b 类	b 类

续表

截　面　形　式		对 x 轴	对 y 轴
轧制、焊接(板件宽厚比＞20)	轧制或焊接		
焊接	轧制截面和翼缘为焰切边的焊接截面	b 类	b 类
格构式	焊接,板件边缘焰切		
焊接,翼缘为轧制或剪切边		b 类	c 类
焊接,板件边缘轧制或剪切	焊接,板件宽厚比≤20	c 类	c 类

轴心受压构件的截面分类（板厚 $t \geqslant 40$mm）　　　附表 1-7

截　面　形　式		对 x 轴	对 y 轴
轧制工字形或 H 形截面	$t<80$mm	b 类	c 类
	$t \geqslant 80$mm	c 类	d 类
焊接工字形截面	翼缘为焰切边	b 类	b 类
	翼缘为轧制或剪切边	c 类	d 类
焊接箱形截面	板件宽厚比＞20	b 类	b 类
	板件宽厚比≤20	c 类	c 类

a 类截面轴心受压构件的稳定系数 φ 附表 1-8

$\lambda\sqrt{\dfrac{f_y}{235}}$	0	1	2	3	4	5	6	7	8	9
0	1.000	1.000	1.000	1.000	0.999	0.999	0.998	0.998	0.997	0.996
10	0.995	0.994	0.993	0.992	0.991	0.989	0.988	0.986	0.985	0.983
20	0.981	0.979	0.977	0.976	0.974	0.972	0.970	0.968	0.966	0.964
30	0.963	0.961	0.959	0.957	0.955	0.952	0.950	0.948	0.946	0.944
40	0.941	0.939	0.937	0.934	0.932	0.929	0.927	0.924	0.921	0.919
50	0.916	0.913	0.910	0.907	0.904	0.900	0.897	0.894	0.890	0.886
60	0.883	0.879	0.875	0.871	0.867	0.863	0.858	0.854	0.849	0.844
70	0.839	0.834	0.829	0.824	0.818	0.813	0.807	0.801	0.795	0.789
80	0.783	0.776	0.770	0.763	0.757	0.750	0.743	0.736	0.728	0.721
90	0.714	0.706	0.699	0.691	0.684	0.676	0.668	0.661	0.653	0.645
100	0.638	0.630	0.622	0.615	0.607	0.600	0.592	0.585	0.577	0.570
110	0.563	0.555	0.548	0.541	0.534	0.527	0.520	0.514	0.507	0.500
120	0.494	0.488	0.481	0.475	0.469	0.463	0.457	0.451	0.445	0.440
130	0.434	0.429	0.423	0.418	0.412	0.407	0.402	0.397	0.392	0.387
140	0.383	0.378	0.373	0.369	0.364	0.360	0.356	0.351	0.347	0.343
150	0.339	0.335	0.331	0.327	0.323	0.320	0.316	0.312	0.309	0.305
160	0.302	0.298	0.295	0.292	0.289	0.285	0.282	0.279	0.276	0.273
170	0.270	0.267	0.264	0.262	0.259	0.256	0.253	0.251	0.248	0.246
180	0.243	0.241	0.238	0.236	0.233	0.231	0.229	0.226	0.224	0.222
190	0.220	0.218	0.215	0.213	0.211	0.209	0.207	0.205	0.203	0.201
200	0.199	0.198	0.196	0.194	0.192	0.190	0.189	0.187	0.185	0.183
210	0.182	0.180	0.179	0.177	0.175	0.174	0.172	0.171	0.169	0.168
220	0.166	0.165	0.164	0.162	0.161	0.159	0.158	0.157	0.155	0.154
230	0.153	0.152	0.150	0.149	0.148	0.147	0.146	0.144	0.143	0.142
240	0.141	0.140	0.139	0.138	0.136	0.135	0.134	0.133	0.132	0.131
250	0.130									

b 类截面轴心受压构件的稳定系数 φ 附表 1-9

$\lambda\sqrt{\dfrac{f_y}{235}}$	0	1	2	3	4	5	6	7	8	9
0	1.000	1.000	1.000	0.999	0.999	0.998	0.997	0.996	0.995	0.994
10	0.992	0.991	0.989	0.987	0.985	0.983	0.981	0.978	0.976	0.973
20	0.970	0.967	0.963	0.960	0.957	0.953	0.950	0.946	0.943	0.939
30	0.936	0.932	0.929	0.925	0.922	0.918	0.914	0.910	0.906	0.903
40	0.899	0.895	0.891	0.887	0.882	0.878	0.874	0.870	0.865	0.861
50	0.856	0.852	0.847	0.842	0.838	0.833	0.828	0.823	0.818	0.813
60	0.807	0.802	0.797	0.791	0.786	0.780	0.774	0.769	0.763	0.757
70	0.751	0.745	0.739	0.732	0.726	0.720	0.714	0.707	0.701	0.694
80	0.688	0.681	0.675	0.668	0.661	0.655	0.648	0.641	0.635	0.628
90	0.621	0.614	0.608	0.601	0.594	0.588	0.581	0.575	0.568	0.561
100	0.555	0.549	0.542	0.536	0.529	0.523	0.517	0.511	0.505	0.499

续表

$\lambda\sqrt{\dfrac{f_y}{235}}$	0	1	2	3	4	5	6	7	8	9
110	0.493	0.487	0.481	0.475	0.470	0.464	0.458	0.453	0.447	0.442
120	0.437	0.432	0.426	0.421	0.416	0.411	0.406	0.402	0.397	0.392
130	0.387	0.383	0.378	0.374	0.370	0.365	0.361	0.357	0.353	0.349
140	0.345	0.341	0.337	0.333	0.329	0.326	0.322	0.318	0.315	0.311
150	0.308	0.304	0.301	0.298	0.295	0.291	0.288	0.285	0.282	0.279
160	0.276	0.273	0.270	0.267	0.265	0.262	0.259	0.256	0.254	0.251
170	0.249	0.246	0.244	0.241	0.239	0.236	0.234	0.232	0.229	0.227
180	0.225	0.223	0.220	0.218	0.216	0.214	0.212	0.210	0.208	0.206
190	0.204	0.202	0.200	0.198	0.197	0.195	0.193	0.191	0.190	0.188
200	0.186	0.184	0.183	0.181	0.180	0.178	0.176	0.175	0.173	0.172
210	0.170	0.169	0.167	0.166	0.165	0.163	0.162	0.160	0.159	0.158
220	0.156	0.155	0.154	0.153	0.151	0.150	0.149	0.148	0.146	0.145
230	0.144	0.143	0.142	0.141	0.140	0.138	0.137	0.136	0.135	0.134
240	0.133	0.132	0.131	0.130	0.129	0.128	0.127	0.126	0.125	0.124
250	0.123									

c 类截面轴心受压构件的稳定系数 φ　　　　附表 1-10

$\lambda\sqrt{\dfrac{f_y}{235}}$	0	1	2	3	4	5	6	7	8	9
0	1.000	1.000	1.000	0.999	0.999	0.998	0.997	0.996	0.995	0.993
10	0.992	0.990	0.988	0.986	0.983	0.981	0.978	0.976	0.973	0.970
20	0.966	0.959	0.953	0.947	0.940	0.934	0.928	0.921	0.915	0.909
30	0.902	0.896	0.890	0.884	0.877	0.871	0.865	0.858	0.852	0.846
40	0.839	0.833	0.826	0.820	0.814	0.807	0.801	0.794	0.788	0.781
50	0.775	0.768	0.762	0.755	0.748	0.742	0.735	0.729	0.722	0.715
60	0.709	0.702	0.695	0.689	0.682	0.676	0.669	0.662	0.656	0.649
70	0.643	0.636	0.629	0.623	0.616	0.610	0.604	0.597	0.591	0.584
80	0.578	0.572	0.566	0.559	0.553	0.547	0.541	0.535	0.529	0.523
90	0.517	0.511	0.505	0.500	0.494	0.488	0.483	0.477	0.472	0.467
100	0.463	0.458	0.454	0.449	0.445	0.441	0.436	0.432	0.428	0.423
110	0.419	0.415	0.411	0.407	0.403	0.399	0.395	0.391	0.387	0.383
120	0.379	0.375	0.371	0.367	0.364	0.360	0.356	0.353	0.349	0.346
130	0.342	0.339	0.335	0.332	0.328	0.325	0.322	0.319	0.315	0.312
140	0.309	0.306	0.303	0.300	0.297	0.294	0.291	0.288	0.285	0.282
150	0.280	0.277	0.274	0.271	0.269	0.266	0.264	0.261	0.258	0.256
160	0.254	0.251	0.249	0.246	0.244	0.242	0.239	0.237	0.235	0.233
170	0.230	0.228	0.226	0.224	0.222	0.220	0.218	0.216	0.214	0.212
180	0.210	0.208	0.206	0.205	0.203	0.201	0.199	0.197	0.196	0.194
190	0.192	0.190	0.189	0.187	0.186	0.184	0.182	0.181	0.179	0.178
200	0.176	0.175	0.173	0.172	0.170	0.169	0.168	0.166	0.165	0.163
210	0.162	0.161	0.159	0.158	0.157	0.156	0.154	0.153	0.152	0.151
220	0.150	0.148	0.147	0.146	0.145	0.144	0.143	0.142	0.140	0.139
230	0.138	0.137	0.136	0.135	0.134	0.133	0.132	0.131	0.130	0.129
240	0.128	0.127	0.126	0.125	0.124	0.124	0.123	0.122	0.121	0.120
250	0.119									

d 类截面轴心受压构件的稳定系数 φ   附表 1-11

$\lambda\sqrt{\dfrac{f_y}{235}}$	0	1	2	3	4	5	6	7	8	9
0	1.000	1.000	0.999	0.999	0.998	0.996	0.994	0.992	0.990	0.987
10	0.984	0.981	0.978	0.974	0.969	0.965	0.960	0.955	0.949	0.944
20	0.937	0.927	0.918	0.909	0.900	0.891	0.883	0.874	0.865	0.857
30	0.848	0.840	0.831	0.823	0.815	0.807	0.799	0.790	0.782	0.774
40	0.766	0.759	0.751	0.743	0.735	0.728	0.720	0.712	0.705	0.697
50	0.690	0.683	0.675	0.668	0.661	0.654	0.646	0.639	0.632	0.625
60	0.618	0.612	0.605	0.598	0.591	0.585	0.578	0.572	0.565	0.559
70	0.552	0.546	0.540	0.534	0.528	0.522	0.516	0.510	0.504	0.498
80	0.493	0.487	0.481	0.476	0.470	0.465	0.460	0.454	0.449	0.444
90	0.439	0.434	0.429	0.424	0.419	0.414	0.410	0.405	0.401	0.397
100	0.394	0.390	0.387	0.383	0.380	0.376	0.373	0.370	0.366	0.363
110	0.359	0.356	0.353	0.350	0.346	0.343	0.340	0.337	0.334	0.331
120	0.328	0.325	0.322	0.319	0.316	0.313	0.310	0.307	0.304	0.301
130	0.299	0.296	0.293	0.290	0.288	0.285	0.282	0.280	0.277	0.275
140	0.272	0.270	0.267	0.265	0.262	0.260	0.258	0.255	0.253	0.251
150	0.248	0.246	0.244	0.242	0.240	0.237	0.235	0.233	0.231	0.229
160	0.227	0.225	0.223	0.221	0.219	0.217	0.215	0.213	0.212	0.210
170	0.208	0.206	0.204	0.203	0.201	0.199	0.197	0.196	0.194	0.192
180	0.191	0.189	0.188	0.186	0.184	0.183	0.181	0.180	0.178	0.177
190	0.176	0.174	0.173	0.171	0.170	0.168	0.167	0.166	0.164	0.163
200	0.162									

截面塑性发展系数 γ_x、γ_y   附表 1-12

项次	截 面 形 式	γ_x	γ_y
1			1.2
2		1.05	1.05

续表

项次	截　面　形　式	γ_x	γ_y
3		$\gamma_{x1}=1.05$ $\gamma_{x2}=1.2$	1.2
4			1.05
5		1.2	1.2
6		1.15	1.15
7		1.0	1.05
8			1.0

受弯构件的容许挠度 　　　　　　　　　　　　　　附表 1-13

项次	构　件　类　别	挠　度　容　许　值	
		$[v_T]$	$[v_Q]$
1	吊车梁和吊车桁架（按自重和起重量最大的一台吊车计算挠度） 　(1) 手动吊车和单梁吊车（含悬挂吊车） 　(2) 轻级工作制桥式吊车 　(3) 中级工作制桥式吊车 　(4) 重级工作制桥式吊车	$l/500$ $l/800$ $l/1000$ $l/1200$	
2	手动或电动葫芦的轨道梁	$l/400$	—
3	有重轨（重量≥38kg/m）轨道的工作平台梁 有轻轨（重量≤24kg/m）轨道的工作平台梁	$l/600$ $l/400$	—
4	楼（屋）盖梁或桁架、工作平台梁（第 3 项除外）和平台板 　(1) 主梁或桁架（包括设有悬挂起重设备的梁和桁架） 　(2) 抹灰顶棚的次梁 　(3) 除 (1)、(2) 外的其他梁（包括楼梯梁） 　(4) 屋盖檩条 　　支承无积灰的瓦楞铁和石棉瓦屋面者 　　支承压型金属板、有积灰的瓦楞铁和石棉瓦等屋面者 　　支承其他屋面材料者 　(5) 平台板	$l/400$ $l/250$ $l/250$ $l/150$ $l/200$ $l/200$ $l/150$	$l/500$ $l/350$ $l/300$

续表

项次	构件类别	挠度容许值	
		$[v_T]$	$[v_Q]$
5	墙架构件（风荷载不考虑阵风系数） （1）支柱 （2）抗风桁架（作为连续支柱的支承时） （3）砌体墙的横梁（水平方向） （4）支承压型金属板、瓦楞铁和石棉瓦墙面的横梁（水平方向） （5）带有玻璃窗的横梁（竖直和水平方向）	— — — — $l/200$	$l/400$ $l/1000$ $l/300$ $l/200$ $l/200$

注：1. l 为受弯构件的跨度（对悬臂梁和伸臂梁为悬伸长度的 2 倍）。

2. $[v_T]$ 为全部荷载标准值产生的挠度（如有起拱应减去拱度）的容许值；

$[v_Q]$ 为可变荷载标准值产生的挠度的容许值。

H 型钢和等截面工字形简支梁的整体稳定等效临界弯矩系数 β_b 附表 1-14

项次	侧向支承	荷载		$\xi=\dfrac{l_1 t_1}{b_1 h}$		适用范围
				$\xi \leqslant 2.0$	$\xi > 2.0$	
1	跨中无侧向支承	均布荷载 作用在	上翼缘	$0.69+0.13\xi$	0.95	双轴对称和加强受压翼缘的单轴对称工字形截面
2			下翼缘	$1.73-0.20\xi$	1.33	
3		集中荷载 作用在	上翼缘	$0.73+0.18\xi$	1.09	
4			下翼缘	$2.23-0.28\xi$	1.67	
5	跨度中点有一个侧向支承点	均布荷载 作用在	上翼缘	1.15		双轴对称和所有单轴对称工字形截面
6			下翼缘	1.40		
7		集中荷载作用在截面高度上任意位置		1.75		
8	跨中有不少于两个等距离侧向支承点	任意荷载 作用在	上翼缘	1.20		
9			下翼缘	1.40		
10	梁端有弯矩，但跨中无荷载作用			$1.75-1.05\left(\dfrac{M_2}{M_1}\right)+0.3\left(\dfrac{M_2}{M_1}\right)^2$，但 $\leqslant 2.3$		

注：1. ξ 为参数，$\xi=\dfrac{l_1 t_1}{b_1 h}$，其中对跨中无侧向支承点的梁，$l_1$ 为其跨度；对跨中有侧向支承点的梁，l_1 为受压翼缘侧向支承点间的距离（梁的支座处视为有侧向支承）。b_1、t_1 为受压翼缘板的宽度和厚度，h 为梁截面全高。

2. M_1、M_2 为梁的端弯矩，使梁产生同向曲率时 M_1 和 M_2 取同号，产生反向曲率时取异号，$|M_1| \geqslant |M_2|$。

3. 表中项次 3、4 和 7 的集中荷载是指一个或少数几个集中荷载位于跨中央附近的情况，对其他情况的集中荷载，应按表中项次 1、2、5、6 内的数值采用。

4. 表中项次 8、9 的 β_b，当集中荷载作用在侧向支承点处时，取 $\beta_b=1.20$。

5. 荷载作用在上翼缘系指荷载作用点在翼缘上表面，方向指向截面形心；荷载作用在下翼缘系指荷载作用点在翼缘下表面，方向背向截面形心。

6. 对 $\alpha_b > 0.8$ 的加强受压翼缘工字形截面，下列情况的 β_b 值应乘以相应的系数：

项次 1　当 $\xi \leqslant 1.0$ 时　　0.95

项次 3　当 $\xi \leqslant 0.5$ 时　　0.90

　　　　当 $0.5 < \xi \leqslant 1.0$ 时　　0.95

轧制普通工字钢简支梁的整体稳定系数 φ_b　　　　附表 1-15

项次	荷载情况			工字钢型号	自由长度 l_1（m）								
					2	3	4	5	6	7	8	9	10
1	跨中无侧向支承点的梁	集中荷载作用在	上翼缘	10～20	2.00	1.30	0.99	0.80	0.68	0.58	0.53	0.48	0.43
				22～32	2.40	1.48	1.09	0.86	0.72	0.62	0.54	0.49	0.45
				36～63	2.80	1.60	1.07	0.83	0.68	0.56	0.50	0.45	0.40
2			下翼缘	10～20	3.10	1.95	1.34	1.01	0.82	0.69	0.63	0.57	0.52
				22～40	5.50	2.80	1.84	1.37	1.07	0.86	0.73	0.64	0.56
				45～63	7.30	3.60	2.30	1.62	1.20	0.96	0.80	0.69	0.60
3		均布荷载作用在	上翼缘	10～20	1.70	1.12	0.84	0.68	0.57	0.50	0.45	0.41	0.37
				22～40	2.10	1.30	0.93	0.73	0.60	0.51	0.45	0.40	0.36
				45～63	2.60	1.45	0.97	0.73	0.59	0.50	0.44	0.38	0.35
4			下翼缘	10～20	2.50	1.55	1.08	0.83	0.68	0.56	0.52	0.47	0.42
				22～40	4.00	2.20	1.45	1.10	0.85	0.70	0.60	0.52	0.46
				45～63	5.60	2.80	1.80	1.25	0.95	0.78	0.65	0.55	0.49
5	跨中有侧向支承点的梁（不论荷载作用点在截面高度上的位置）			10～20	2.20	1.39	1.01	0.79	0.66	0.57	0.52	0.47	0.42
				22～40	3.00	1.80	1.24	0.96	0.76	0.65	0.56	0.49	0.43
				45～63	4.00	2.20	1.38	1.01	0.80	0.66	0.56	0.49	0.43

　　注：1. 同附表 1-14 的注 3、5。

　　　　2. 表中的 φ_b 适用于 Q235 钢。对其他钢号，表中数值应乘以 $235/f_y$。

双轴对称工字形等截面（含 H 型钢）悬臂梁的等效临界弯矩系数 β_b　　附表 1-16

项次	荷 载 形 式		$\xi=\dfrac{l_1 t_1}{b_1 h}$		
			$0.6\leqslant\xi\leqslant1.24$	$1.24<\xi\leqslant1.96$	$1.96<\xi\leqslant3.10$
1	自由端一个集中荷载作用在	上翼缘	$0.21+0.67\xi$	$0.27+0.26\xi$	$1.17+0.03\xi$
2		下翼缘	$2.94-0.65\xi$	$2.64-0.40\xi$	$2.15-0.15\xi$
3	均布荷载作用在上翼缘		$0.62+0.82\xi$	$1.25+0.31\xi$	$1.66+0.10\xi$

　　注：1. 本表是按支承端为固定端的情况确定的，当用于由邻跨延伸出来的伸臂梁时，应在构造上采取措施加强支承处的抗扭能力。

　　　　2. 表中 ξ 见附表 1-14 注 1。

无侧移框架柱的计算长度系数 μ 附表 1-17

K_2 \ K_1	0	0.05	0.1	0.2	0.3	0.4	0.5	1	2	3	4	5	$\geqslant 10$
0	1.000	0.990	0.981	0.964	0.949	0.935	0.922	0.875	0.820	0.791	0.773	0.760	0.732
0.05	0.990	0.981	0.971	0.955	0.940	0.926	0.914	0.867	0.814	0.784	0.766	0.754	0.726
0.1	0.981	0.971	0.962	0.946	0.931	0.918	0.906	0.860	0.807	0.778	0.760	0.748	0.721
0.2	0.964	0.955	0.946	0.930	0.916	0.903	0.891	0.846	0.795	0.767	0.749	0.737	0.711
0.3	0.949	0.940	0.931	0.916	0.902	0.889	0.878	0.834	0.784	0.756	0.739	0.728	0.701
0.4	0.935	0.926	0.918	0.903	0.889	0.877	0.866	0.823	0.774	0.747	0.730	0.719	0.693
0.5	0.922	0.914	0.906	0.891	0.878	0.866	0.855	0.813	0.765	0.738	0.721	0.710	0.685
1	0.875	0.867	0.860	0.846	0.834	0.823	0.813	0.774	0.729	0.704	0.688	0.677	0.654
2	0.820	0.814	0.807	0.795	0.784	0.774	0.765	0.729	0.686	0.663	0.648	0.638	0.615
3	0.791	0.784	0.778	0.767	0.756	0.747	0.738	0.704	0.663	0.640	0.625	0.616	0.593
4	0.773	0.766	0.760	0.749	0.739	0.730	0.721	0.688	0.648	0.625	0.611	0.601	0.580
5	0.760	0.754	0.748	0.737	0.728	0.719	0.710	0.677	0.638	0.616	0.601	0.592	0.570
$\geqslant 10$	0.732	0.726	0.721	0.711	0.701	0.693	0.685	0.654	0.615	0.593	0.580	0.570	0.549

注: 1. 表中的计算长度系数 μ 值按下式算得:

$$\left[\left(\frac{\pi}{\mu}\right)^2 + 2(K_1+K_2) - 4K_1K_2\right]\frac{\pi}{\mu} \cdot \sin\frac{\pi}{\mu} - 2\left[(K_1+K_2)\left(\frac{\pi}{\mu}\right)^2 + 4K_1K_2\right]\cos\frac{\pi}{\mu} + 8K_1K_2 = 0$$

式中 K_1、K_2 分别为相交于柱上端、柱下端的横梁线刚度之和与柱线刚度之和的比值。当横梁远端为铰接时, 应将横梁线刚度乘以 1.5; 当横梁远端为嵌固时, 则应乘以 2.0。

2. 当横梁与柱铰接时, 取横梁线刚度为零。

3. 对底层框架柱: 当柱与基础铰接时, 取 $K_2=0$(对平板支座可取 $K_2=0.1$); 当柱与基础刚接时, 取 $K_2=10$。

4. 当与柱刚性连接的横梁所受轴心压力 N_b 较大时, 横梁线刚度应乘以折减系数 α_N:
横梁远端与柱刚接和横梁远端铰支时 $\alpha_N = 1 - N_b/N_{Eb}$
横梁远端嵌固时 $\alpha_N = 1 - N_b/(2N_{Eb})$
式中, $N_{Eb} = \pi^2 EI_b/l^2$, I_b 为横梁截面惯性矩, l 为横梁长度。

有侧移框架柱的计算长度系数 μ 附表 1-18

K_2 \ K_1	0	0.05	0.1	0.2	0.3	0.4	0.5	1	2	3	4	5	$\geqslant 10$
0	∞	6.02	4.46	3.42	3.01	2.78	2.64	2.33	2.17	2.11	2.08	2.07	2.03
0.05	6.02	4.16	3.47	2.86	2.58	2.42	2.31	2.07	1.94	1.90	1.87	1.86	1.83
0.1	4.46	3.47	3.01	2.56	2.33	2.20	2.11	1.90	1.79	1.75	1.73	1.72	1.70
0.2	3.42	2.86	2.56	2.23	2.05	1.94	1.87	1.70	1.60	1.57	1.55	1.54	1.52
0.3	3.01	2.58	2.33	2.05	1.90	1.80	1.74	1.58	1.49	1.46	1.45	1.44	1.42
0.4	2.78	2.42	2.20	1.94	1.80	1.71	1.65	1.50	1.42	1.39	1.37	1.37	1.35
0.5	2.64	2.31	2.11	1.87	1.74	1.65	1.59	1.45	1.37	1.34	1.32	1.32	1.30
1	2.33	2.07	1.90	1.70	1.58	1.50	1.45	1.32	1.24	1.21	1.20	1.19	1.17
2	2.17	1.94	1.79	1.60	1.49	1.42	1.37	1.24	1.16	1.14	1.12	1.12	1.10
3	2.11	1.90	1.75	1.57	1.46	1.39	1.34	1.21	1.14	1.11	1.10	1.09	1.07
4	2.08	1.87	1.73	1.55	1.45	1.37	1.32	1.20	1.12	1.10	1.08	1.08	1.06
5	2.07	1.86	1.72	1.54	1.44	1.37	1.32	1.19	1.12	1.09	1.08	1.07	1.05
$\geqslant 10$	2.03	1.83	1.70	1.52	1.42	1.35	1.30	1.17	1.10	1.07	1.06	1.05	1.03

注: 1. 表中的计算长度系数 μ 值按下式算得:

$$\left[36K_1K_2 - \left(\frac{\pi}{\mu}\right)^2\right]\sin\frac{\pi}{\mu} + 6(K_1+K_2)\frac{\pi}{\mu}\cdot\cos\frac{\pi}{\mu} = 0$$

式中 K_1、K_2 分别为相交于柱上端、柱下端的横梁线刚度之和与柱线刚度之和的比值。当横梁远端为铰接时, 应将横梁线刚度乘以 0.5; 当横梁远端为嵌固时, 则应乘以 2/3。

2. 当横梁与柱铰接时, 取横梁线刚度为零。

3. 对底层框架柱, 当柱与基础铰接时, 取 $K_2=0$ (对平板支座可取 $K_2=0.1$); 当柱与基础刚接时, 取 $K_2=10$。

4. 当与柱刚性连接的横梁所受轴心压力 N_b 较大时, 横梁线刚度应乘以折减系数 α_N:
横梁远端与柱刚接时 $\alpha_N = 1 - N_b/(4N_{Eb})$
横梁远端铰支时 $\alpha_N = 1 - N_b/N_{Eb}$
横梁远端嵌固时 $\alpha_N = 1 - N_b/(2N_{Eb})$
N_{Eb} 的计算见附表 1-17 注 4。

疲劳计算的构件和连接分类　　　　　　　　　　　　附表 1-19

项次	简　图	说　明	类　别
1		无连接处的主体金属 (1) 轧制型钢 (2) 钢板 a. 两边为轧制边或刨边 b. 两侧为自动、半自动切割边（切割质量标准应符合现行国家标准《钢结构工程施工质量验收规范》GB 50205）	1 1 2
2		横向对接焊缝附近的主体金属 (1) 符合现行国家标准《钢结构工程施工质量验收规范》GB 50205 的一级焊缝 (2) 经加工、磨平的一级焊缝	3 2
3		不同厚度（或宽度）横向对接焊缝附近的主体金属，焊缝加工成平滑过渡并符合一级焊缝标准	2
4		纵向对接焊缝附近的主体金属，焊缝符合二级焊缝标准	2
5		翼缘连接焊缝附近的主体金属 (1) 翼缘板与腹板的连接焊缝 a. 自动焊，二级 T 形对接和角接组合焊缝 b. 自动焊，角焊缝，外观质量标准符合二级 c. 手工焊，角焊缝，外观质量标准符合二级 (2) 双层翼缘板之间的连接焊缝 a. 自动焊，角焊缝，外观质量标准符合二级 b. 手工焊，角焊缝，外观质量标准符合二级	2 3 4 3 4
6		横向加劲肋端部附近的主体金属 (1) 肋端不断弧（采用回焊）	4

续表

项次	简 图	说 明	类 别
7		梯形节点板用对接焊缝焊于梁翼缘、腹板以及桁架构件处的主体金属,过渡处在焊后铲平、磨光、圆滑过渡,不得有焊接起弧、灭弧缺陷	5
8		矩形节点板焊于构件翼缘或腹板处的主体金属	7
9		翼缘板中断处的主体金属(板端有正面焊缝)	7
10		向正面角焊缝过渡处的主体金属	6
11		两侧面角焊缝连接端部的主体金属	8
12		三面围焊的角焊缝端部主体金属	7

续表

项次	简　图	说　明	类　别
13		三面围焊或两侧面角焊缝连接的节点板主体金属（节点板计算宽度按应力扩散角 $\theta=30°$ 考虑）	7
14		K 形坡口 T 形对接和角接组合焊缝处的主体金属，两板轴线偏离小于 $0.15t$，焊缝为二级，焊趾角 $\alpha\leqslant45°$	5
15		十字接头角焊缝处的主体金属，两板轴线偏离小于 $0.15t$	7
16	角焊缝	按有效截面确定的剪应力幅计算	8
17		铆钉连接处的主体金属	3
18		连系螺栓和虚孔处的主体金属	3
19		高强度螺栓摩擦型连接处的主体金属	2

注：1. 所有对接焊缝及 T 形对接和角接组合焊缝均需焊透。所有焊缝的外形尺寸均应符合现行标准《钢结构焊缝外形尺寸》JB 7949 的规定。

　　2. 角焊缝应符合《钢结构设计规范》第 8.2.7 条和 8.2.8 条的规定。

　　3. 项次 16 中的剪应力幅 $\Delta\tau=\tau_{max}-\tau_{min}$，其中 τ_{min} 的正负值为：与 τ_{max} 同方向时，取正值；与 τ_{max} 反方向时，取负值。

　　4. 第 17、18 项中的应力应以净截面面积计算，第 19 项应以毛截面面积计算。

附录 2　各种截面回转半径的近似值

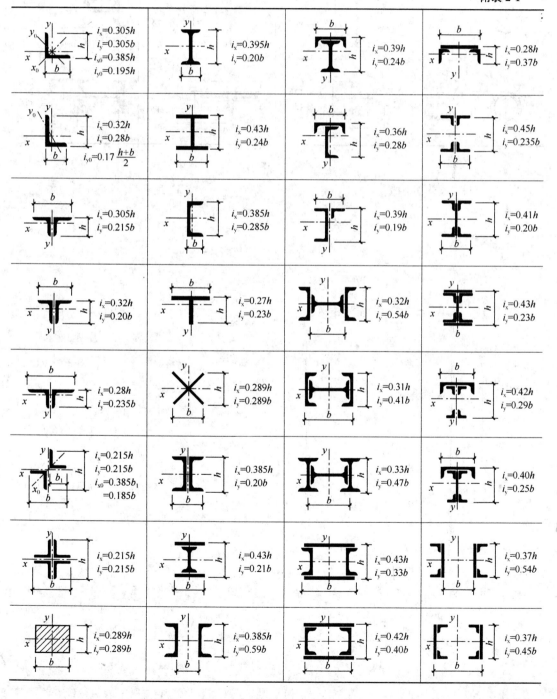

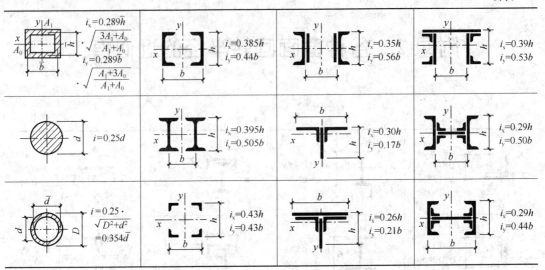

主要参考文献

[1] GB 50017—2003 钢结构设计规范.

[2] GB 50068—2001 建筑结构可靠度设计统一标准.

[3] GB 50009—2001 建筑结构荷载规范（2006 局部修订版）.

[4] GB/T 228—2002 金属材料室温拉伸试验方法.

[5] GB/T 229—2007 金属材料夏比摆锤冲击试验方法.

[6] GB/T 700—2006 碳素结构钢.

[7] GB/T 1591—2007 低合金高强度结构钢.

[8] 夏志斌，姚谏. 钢结构—原理与设计. 北京：中国建筑工业出版社，2004.

[9] 王国周，瞿履谦. 钢结构—原理与设计. 北京：清华大学出版社，1993.

[10] 夏志斌，姚谏. 钢结构设计—方法与例题. 北京：中国建筑工业出版社，2005.

[11] 陈骥. 钢结构稳定理论与设计（第三版）. 北京：科学出版社，2006.

[12] 陈骥. 钢结构稳定—理论与设计（英文版）. 北京：中国电力出版社，2010.

[13] 戴国欣. 钢结构（第 3 版）. 武汉：武汉理工大学出版社，2007.

[14] F·柏拉希，同济大学钢木结构教研室译. 金属结构的屈曲强度. 北京：科学出版社，1965.

[15] 钢结构设计规范编制组. 钢结构设计规范应用讲解. 北京：中国计划出版社，2003.

[16] 钢结构设计规范编制组. 钢结构设计规范专题指南. 北京：中国计划出版社，2003.

[17] 钢结构设计手册编辑委员会. 钢结构设计手册（上）. 北京：中国建筑工业出版社，2004.

[18] 钢结构设计规范国家标准管理组. 钢结构设计计算示例. 北京：中国计划出版社，2007.

[19] 包头钢铁设计研究总院. 钢结构设计与计算（第 2 版）. 北京：机械工业出版社，2006.

[20] 张志国，张庆芳. 钢结构（第二版）. 北京：中国铁道出版社，2008.

[21] 邱鹤年. 钢结构设计禁忌及实例. 北京：中国建筑工业出版社，2009.

[22] 施岚青. 注册结构工程师专业考试应试指南. 北京：中国建筑工业出版社，2010.

[23] 徐建. 一、二级注册结构工程师专业考试应试题解（第二版）. 北京：中国建筑工业出版社，2006.

[24] 刘声扬. 钢结构疑难释义（第三版）. 北京：中国建筑工业出版社，2004.

[25] 夏军武，等. 结构设计原理. 徐州：中国矿业大学出版社，2009.

[26] 郭成喜. 钢结构学习辅导与习题精解. 北京：中国建筑工业出版社，2005.

[27] 高家美. 土木工程专业主干课程例题与模拟试题. 北京：中国电力出版社，2007.

[28] 王用纯，张连一. 钢结构试题解答与分析. 武汉：武汉大学出版社，2001.

[29] 赵赤云. 钢结构学习指导. 北京：机械工业出版社，2010.

[30] 何敏娟. 钢结构复习与习题. 上海：同济大学出版社，2002.

[31] 张庆芳，张志国. 承压型连接高强度螺栓承受弯矩作用时的计算探讨. 钢结构，2008 年第 2 期.

[32] 张庆芳，张志国. 中外钢结构规范腹板有效宽度确定方法对比. 钢结构，2008 年第 5 期.

[33] AISC. Specification for Structural Steel Buildings. 2005.

[34] AISC. Commentary on the Specification for Structural Steel Buildings. 2005.

[35] BSI. Eurocode 3：Design of steel structures—Part 1-1：General rules and rules for

buildings. 2005.

[36]　BSI. Eurocode 3: Design of steel structures—Part 1-5: Plated structural elements. 2006.

[37]　BSI. Structural use of steelwork in building—Part 1: Code of practice for design-Rolled and welded section. 2000.

[38]　ABCB. Australian Standard—Steel structures. 1998.

尊敬的读者：

感谢您选购我社图书！建工版图书按图书销售分类在卖场上架，共设22个一级分类及43个二级分类，根据图书销售分类选购建筑类图书会节省您的大量时间。现将建工版图书销售分类及与我社联系方式介绍给您，欢迎随时与我们联系。

★ 建工版图书销售分类表（详见下表）。

★ 欢迎登陆中国建筑工业出版社网站www.cabp.com.cn，本网站为您提供建工版图书信息查询，网上留言、购书服务，并邀请您加入网上读者俱乐部。

★ 中国建筑工业出版社总编室　电　话：010—58337016

　　　　　　　　　　　　　　　传　真：010—68321361

★ 中国建筑工业出版社发行部　电　话：010—58337346

　　　　　　　　　　　　　　　传　真：010—68325420

　　　　　　　　　　　　　　　E-mail：hbw@cabp.com.cn

建工版图书销售分类表

一级分类名称（代码）	二级分类名称（代码）	一级分类名称（代码）	二级分类名称（代码）
建筑学 （A）	建筑历史与理论（A10）	园林景观 （G）	园林史与园林景观理论（G10）
	建筑设计（A20）		园林景观规划与设计（G20）
	建筑技术（A30）		环境艺术设计（G30）
	建筑表现·建筑制图（A40）		园林景观施工（G40）
	建筑艺术（A50）		园林植物与应用（G50）
建筑设备·建筑材料 （F）	暖通空调（F10）	城乡建设·市政工程·环境工程 （B）	城镇与乡（村）建设（B10）
	建筑给水排水（F20）		道路桥梁工程（B20）
	建筑电气与建筑智能化技术（F30）		市政给水排水工程（B30）
	建筑节能·建筑防火（F40）		市政供热、供燃气工程（B40）
	建筑材料（F50）		环境工程（B50）
城市规划·城市设计 （P）	城市史与城市规划理论（P10）	建筑结构与岩土工程 （S）	建筑结构（S10）
	城市规划与城市设计（P20）		岩土工程（S20）
室内设计·装饰装修 （D）	室内设计与表现（D10）	建筑施工·设备安装技术（C）	施工技术（C10）
	家具与装饰（D20）		设备安装技术（C20）
	装修材料与施工（D30）		工程质量与安全（C30）
建筑工程经济与管理 （M）	施工管理（M10）	房地产开发管理（E）	房地产开发与经营（E10）
	工程管理（M20）		物业管理（E20）
	工程监理（M30）	辞典·连续出版物 （Z）	辞典（Z10）
	工程经济与造价（M40）		连续出版物（Z20）
艺术·设计 （K）	艺术（K10）	旅游·其他 （Q）	旅游（Q10）
	工业设计（K20）		其他（Q20）
	平面设计（K30）	土木建筑计算机应用系列（J）	
执业资格考试用书（R）		法律法规与标准规范单行本（T）	
高校教材（V）		法律法规与标准规范汇编/大全（U）	
高职高专教材（X）		培训教材（Y）	
中职中专教材（W）		电子出版物（H）	

注：建工版图书销售分类已标注于图书封底。